现代材料科学
进展及其交叉领域研究

王宇洋　胡广旭　侯理达　著

中国商业出版社

图书在版编目（CIP）数据

现代材料科学进展及其交叉领域研究 / 王宇洋，胡广旭，侯理达著. --北京:中国商业出版社，2023.11
ISBN 978-7-5208-2744-7

Ⅰ.①现... Ⅱ王...②胡...③侯... Ⅲ.①材料科学－研究Ⅳ.①TB3

中国国家版本馆 CIP 数据核字（2023）第 231449号

责任编辑：石胜利
策划编辑：王　彦

中国商业出版社出版发行
（www.zgsycb.com　100053　北京广安门内报国寺 1 号）
总编室：010-63180647　编辑室：010-63033100
发行部：010-83120835 / 8286
新华书店经销
北京厚诚则铭印刷科技有限公司印刷

*

710 毫米 ×1000 毫米　16 开　16 印张　269 千字
2023 年 11 月第 1 版　2023 年 11 月第 1 次印刷
定价：95.00 元

* * * *

（如有印装质量问题可更换）

作者简介

王宇洋，男，1988 年 6 月出生。工学博士，毕业于哈尔滨工程大学材料科学与工程学院，哈尔滨工程大学动力与能源工程学院博士后。现就职于哈尔滨商业大学，副教授，硕士生导师。哈尔滨商业大学 2020 年、2021 年度优秀教师。先后主持参与国家级、厅局级项目 6 项，以第一作者身份发表 SCI 论文 13 篇，其中中科院 1 区 TOP 期刊 5 篇，发明专利 4 项。

胡广旭，男，1983 年 3 月出生。博士研究生，毕业于哈尔滨工业大学材料科学与工程学院，主要从事智能焊接制造及数值模拟方向的研究工作。现就职于哈尔滨商业大学，讲师。主持科研项目 10 项，发表学术论文 20 余篇，培养硕士研究生 10 余名，与哈工大、哈工程、哈焊所、航天与船舶院所保持良好合作关系。

侯理达，女，1985 年 10 月出生。工学博士，毕业于哈尔滨工程大学材料科学与工程学院，主攻方向为新型医用可降解金属材料及可降解高分子材料。现就职于哈尔滨商业大学，讲师，主要从事新材料制备及其在医用领域的应用研究工作。哈尔滨商业大学 2021 年度优秀教师。先后参与厅局级科研项目和教研项目 3 项，以第一作者身份发表 SCI 论文 4 篇，发明专利 3 项。

前　言

现代材料科学是一门广泛而重要的学科，涉及材料的合成、性能、应用以及相关的交叉学科。随着科技的进步和社会的发展，材料科学取得了长足的进步，在不断取得新的进展和突破，并且在各个领域都发挥着不可或缺的作用。

基于此，本书以“现代材料科学进展及其交叉领域研究”为题，首先，阐述材料的分类与结构、材料制备与性能分析、材料科学的地位及应用；其次，分析现代晶体化学、材料热力学与动力学、材料设计基础；再次，对新材料制备、成型及加工技术，纳米材料制备技术，薄膜制备技术，材料微细图形加工技术进行研究；然后，对材料组成与结构分析技术、材料性能与表征技术、材料服役性能检测技术展开讨论；接下来，具体阐述材料科学的多领域交叉应用，包括材料科学与现代数学方法、机器学习在材料科学中的应用、电子理论与材料科学的交叉应用；最后，研究包括X射线衍射的应用、计算机模拟技术的应用、化学结构的可视化三个方面在内的计算机技术在材料科学中的交叉应用。

本书从多个角度切入主题，详略得当，结构布局合理、严谨，语言准确，在有限的篇幅内，做到内容系统简明、概念清晰准确、文字通顺简练，形成一个完整的、循序渐进的、便于阅读与研究的文章体系。

本书的撰写得到了许多专家学者的帮助和指导，在此表示诚挚的谢意。由于笔者水平有限，加之时间仓促，书中所涉及的内容难免有疏漏与不够严谨之处，希望各位读者多提宝贵意见，以待进一步修改，使之更加完善。

目　录

第一章　材料科学概述

第一节　材料的分类与结构

材料是指可以用来制造有用的构件、器件或其他物品的物质。无论哪种材料，都具有一定的性能，如大多数金属材料具有一定的导电性、强度、塑性、硬度和韧性；无机非金属材料耐压强度高、硬度大、耐高温、抗腐蚀，但韧性差，大多为电绝缘体；高分子材料韧性好，但相对于金属材料来说，强度、弹性模量很低，但其独特的结构和易加工的特性，使其具有其他材料不可比拟、不可取代的优异性能，从而广泛应用于国民经济的各个领域，并已成为现代社会生活中衣食住行用各个方面不可或缺的材料。

一、材料的分类

（一）依据材料的来源进行分类

1. 天然材料

天然材料是指纯天然的、未经加工的材料。这种材料包括石料、矿土、木材、兽皮、棉花、麻布、石油和天然气等。在过去，人们主要依赖天然材料来满足生活和工业的需要。然而，随着社会的不断发展和人们对物质需求的不断增加，天然材料逐渐无法满足人们的需求。因此，人们开始研究和使用人工材料。

2. 人工材料

人工材料是指人类利用天然材料作为原料，通过物理和化学的方法进行加工和制造而成的材料。这些材料经过精心设计和调整，具有更多的特性和性能，以满足不同领域的需求。例如，陶瓷材料、合成纤维、合金和复合材料等都属于人工材料的范畴。

（二）依据材料的用途进行分类

1. 结构材料

结构材料是那些使用材料的强度、韧性、弹性等力学性能，在各种环境下承受载荷的各种结构件和零部件。这些材料对交通运输、能源开发、海洋工程、建筑工程、机械制造等国民经济部门的发展有着重要影响。例如，机器结构材料和建筑结构材料就属于结构材料的范畴。

2. 功能材料

功能材料是指那些具备某种优良的电学、磁学、热学、声学、力学、光学、化学和生物学功能，并且能够相互进行转化的高技术材料。这些材料主要用于非结构性的目的。有电功能材料、磁功能材料、热功能材料、声功能材料、光功能材料、能源功能材料、化学功能材料、医用功能材料、机械功能材料、核功能材料等不同种类的功能材料。

（三）依据材料的结晶状态进行分类

根据结晶状态，材料可以分为单晶材料、多晶材料、准晶材料和非晶材料四种类型。单晶材料具有均匀且完整的晶格结构，晶体中的原子或分子排列规律有序，使其具有优异的光学、电子和机械性能。多晶材料由多个晶粒组成，每个晶粒的晶体结构略有不同，因此多晶材料的性质会在不同的方向上有所变化。准晶材料是介于晶体和非晶体之间的一种结构，其具有部分有序的结构，表现出独特的物理性能。非晶材料则没有明确的晶格结构，原子或分子的排列随机分布，使得非晶材料具有优异的机械可塑性和抗腐蚀性。

（四）依据材料的物理效应进行分类

根据在物理场下的效应，材料可以归类为功能材料。这些材料在特定的物理场中会表现出特殊的效应。压电材料能够通过施加机械压力产生电荷或改变电极化程度，广泛应用于声波发射器和高精度测量设备中。热电材料则可将热能转化为电能，并被广泛应用于热电发电装置中。铁电材料具备固有的电解质性质，在电场刺激下可以发生极化现象，常用于电子记忆和传感器技术中。光电材料能够将光能转化为电能，常用于太阳能电池等光电转换设备中。电光材料在电场的作用下会改变其光学性质，常被应用于光电器件和光通信领域。激光材料则能够放大输入的光信号，产生一束高强度、高聚束度的激光光束。非线性光学材料能够在高光强下表现出非线性光学效应，常应用于激光调制器和频率倍增器等光学器件中。磁光材料在磁场的作用下会改变其光学性质，广泛应用于磁性传感器和磁光存储器中。磁致伸缩材料在磁场刺激下会发生长度变化，常被用于精密测量和执行器领域。声光材料能够将声波能量转化为光波能量，常应用于声光调制器和声光显示器中。

（五）依据材料的化学组成进行分类

1. 金属材料

“金属材料在社会生产生活中的应用十分普遍，是工业现代化建设进程中不可缺少的重要材料之一。”[①] 金属材料是一类以金属元素为基础的材料，根据其性质可以分为黑色金属和有色金属。黑色金属主要包括铁、锰、铬以及它们的合金。而有色金属则包括铝合金、钛合金、铜合金、镍合金等。黑色金属在金属材料中使用得最广泛，约占总量的90%，而有色金属则约占5%。金属本身又可以进一步划分为轻金属、重金属、高熔点金属和稀有金属等不同类别。绝大多数金属材料都是以合金的形式存在的。合金是由金属与其他金属或非金属元素经过熔炼混合形成的，具有金属特性的物质。

金属材料具有出色的力学性能、可加工性以及其他一些重要的物理特性。它们通常具有较高的强度和硬度，能够承受外部载荷和撞击。同时，金属材料也具有良好的延展性和可塑性，可通过锻造、拉伸、冲压等加工方法进行成型。金属材料的性能受到其成分、显微组织以及制造工艺的影响。不同金属元素的比例和混合方式，以及制造过程中的热处理和冷却控制，都会对材料的力学性能和结构特征产生重要影响。在物质文明的发展中，钢铁、铝、铜等金属材料具有重要地位。钢铁作为一种常用的结构材料，广泛应用于建筑、桥梁、船舶等领域。铝和铜则常被用于制造电器、导线、管道等。这些金属材料的优良性能和多样的应用使其成为现代社会不可或缺的一部分。

2. 无机非金属材料

无机非金属材料是指那些由金属元素和非金属元素组成的无机化合物和

① 陈正楠．金属材料热处理工艺与技术现状分析［J］．冶金与材料，2023，43（1）：101.

非金属单质材料。这种材料的范围非常广泛，包括传统的无机非金属材料以及新型无机非金属材料。传统的无机非金属材料以硅酸盐化合物为主要成分。常见的例子有玻璃、水泥、耐火材料、建筑材料和搪瓷等。这些材料应用于各个领域，如建筑行业中的玻璃窗和水泥结构，以及工业领域中的耐火材料和搪瓷饰品。随着科学技术的不断进步，新型无机非金属材料也逐渐崭露头角。这些材料的成分包括氧化物、氮化物、碳化物、硅化物等。它们具有一些特殊的性质，比如高强度、耐高温、耐腐蚀等，并且还具备一些特殊的功能，如声学、电学、光学、热学以及磁学等多方面的特性。这些新型无机非金属材料在许多领域都得到了广泛的应用。在半导体领域，它们被用于制造芯片和光纤等关键元件。在电子陶瓷领域，它们可以用于制造电容器和压电元件等敏感元件。在磁性材料和超导材料领域，它们则有着重要的用途。此外，在一些特殊应用中，这些材料也发挥着重要的作用。比如，在航天飞行器中，陶瓷材料可以作为热绝缘材料，以保护机体免受极端温度变化的损害。

3. 高分子材料

高分子材料是一类由碳、氢、氧、氮、硅、硫等元素组成的有机化合物，其特点是具有较高的相对分子质量。这些材料具备许多令人瞩目的特性，如高强度、优良的塑性、耐腐蚀和不导电性等。与传统材料如铜、铁、水泥和木材相比，高分子材料的发展速度惊人。高分子材料可以分为：天然高分子材料和合成高分子材料。天然高分子材料主要来自动植物体内，包括木材、天然橡胶、棉花、动物皮毛等。而合成高分子材料则可以进一步分为塑料、橡胶和合成纤维三大类，此外还包括涂料和胶黏剂等。高分子材料的发展正朝着高性能化和多功能化的方向迈进，衍生出许多具有特殊性能或功能的材料。在高分子科学和材料领域中，改性研究是一个重要的研究方向。与此同时，合成高分子化合物在种类上最为丰富，应用领域也最为广泛。

4. 复合材料

复合材料是一种由不同材料组合而成的多相固体材料，其中一种材料称为连续相，而其他材料则称为分散相。它们通过不同材料的组合，以及各自的独特性能的结合，获得了更加出色的特性和性能。复合材料根据基体材料的不同种类，可以分为聚合物基、金属基和陶瓷基。聚合物基复合材料以聚合物作为主要连续相，具有轻质、高强度、耐腐蚀和良好的绝缘性能。金属基复合材料则以金属作为连续相，具有高强度、高刚性和耐高温性能。陶瓷

基复合材料的连续相是陶瓷材料，具有高硬度、耐磨损和低摩擦性能。

此外，根据复合材料的结构特点，它们可以分为纤维、夹层、细粒和混杂复合材料。纤维复合材料以纤维作为分散相，可以提供高强度和刚性，常见的纤维包括碳纤维和玻璃纤维。夹层复合材料由两层连续相之间夹着一层分散相构成，能够提供良好的剪切性能和抗开裂能力。细粒复合材料的分散相为微小颗粒，能够改善材料的硬度和耐磨性。混杂复合材料则是由多种不同类型的分散相组合而成，具有多种性能特点的综合。

在自然界中存在着许多复合材料的例子。例如，树木和竹子都是由纤维素等有机物质以及其他天然材料相结合而成的复合材料。动物骨骼中也包含各种纤维和无机盐类，形成了坚硬和轻巧的结构。复合材料的应用历史可以追溯到古代。古代人们就开始运用复合材料来改善材料的性能和功能，例如，稻草增强的黏土被用于制作陶器，提高了陶器的强度和耐久性。古代人还发现了麻纤维与土漆的复合技术，用于制作漆器，增加了漆器的韧性和装饰效果。如今，复合材料广泛应用于航空航天、汽车工业、化工、纺织、机械制造、医学和建筑工程等领域。在航空航天领域，复合材料的轻质和高强度使得飞机和航天器能够提高燃油效率和载重能力。在汽车工业中，复合材料的应用可以减轻汽车重量，提高燃油经济性和安全性能。在化工、纺织和机械制造等行业，复合材料的耐腐蚀性、抗磨损性和高强度等特性使其成为理想的材料选择。

二、材料的结构

（一）晶体结构

微粒（原子、分子、离子等）在空间中按一定规律呈周期性重复排列组成的固体物质称为晶体。晶体结构的特点：电荷达到平衡，按照原子尺寸每个原子内键的数目和键的方向最紧密地堆积，静电排斥力最小。

1. 晶系

一般当晶体的外形发生变化时，晶格的类型并不会改变。按晶胞（组成晶体的最小单元）的边长、晶轴相交的角度等分析，晶体可分为 7 种晶系。

（1）三斜晶系。3 根晶轴互相斜交，长度又各不相同的晶系（$a \neq b \neq c$，$\alpha \neq \beta \neq \gamma \neq 90°$）。

（2）单斜晶系。3 根晶轴中两根轴正交，另一根轴向一方斜交，3 根轴长度互不相等的晶系（$a \neq b \neq c$，$\beta>90°$，$\alpha=\gamma=90°$）。

（3）正交晶系。3 根轴互相正交且长度不等的晶系（$a \neq b \neq c$，$\alpha=\beta=\gamma=90°$）。

（4）三方晶系。3 根轴互相不正交但长度相等的晶系（$a=b=c$，$\alpha=\beta=\gamma \neq 90°$）。

（5）四方晶系。互相正交的 3 根轴有两根等长，一根轴不等的晶系（$a=b \neq c$，$\alpha=\beta=\gamma=90°$）。

（6）六方晶系。长度相同的两根轴在同一面内相互以 120° 相交，长度不同的另一根轴同它们正交的晶系。

（7）立方晶系。3 根轴相互正交且等长的晶系（$a=b=c$，$\alpha=\beta=\gamma=90°$）。

2. 多晶型

随着材料所处的环境（如温度及受力状况）不同，材料中原子间的距离和原子振动的程度也发生变化，使得原来的结构在新的环境中不再是最稳定的。材料的一种晶体结构变成另一种晶体结构就称为多晶转变。而化学组成相同，却有不同晶体结构的材料称为多晶型。

多晶型在金属材料和陶瓷材料中都存在。它们决定着材料的有效使用范围。例如，氧化锆（ZrO_2）具有单斜晶型、四方晶型和立方晶型。在室温下稳定的晶型是单斜晶型，在 1100℃左右会变成四方晶型。合理地利用多晶转变有时会使制备的材料带来意想不到的效果，如人们就是利用氧化锆在受应力作用下四方晶型转变为单斜晶型时发生较大的体积变化，从而使材料增强增韧。在氧化锆中添加适量的添加剂，如氧化镁、氧化钙或氧化钇会变成稳定的方晶系，可以在较宽的温度范围内使用。

除氧化锆外，许多陶瓷材料都存在不同的多晶型。如二氧化硅、碳化硅、碳、氮化硅、氮化硼、二氧化钛、硫化锌等。

多晶转变有两种类型。第一种称为位移型转变，它是结构畸变，如形态发生变化，但是不包含键的破坏，它是一种可逆转变，转变速率较快。金属中的马氏体转变即为位移型转变，上面氧化锆的单斜晶型 - 四方晶型的多晶转变就是这种转变，另外，钛酸钡的立方晶型 - 四方晶型转变也属于这种转变。第二种晶型转变是重建型转变，键被破坏，重新形成新的结构。因此这种转变比第一种转变所需的能量更大，其转变速率也较慢，所以高温型结构一般可经过转变温度前迅速冷却而在低温下保持住原来的结构。二氧化硅是既具有位移型又具有重建型转变的物质，而且在硅酸盐工艺中起着重要作用。

（二）非晶态结构

上述结构既具短程有序又具长程有序，而只有短程有序无长程有序周期性的结构称为非晶态或无定形结构。这种结构的材料，由液态到固态没有突变现象。非晶态固体的 X 射线衍射分析结果表明，其原子或分子的聚集方式与通常液体中原子和分子的聚集方式相同。

从理论上分析，如果抑制物质的晶化固态反应过程，则任何物质均能发生非晶态固化反应，而获得非晶态材料。非晶态固体如玻璃、凝胶和气相沉积的涂层应用广泛。

应用最广的非晶态材料是玻璃。玻璃是熔融物质在快速冷却时原子还没有来得及自行排列成周期性结构而形成的，但现在也可由其他方法获得玻璃。自然界也存在玻璃，如火山玻璃（黑曜岩）。温度低于固化温度时，从热力学的角度来讲玻璃是不稳定的，所以当温度等外界条件允许，原子可以移动的话，会重新排列成晶体结构。同时利用玻璃的这一特性，可以制成各种微晶玻璃，即玻璃陶瓷。

玻璃具有共性：①原子短程有序、长程无序；②结构是各向同性的，所以性能在各个方向是均匀的；③一般能透过可见光，但可调节配方使玻璃能吸收或透过各种波长的光；④一般具有良好的电绝缘性和隔热性；⑤在熔融之前可软化，所以可制成各种复杂的形状；⑥玻璃的组成在一定范围内连续可调，因而可根据需要制成不同性能的系列材料。

凝胶是通过化学反应而不是熔融的方法生成的非晶态固体。例如硅胶在金属和陶瓷工业中作为很有用的黏结剂，它是由水玻璃与强酸反应并经清洗和胶凝而制得的，也可由正硅酸乙酯在催化剂作用下发生水解反应而制得。另一种很好的凝胶磷酸铝 $[Al(H_2PO_4)_3]$ 也是非晶态固体，它可由氯化铝与磷酸反应生成。

气相沉积涂层是由蒸汽在冷的基板上快速冷凝而形成。蒸汽可由溅射、电子束蒸发或热蒸发的方法产生。触及冷基板的蒸汽很快固化，以致原子来不及排列成晶体结构。由蒸汽冷凝的方法生产的非晶态材料涂层，一般是无孔的很韧的颗粒状，具有独特的性能，而且用其他方法是很难生成或不可能生产出来的。

（三）分子结构

有机材料中每个分子的原子均以具有充满电子的外层的共价键牢固地结合在一起。因为所有的外层均是充满的，因此各分子都是稳定的，不会与其他分子结合，有机分子通常是由金属元素与氢组成，最常见的是碳氢化合物，主要是由碳和氢组成，但是也可用卤素（尤其是氯和氟）、羟基（OH）、乙酸基（$C_2H_2O_2$）或其他基取代1个或1个以上的氢，其他分子结构包括氨（由氮和氢组成）、硅酮（硅取代碳）等。

碳氢化合物和改进的碳氢化合物是较常见的有机工程材料，如乙醚、乙烷、氯乙烯、酚、丁二烯等，它们是靠C—C键、C—H键或碳与其他基团结合而成，其中，C—C键的键能约为347kJ/mol，C—H键的键能约为414kJ/mol，有些碳原子对之间有两个共价键称为双键，其键能约为611kJ/mol。

只有单键的碳氢化合物称为不饱和的碳氢化合物，其通式为C_nH_{2n+2}。如甲烷n=1；乙烷n=2。随着分子尺寸的增大，熔点升高。

两个碳原子之间有双键或三键的碳氢化合物称为饱和碳氢化合物，在适当的条件下，可破坏这些键，而由单键所取代。单键可将小的分子连在一起形成大的分子，这就称为聚合，可发生加聚反应或缩聚反应。

1. 加聚反应

双键断裂时，可提供形成新键的位置。而使双键断裂的能量可以是热量、压力、光或催化剂。一旦分子团的双键被断裂，就会出现不饱和的电子结构，分开的分子单位将结合在一起形成长链（或聚合物），由两个或两个以上的不同单体的混合物的加聚称为共聚，生成的结构称为共聚物。由加聚反应合成的聚合物，一般具有热塑性，因此可用喷射模制成型的低成本方法大量生产出来。又由于塑性的可逆性，热塑性聚合物可回收。

2. 缩聚反应

缩聚反应是指两个不同的有机分子生成新的分子，同时产生副产品的反应。缩聚反应的产物可以是线型的，也可以是骨架型的，这取决于是一个双键断裂还是一个以上的双键断裂。它的副产品多半是水，也可以是其他简单分子，如醇或酸。涤纶就是由缩聚反应生成的线型聚合物，它是由二甲基对苯二甲酸盐和乙二醇缩聚而成，其副产品为甲醇。

多数缩聚生成的聚合物都是热固性树脂。一旦聚合反应发生，特别是架状结构，生成的聚合物是比较坚固的，其塑性不随温度的升高而增加。因此，一般热固性树脂较热塑性树脂具有较高的强度和耐高温的能力，然而其制造成本也较高。聚合物的结晶，即聚合物中的大分子可定向地排列，形成晶体，一般可改善性能。

因为当聚合物内的线型分子呈任意排列时，则只在邻近有限的位置上的原子发生分子间的范德华力作用。但随着分子排列成行的增加，有更多的原子处于形成范德华力作用的合适位置上，所以结晶度增加，强度趋于提高，蠕变速率下降。聚合物分子的形状影响结晶度，从而也影响性能。当各个单体排列次序相同时，发生结晶最容易，结晶使聚合物性能发生适当的变化，主要是线型聚合物内通过交联或接枝引起的。在交联中，相邻的键一般通过不饱和的碳原子间的桥结合在一起。聚合物的硬度和强度随交联数量的增加而提高。

第二节 材料制备与性能分析

材料制备是材料化学的主要内容之一，材料制备技术的进步很大程度上推动了材料科学的发展。材料的制备通常包括材料合成和材料制备工艺手段两个方面的内容。在合成和加工材料的过程中，对材料的组成和结构加以控制，通常可以获得有预期使用性能的材料。一种材料所具有的物理和化学性质往往能够在很大程度上决定这种材料的用途。应用场合不同，对材料性能的要求也是有区别的。

一、材料制备

材料制备工艺是发展材料的基础。传统材料可以通过改进工艺提高产品质量、劳动生产率以及降低成本。新材料的发展与工艺技术的关系更为密切。例如，由于外延技术的出现，可以精确地控制材料到几个原子的厚度，从而为实现原子、分子设计提供了有效的手段。快冷技术的采用，为金属材料的发展开辟了一条新路，首先是非晶态的形成，出现了许多性能优异的材料；

其次，通过快冷技术得到超细晶粒金属，提高了材料的性能；最后，通过快冷技术发现了准晶态的存在，改变了晶体学中的某些传统观念。许多性能优异、有发展前途的材料，如工程陶瓷、高温超导材料等，由于脆性和稳定性问题及成本太高而不能被大量推广，这些问题都需要工艺革新来解决。因此，发展新材料必须把工艺技术的研究与开发放在十分重要的位置。

（一）陶瓷材料

1. 陶瓷材料的原材料

陶瓷材料是一类无机非金属材料，是用天然或合成化合物经过成型和高温烧结而制成的，“被广泛地应用于家居、产品、建材等各个场合。”① 一般来说，传统陶瓷合成经历的环节为材料精选（矿物精选）→化学处理→原料粉化→制备陶瓷粉→生坯（成形）→烧结→机械加工→陶瓷成品。其中，最为关键的环节是陶瓷粉制备与生坯烧结。在制造一些特种的陶瓷时，主要制备工艺包括陶瓷粉制备、成形和烧结。大多数碳系、氮系等特殊陶瓷采用化学合成法直接制备。

制造传统陶瓷的主要原料包括黏土、长石和石英矿 3 种，辅料很多，常见的有磁石、铝土矿、滑石、硅灰石、锂云母、方解石、菱镁矿、白云石等。

黏土类原料是一类细分散、由多种含水铝硅酸盐组成的层状矿物结构，层片由硅氧四面体和铝氧八面体组成，主要化学成分为 SiO_2，Al_2O_3 和结晶水（H_2O）等。大多数黏土由多种微细矿物组成，可以根据黏土中所含主要矿物的种类不同，将黏土分成几个类型，如高岭土、蒙脱土（膨润土）、伊利石（水云母）、黏土等。其中最重要的是高岭土。

石英原料的主要化学成分是 SiO_2，一般情况下会含有少量的 Al_2O_3，Fe_2O_3，CaO，MgO，TiO_2 等杂质成分。自然界中的水晶、脉石英、砂岩、石英岩、石英砂等都属于石英类矿物。石英一般呈乳白色或灰白色半透明状，具有玻璃光泽或脂肪光泽，莫氏硬度为 7，其密度变动范围为 2.22 ~ 2.65g/cm^3。

长石一般用作坯料、釉料、色料熔剂等的基本成分，是日用陶瓷的三大原料之一。长石类矿物是架状结构的碱金属或碱土金属的铝硅酸盐。自然界中的长石种类基本是由以下 4 种长石组合而成的：钠长石，化学式

① 张子若．陶瓷材料在文化展示空间设计中的应用［J］．鞋类工艺与设计，2023，3（3）：172.

为 $Na[AlSi_3O_8]$ 或 $Na_2O \cdot Al_2O_3 \cdot 6SiO_2$；钾长石，化学式为 $K[AlSi_3O_8]$ 或 $K_2O \cdot Al_2O_3 \cdot 6SiO_2$；钙长石，化学式为 $Ca[AlSi_3O_8]$ 或 $CaO \cdot Al_2O_3 \cdot 2SiO_2$；钡长石，化学式为 $Ba[AlSi_3O_8]$ 或 $BaO \cdot Al_2O_3 \cdot 2SiO_2$。

在陶瓷工业中，长石主要是作为熔剂使用的，它也是釉料的主要原料，因此，其熔融特性对于陶瓷生产具有重要的意义。一般要求长石具有较低的始熔温度、较宽的熔融范围、较高的熔融液相黏度和良好的熔解其他物质的能力，这样可使坯体在高温下不易变形，提高了烧成的合格率。

2. 陶瓷粉体的制备

陶瓷粉体制备是陶瓷制造的关键步骤之一，一般需达到粒径 0.5 ~ 5.0μm，甚至更小粒径，以尽可能提高粉体粒子堆积密度，保证下一步生坯堆制与烧结质量。传统陶瓷多以黏土等天然矿物为原材料，其结构本身为该尺寸粒子的堆叠，传统陶瓷通过黏土等精选矿物水化、机械混合，可直接形成生坯。现代工程陶瓷大多采用化学合成法制备陶瓷粉体，即需要人工合成陶瓷原材料。特种陶瓷所要求的原料纯度高、粒度小（原则上越小越好），通常可加入少量助剂以提高粉体的流散性、聚结性、可塑性、熔融性。制备方法总体包括固相法、液相法及气相法三类。

多数情况下，粉体原料在进行成型、烧结之前需要进行一定的处理，如煅烧、粉碎、分级、净化等。其目的是调整改善粉体物化性质，以适应后续工艺处理。粉体处理包括改变粒度、粒子形态结构、流散性和成形性，改变晶体杂质，包括吸附的气体挥发性物质和消除游离碳等。粉体原料经煅烧可去除绝大多数挥发性杂质（有机物、溶剂、水分等），提高纯度；煅烧还可使原料颗粒致密化、晶粒长大，减轻后期成形烧结时的体积收缩效应。

陶瓷一般需要经过成形才可烧结成有用陶瓷制品，由粉体加工成一定形状坯体，要求粉体具有较好的成形加工性能与成形稳定性，即粉体应当具有一定集合塑性和黏结性，传统陶瓷所用黏土原料本身具有较好塑性与黏结性能，无须添加塑化剂与黏结剂。很多特种陶瓷原料粉体缺乏这方面性能，往往需要加入化学增塑剂、黏结剂。常用的黏结剂包括聚乙烯醇PVA、聚乙烯醇缩丁醛PVB、聚乙烯基乙二醇PVG、甲基纤维素、羧甲基纤维素CMC、乙基纤维素、羧丙基纤维素、石蜡等，起到黏结粉体、稳定坯体的作用。常用的粉体增塑剂包括甘油、酞酸二丁酯、草酸、水玻璃、黏土、磷酸铝等。高性能的塑化剂与黏结剂及合适的应用工艺对提高最终陶瓷产品质量非常重要。

（二）高分子材料

非天然高分子化合物（也称为高聚物、聚合物）都是通过聚合反应制备得到的。聚合是指由低分子单体通过化学反应生成高分子化合物的过程。

按单体和聚合物在组成和结构上的差异，可将聚合反应分为加成聚合反应与缩合聚合反应两大类。单体加成而聚合起来的反应称为加聚反应，加聚产物的元素组成与其单体相同。分子量是单体分子量的整数倍，如氯乙烯经加成聚合得聚氯乙烯。缩聚反应的主产物称为缩聚物，缩聚反应往往是官能团间的反应到，除形成缩聚物外，根据官能团种类的不同，还有水、醇、氨或氯化氢等低分子副产物产生。缩聚物的元素组成与相应的单体元素组成不同，其分子量也不再是单体分子量的整数倍。

根据聚合反应机理和动力学，可以将聚合反应分为连锁聚合反应和逐步聚合反应两大类。烯类单体的加聚反应大部分属于连锁聚合反应。连锁聚合反应需要活性中心，活性中心可以是自由基、阳离子或阴离子，因此可以根据活性中心的不同将连锁聚合反应分为自由基聚合、阳离子聚合和阴离子聚合。连锁聚合的特征是整个聚合过程由链引发、链增长、链终止等几步基元反应组成。各步的反应速率和活化能差别很大。链引发是活性中心的形成，单体只能与活性中心反应而使链增长，但彼此间不能反应，活性中心被破坏就使链终止。所变化的是聚合物量（转化率）随时间而增加，而单体则随时间而减少。对于有些阴离子聚合，则是快引发、慢增长、无终止，即活性聚合有分子量随转化率呈线性增加的情况。

逐步聚合反应的特征是在低分子单体转变成高分子的过程中，反应是逐步进行的。反应早期，大部分单体很快聚合成二聚体、三聚体、四聚体等低聚物，短期内转化率很高。随后低聚物间继续反应，随反应时间的延长，分子量再继续增大，直至转化率很高（$>98\%$）时分子量才达到较高的数值。在逐步聚合全过程中，体系由单体和分子量递增的一系列中间产物所组成，中间产物的任何两分子间都能反应。绝大多数缩聚反应都属于逐步聚合反应，如羧基与氨基脱水合成聚酰胺的反应、羧基与羟基脱水生成聚酯的反应等。

逐步聚合反应中还有非缩聚型的，如聚氨酯的合成、Diels-Alder 加成反应合成梯形聚合物等。这类反应按反应机理分类均属逐步聚合反应，是逐步加成反应。

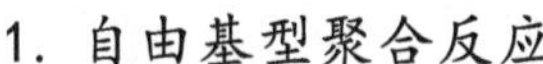

1. 自由基型聚合反应

自由基型聚合反应是指在光、热、辐射或引发剂的作用下，单体分子被活化，变为活性自由基，进而引发连锁聚合。自由基型聚合反应是合成高聚物的一种重要反应，许多主要塑料、合成橡胶和合成纤维都是通过这种反应合成的，如塑料中的聚乙烯、聚氯乙烯、聚苯乙烯、聚甲基丙烯酸甲酯、聚醋酸乙烯酯，合成橡胶中的丁苯橡胶、丁腈橡胶、氯丁橡胶，合成纤维中的聚丙烯腈等。自由基型聚合反应主要包括链引发、链增长、链转移和链终止等基元反应。

（1）链引发。链引发反应是形成自由基活性中心的反应。可以用引发剂、热、光、电、高能辐射引发聚合。以引发剂引发时，首先发生引发剂的分解，产生初级自由基，而后进攻单体双键，形成单体自由基。

引发剂是容易分解成自由基的化合物，分子结构上具有弱键。常用的热引发剂有偶氮二异丁腈（AIBN）、过氧化二苯甲酰（BPO）、过硫酸钾（$K_2S_2O_8$）等。

（2）链增长。链增长是指在链引发阶段形成的单体自由基，仍具有活性，能打开第二个烯类分子的 π 键，形成新的自由基，并继续加成于下一单体，形成链自由基。这个过程称为链增长反应。

链增长反应活化能较低，20 ~ 34kJ/mol，增长速率极高，较引发速度高10倍，在0.01s至几秒内，就可以使聚合度达到数千甚至上万。因此，聚合体系内往往由单体和聚合物两部分组成，不存在聚合度递增的一系列中间产物。

（3）链转移。链转移是指在自由基聚合过程中，链自由基有可能从单体、溶剂、引发剂等低分子或大分子上夺取一个原子而终止，并使这些失去原子的分子成为自由基，继续新链的增长，使聚合反应继续进行下去。这一反应称为链转移反应。链转移反应通常会降低聚合物的分子量，多数情况下也同时减缓聚合反应速率，少数出色的链转移剂，如十二烷基硫醇等，可基本保持原有聚合速率。

（4）链终止。链终止是指自由基活性高，有相互作用而终止的倾向。链终止反应有偶合终止和歧化终止两种方式。两链自由基的独电子相互结合成共价键的终止反应称为偶合终止。偶合终止结果，大分子的聚合度为链自由基中重复单元数的2倍，用引发剂引发并无链转移时，大分子两端一般均为引发剂的残基。

2. 离子型聚合反应

在催化剂的作用下，单体活化为带正电荷或负电荷的活性离子，然后按离子型反应机理进行聚合反应，称为离子型聚合反应。离子型聚合反应为连锁反应，根据活性中心离子的电荷性质，可分为阳离子型聚合反应和阴离子型聚合反应。

（1）阳离子型聚合反应。以碳阳离子为反应活性中心进行的离子型聚合称为阳离子型聚合。能参与阳离子型聚合反应的单体都能在催化剂作用下生成碳阳离子，这类单体有富电子的烯烃类化合物和含氧杂环等。具有推电子基的烯类单体原则上可以进行阳离子聚合。推电子基一方面使碳－碳电子云密度增加，有利于阳离子活性种的进攻；另一方面能稳定所生成的碳阳离子。α 烯烃有推电子烷基，按理能进行阳离子聚合，但能否聚合成高聚物，还要求阳离子（如质子）对碳－碳双键有较强的亲和力，而且增长反应比其他副反应快，即生成的碳阳离子有适当的稳定性。异丁烯实际上是 α 烯烃中唯一能高效率进行阳离子聚合的单体。

阳离子聚合的引发方式有两种：一种是由引发剂生成阳离子，阳离子再引发单体，生成碳阳离子；另一种是单体参与电荷转移，引发阳离子聚合。阳离子聚合的引发剂都是亲电试剂，常用的引发剂包括质子酸（如高氯酸、硫酸、磷酸、三氯乙酸）、路易斯酸（如三氟化硼、三氯化铝、三氯化铁、四氯化锡、四氯化钛）以及有机金属化合物（如三乙基铝、二乙基氯化铝、乙基二氯化铝）等。

阳离子聚合不能像自由基聚合那样可以双基终止，但可以发生转移反应而单分子终止。例如，阳离子活性增长链可以向反离子提供一个 $H^{(+)}$，其与反离子结合形成配合物，后者与单体加成形成活性单体，而阳离子活性增长链终止为一个含不饱和端基的大分子。或者阳离子活性增长链向单体夺取一个 $H^{(-)}$，结果阳离子活性增长链终止为一个饱和大分子，单体则变为一个含阳离子的单体，其与反离子结合为活性单体。这两种过程都是在链转移发生的同时生成新的活性中心，因此并没有终止反应。阳离子聚合的特点为快引发，快增长，易转移，难终止。

（2）阴离子型聚合反应。以阴离子为反应活性中心进行的离子型聚合称为阴离子型聚合反应。具有吸电子基的烯类单体原则上都可以进行阴离子聚合。吸电子基能使双键上电子云密度减少，有利于阴离子的进攻，并使形成的碳阴离子的电子云密度分散而稳定。具有 π π 共轭体系的烯类单体才能进行阴离子聚合，如丙烯腈、（甲基）丙烯酸酯类、苯乙烯、丁二烯、异戊二烯等。这类单体的共振结构使阴离子活性中心稳定。虽有吸电子基而非 π π 共轭体系的烯类单体则不能进行阴离子聚合，如氯乙烯、醋酸乙烯酯。这类单体的 $p-\pi$ 轭效应与诱导效应相反，削弱了双键电子云密度下降的程度，因而不利于阴离子聚合。

除了烯类，羰基化合物、含氧三元杂环以及含氮杂环都有可能成为阴离子聚合的单体。阴离子聚合引发剂上给电子体，即"亲核试剂"，属于碱类。按引发机理又可以分为电子转移引发和阴离子引发。较为常见的有活泼碱金属与金属有机化合物类别。碱金属（如金属钠）可以直接作用于单体，产生阴离子自由基，自由基偶合形成双端阴离子活性种，引发单体进行阴离子聚合。

（三）金属材料

1. 冶金工艺

地壳矿物中除了金、银、铂外，大多数金属元素以氧化物和碳化物等化合物的形式存在。因此，为了获得多种金属和合金材料，首先必须采用各种方法将金属元素从矿物中提取出来。其次，对提取出的粗炼金属进行精炼和合金化处理，并将其浇铸成锭状，最后加工成所需的形状和规格的金属材料。这个过程和工艺被称为冶金。

冶金的目标是利用各种加工方法将金属从矿石中提取出来，并制造出具有特定性能的金属材料。根据不同的处理方法，金属冶金工艺可分为火法冶金、湿法冶金和电冶金三大类。

（1）火法冶金。在高温条件下进行的火法冶金是一种冶金过程，其目的是将矿石或精矿中所需的金属与脉石和其他杂质分离开来。这种干法冶金过程不需水溶液参与其中。火法冶金的核心是还原—氧化反应，通过这些化学反应来实现金属分离。通常，热能是通过燃料燃烧提供的，但也可利用反应过程中产生的化学反应来获得所需的热能。火法冶金的工艺流程主要包括三个步骤：矿石准备、冶炼和精炼。

第一，矿石准备。工业生产过程包括选矿和处理矿石，以获取适合冶炼的物料。这个阶段的目标是从原始矿石中提取有价值的成分，同时去除无用的杂质。选矿是通过物理或化学方法将矿石中的矿物与废石分离开来。处理矿石则涉及破碎、磨细和浸泡等步骤，以便进一步提取目标成分。

第二，冶炼。它通过加热矿石，使其发生化学反应，形成炉渣和金属液。有三种主要的冶炼方式可供选择：还原冶炼、氧化吹炼和造锍熔炼。在还原冶炼中，使用还原剂（如焦炭）将金属氧化物还原成金属。氧化吹炼是一种将矿石暴露在氧化性气体中，并利用氧气氧化掉金属中的杂质的方法。造锍熔炼则是将矿石与石灰石和焦炭混合，经过高温熔炼产生金属。

第三，精炼。精炼是对含有少量杂质的金属进行处理的过程，旨在提高纯度并去除非金属夹杂物。不同金属的精炼过程可以采用不同的方法。例如，对于铜精炼，可以通过火法和电解法进行。火法精炼涉及将铜金属暴露在氧化性气体中，使其生成氧化铜，并通过冷却和除渣来分离纯净的铜。而电解精炼使用电解池将铜金属浸泡在电解液中，通过电流的作用将铜离子还原为金属。这样的处理方法不仅可以提高铜的纯度，还能去除杂质。

（2）湿法冶金。湿法冶金是一种在水溶液或非水溶液中利用化学溶剂进行反应的冶金过程，用于提取和分离金属。现代湿法冶金几乎包括除钢铁以外的所有金属的提炼。湿法冶金的步骤主要包括矿石处理浸出、溶液与残渣的分离回收、溶液的净化与富集，以及金属或化合物的提取过程。

第一，在矿石处理浸出阶段，矿石与适当的溶剂（如水或酸）结合，以将目标金属溶解为溶液中的金属离子。这一步骤的目的是将金属从矿石中释放出来，为后续的处理步骤做好准备。

第二，随后的溶液与残渣分离回收阶段是将溶液与矿石残渣分开。通常使用过滤、沉淀或离心等技术将溶液从残渣中分离出来。分离回收的残渣可进一步进行处理或处置，以实现资源的最大化利用和环境的最小化影响。

第三，溶液净化和富集阶段是将从残渣中分离出的溶液进行净化，去除杂质和杂质金属离子，并通过各种方法增加目标金属离子的浓度。这些方法包括离子交换、溶剂萃取和其他化学反应。这一步骤保证了金属离子的纯度和浓度，为最终的提取过程奠定基础。

第四，金属或化合物的提取。通过电解、沉淀、萃取等方法，将目标金属离子从溶液中转化成金属或化合物形式，以实现金属的最终提取和分离。

（3）电冶金。电冶金是一种利用电能来提取金属的方法，主要分为电热冶金和电化冶金两种。电热冶金利用电能产生高温，用于金属冶金生产。其中，电弧炉炼钢是一种常见的电热冶金方法，它通过电弧提供高温，可以控制气氛，非常适合熔炼含有易氧元素的钢种。而电化冶金则通过电化学反应将金属从溶液或熔体中析出。这种方法包括溶液电解和熔盐电解两种形式。溶液电解是将金属溶解于溶液中，通过电流作用使金属离子还原成金属沉积在电极上。熔盐电解则是将金属熔融成熔体，通过电流使金属离子在熔盐中析出。这种方法适用于许多金属，如铜、铝等。

在电冶金的生产过程中，通常需要经过火法和湿法两个主要工艺流程。火法是指将含金属的矿石在高温下加热处理，使金属与其他杂质分离，达到提纯金属的目的。而湿法则是通过溶解、浸出等方法，将金属从矿石或原料中提取出来。例如，硫化锌精矿的火法冶炼过程需要进一步进行湿法的电解精炼过程。

2. 金属热处理工艺

金属热处理是将金属工件放在一定的介质中加热、保温、冷却，通过改变金属材料表面或内部的组织结构来控制其性能的工艺方法。

（1）金属组织。金属具有独特的特性。它们通常是不透明的，表面呈现出良好的金属光泽。此外，金属还具有优良的导热和导电能力，使得它们在许多应用中成为理想的选择。然而，随着温度的上升，金属的导电能力会下降。金属还具有延性和展性等特性，表现为它们能够被拉伸和压扁，而不会破裂。这是因为金属内部的原子呈现出有规律的排列，形成了晶格结构。这种有序的结构使金属具有高度的可塑性和变形性。

合金是由金属元素与其他元素结合而成的物质，合金通常会保留金属的特性。通过合金化，可以改变金属的性质，如硬度、强度和耐腐蚀性等。这使得合金在工程和制造领域中得到广泛应用。在合金中，相是指由同一化学成分组成且处于相同聚集状态的均匀组成部分。相之间的相互作用会对合金的性能产生重要影响。

固溶体是指一个组元的原子溶解在另一个组元的晶格中，并且保持了另一个组元的晶格类型。根据溶质原子进入晶格的方式，固溶体可以分为间隙固溶体和置换固溶体。固溶强化是指溶质原子进入溶剂晶格的间隙或结点，导致晶格发生畸变。这种畸变可以提高固溶体的硬度和强度，从而提高合金的性能。

金属化合物是在合金中组元之间以一定比例相互作用，形成一种新的相。这种化合物可以用化学式来表示，它在合金的性能和组织结构上起着重要作用。机械混合物是由两种或更多相似机械方式混合在一起形成的多相集合体。

机械混合物的组成部分通常保持各自的特性，并没有发生化学反应。这种混合物可以在制造和材料处理过程中发挥重要作用。

（2）金属热处理工艺流程。金属热处理是机械制造中至关重要的环节。它通过调整工件的内部组织和表面化学成分，以改善其使用性能。通过热处理，钢铁和其他金属材料的力学、物理和化学性能都可以被改变。

热处理的一般工艺包括三个主要步骤：加热、保温和冷却。而加热过程则是其中最为关键的步骤之一。在加热阶段，金属工件被置于特定温度范围内，以实现所需的组织变化。根据金属的种类和所期望的改变，加热温度可以有所不同。通过控制加热时间和温度，可以调整金属内部晶粒的尺寸和分布，以及其他微观结构的形态。这种调整有助于提高金属的强度、硬度和耐磨性。

金属热处理是一种常用的工艺，用于改善金属零件的力学性能和表面性能。在热处理过程中，加热方式多种多样，可以使用木炭、煤、液体、气体和电加热等方式进行加热。然而，金属在加热过程中容易发生氧化和脱碳现象，这对热处理后零件的表面性能产生不利影响。为了保护金属零件的表面性能，加热过程通常在可控气氛或保护气氛下进行。这可以通过在加热过程中使用熔融盐、真空环境或采用涂料或包装等方式来实现。这些措施能够有效地减少氧化和脱碳现象的发生，从而保护金属零件的表面质量。

在金属热处理中，加热温度是一个非常重要的参数。正确选择和控制加热温度是确保热处理质量的主要问题之一。一般来说，加热温度要高于相变温度，以确保金属材料的结构和性能得以改变。此外，还需要保持一定的保温时间，以确保显微组织能够完全转变，从而实现期望的热处理效果。对于高能密度加热和表面热处理，由于其速度较快，通常不需要过长的保温时间。使用这些方法可以快速改变金属材料的组织结构和性能，从而实现快速而有效的热处理过程。然而，对于一些化学热处理方法，由于其特殊的工艺要求，需要较长的保温时间才能达到预期的效果。

冷却在热处理工艺中扮演着至关重要的角色，它用于控制金属的冷却速度。冷却速度的要求因工艺和钢种而异。根据不同的应用需求，金属热处理可以分为整体热处理、表面热处理和化学热处理三大类。

在整体热处理中，金属材料被加热至一定温度，然后通过适当的冷却速度，使其整体组织结构发生变化。这种热处理方法常用于改善材料的机械性能和工艺性能。表面热处理主要针对金属材料的表面层进行处理，通过改变表面的组织结构和性质，提高其表面硬度、耐磨性和耐腐蚀性。而化学热处理则是利用化学反应对金属材料进行处理，例如通过对铝材料进行阳极氧化处理，可以形成一层氧化膜，提高其耐腐蚀性和装饰性。

在众多的热处理工艺中，钢铁的处理种类就非常多。其中，退火、正火、淬火和回火是最为常见的几种方法。通过这些工艺的运用，可以使钢铁达到理想的强度、韧性和耐磨性等性能指标。

退火工艺是一种热处理方法，它通过将工件加热至适当的温度，根据材料和尺寸选择合适的保温时间，然后缓慢冷却，以达到平衡状态和良好的工艺性能。这种方法被广泛应用于金属加工中，可以改善材料的塑性和韧性。

正火工艺是另一种常见的热处理方法，它将工件加热后在空气中冷却。这种方法主要用于改善低碳材料的切削性能，有时也用作最终的热处理工艺。

淬火是一种通过迅速在冷却介质中冷却加热的工件来快速硬化材料的方法。在淬火过程中，材料的组织结构会发生明显的变化，从而增加了其硬度和强度。

回火是一种热处理方法，它在高温下对工件保温一段时间，然后进行适当的冷却。这种方法的主要目的是降低材料的脆性，使其具有更好的韧性和可加工性。

这四种热处理方法，即退火、正火、淬火和回火，彼此之间存在关联，各自具有不同的温度和冷却方式。根据具体材料和工件的要求，可以选择不同的热处理方法来满足需要。

调质是一种结合淬火和高温回火的热处理工艺。它旨在提供一定强度和韧性，同时保持合适的硬度。调质是一种常见的热处理方法，广泛应用于机械零部件和工具等领域。时效处理是一种将过饱和固溶体在室温或适当温度下长时间保持的热处理方法。这种处理方式可以显著提高合金的硬度、强度、电性或磁性等性能。时效处理常用于合金材料的生产和加工中，以满足特定的使用要求。

形变热处理是一种将压力加工形变和热处理相结合的工艺方法，能够显著提高工件的强度和韧性。这种方法在材料加工领域得到了广泛应用。通过施加压力和加热处理，材料的晶粒得以重新排列和调整，从而改善其机械性能。

真空热处理是指在负压气氛或者真空环境中进行的热处理过程。这种方法可以有效地避免材料氧化和脱碳的问题，并且能够保持工件表面的光洁度。

相比其他处理方法，真空热处理可以显著提高工件的性能，使其具备更高的强度和耐磨性。

表面热处理是一种只对工件表层进行加热处理的方法。常用的方法包括火焰淬火和感应加热等。通过这些方法，工件表层的力学性能可以被改变和调整。这种处理方法可以在不改变整体组织和化学成分的情况下，增加工件表面的硬度和耐磨性，从而提高其整体性能。

化学热处理是一种通过改变工件表层的化学成分、组织和性能来提升材料性能的方法。常见的处理方法包括渗碳、渗氮和渗金属等。通过这些化学处理方法，工件的表面硬度和耐磨性可以得到显著提升。

热处理可以有效地调控机械零件和工模具的性能。通过热处理，毛坯的组织和应力状态可以得到改善，从而提高工件的耐磨性、耐腐蚀性和磁性等性能指标。例如，白口铸铁经过退火处理后可以转变为可锻铸铁，这种铁材具备更好的可锻性能。对于齿轮等零件，热处理可以有效地提高其使用寿命。而对于碳钢材料，通过热处理并掺入合金元素，可以显著改善其性能。此外，工模具在制造过程中也需要进行热处理，以确保其性能可满足工作要求。

二、材料性能分析

（一）电性能

材料的电性能就是材料被施加电场时所产生的响应行为，主要包括导电性、介电性、铁电性和压电性等。

1. 导电性与介电性

（1）导电性。对材料两端施加电压 V，则材料中的可移动的带电粒子从一端移动到另一端，电荷流动的速率即电流 I 与电压 V 及材料的电阻 R 成正比，即 $V=IR$。这就是著名的欧姆定律，其中 V 的单位为 V（伏特，等于 J/C，即焦耳每库仑），I 的单位为 A（安培，等于 C/s，即库仑每秒），R 的单位为 Ω（欧姆）。电阻 R 与材料的长度 L 成正比，与材料的截面积 A 成反比。

$$R=\rho\frac{L}{A} \tag{1-1}$$

式中，比例系数 ρ 为材料的体积电阻率，简称电阻率，单位为 Ω · m。

电阻率的倒数即为电导率 σ，单位为 S/m，它是材料导电性能的量度，σ 越大，则导电性越好。电导率大小等于载流子的密度 n、每个载流子的电荷数 Z_e 和载流子迁移率 μ 的乘积，即 $\sigma=nZ_e\mu$。所以，要增加材料的导电性，关键是增大单位体积内载流子的数目和使载流子更易于流动。导体中的载流子是自由电子，半导体中的载流子则是带负电的电子和带正电的空穴。材料的导电性与材料中的电子运动密切相关，而能带理论是研究固体中电子运动规律的一种近似理论，不同种类材料在导电性上的差异可以在该理论中得到较好的解释。

分子轨道理论认为，两原子间相应的原子轨道可以组合成同数的分子轨道。在金属晶体中，金属原子靠得很近，可以通过原子轨道组合成分子轨道，以使能量降低。金属晶体中通常包含数目极多的原子，这些原子的原子轨道可组成极多的分子轨道。由于数目巨大，各相邻分子轨道间的能级应非常接近，实际上连成一片，构成了一个具有一定能量宽度的能带，这是能带理论的基础。

金属晶体中含有不同的能带。已充满电子的能带称为满带，其中电子无法自由流动、跃迁。在此之上，能量较高的能带，可以是部分充填电子或全空的能带，称为空带，空带获得电子后可以参与导电过程故又称为导带。价电子所填充的能带称为价带。而在半导体和绝缘体中，满带与导带之间还隔有一段空隙，称为禁带。

固体的导电性由其能带结构决定。对一价金属（如 Na），价带是未满带，故能导电。对二价金属（如 Mg），价带是满带，但禁带宽度为零，价带与较高的空带相交叠，满带中的电子能占据空带，因而也能导电，绝缘体和半导体的能带结构相似，价带为满带，价带与空带间存在禁带。禁带宽度较小时（0.1 ~ 3eV）呈现半导体性质，禁带宽度较大时（>5eV）则为绝缘体。在任何温度下，由于热运动，满带中的电子总会有一些具有足够的能量激发到空带中，使之成为导带。由于绝缘体的禁带宽度较大，常温下从满带激发到空带的电子数微不足道，宏观上表现为导电性能差。

在半导体（如硅、锗）中，禁带不太宽，热能足以使满带中的电子被激发越过禁带而进入导带，从而在满带中留下空穴，而在导带中增加了自由电子，它们都能导电。并且由于温度越高，电子激发到空带的机会越大，因而导电率越高。这类半导体属于本征半导体。另一类半导体是通过掺杂（doping）而制备的，称为非本征半导体。所谓掺杂就是加入杂质（掺杂剂），使电子结构发生变化。例如，在四价的 Si 或 Ge 中掺杂五价的 P、As 或 Sb，掺杂剂外层的 5 个价电子有 4 个参与形成共价键，剩余的一个电子尽管不是自由电子，但掺杂原子时其束缚力较弱，结合能在 0.01eV 数量级，因此很容易脱离掺杂原子而流动，结果就是材料的导电性增大。此类含剩余电子的半导体称为 n- 型半导体。如果掺杂剂为三价的 B、Ga、In 等，则由于只有 3 个价电子，在价键轨道上形成空穴，从而使导电性增大。这类半导体称为 p- 型半导体。

离子化合物和高分子的电子结构中均具有较大的能隙，电子难以从价带激发到导带，因此这两类材料的导电性通常很低。作为绝缘材料使用。但一些无机陶瓷在低温下表现出超导性，即温度下降到某一值时电阻突然大幅下降，直至接近零。

（2）介电性。介电性是指在电场作用下，材料表现出对静电能的储蓄和损耗的性质。这种对静电能的储蓄和损耗，是由于在外电场作用下材料产生极化。这一过程称为电极化，而在电场作用下能建立极化的物质称为电解质。

电极化有两种情形：一种是在外电场作用下，材料内的质点（原子、分子、离子）正负电荷重心分离，使其转变成偶极子；另一种是正、负电荷尽管可以逆向移动，但它们并不能挣脱彼此的束缚而形成电流，只能产生微观尺度的相对位移并使其转变成偶极子。

对相距 L 的平衡金属板施加电压 V，撤去电压后所产生的电荷基本上保留在平板上，这一储存电荷的特性称为电容 C。定义为电荷量 q 与电压 V 的比值，即 $C=q/V$，单位为 F（法拉第）。数值上 C 与平板面积 A 成正比，与平板距离 L 成反比，即 $C=\varepsilon$（A/L），式中 ε 称为介电常数或电容率，表征材料极化和储存电荷的能力，单位为 F/m。真空的介电常数 ε_0 为 8.85×10^{-12}F/m。当在平板之间充入作为绝缘体的电解质时，电容值由于电解质的电极化作用而增大，显然，由于 A 和 L 保持不变，故电容增大倍数等于电解质材料的介电常数 ε 与真空介电常数 ε_r 之比，该比值称为相对介电常数 ε_r，即 $\varepsilon_r=\varepsilon/\varepsilon_0$。为直观起见，材料的介电常数通常以相对介电常数表示，其测定方法：首先在其两块极板之间为空气的时候测试电容器的电容 C_0（空气的介电常数非常接近 ε_0）。然后，用同样的电容极板间距离但在极板间加入电解质后测得电容 C_x，则 $\varepsilon_r=C_x/C_0$。

衡量材料介电性的另两个指标是介电强度和介电损耗。介电强度就是一

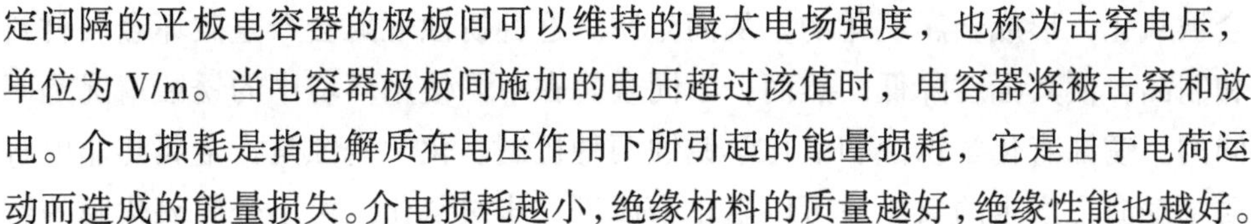

定间隔的平板电容器的极板间可以维持的最大电场强度，也称为击穿电压，单位为 V/m。当电容器极板间施加的电压超过该值时，电容器将被击穿和放电。介电损耗是指电解质在电压作用下所引起的能量损耗，它是由于电荷运动而造成的能量损失。介电损耗越小，绝缘材料的质量越好，绝缘性能也越好。

2. 铁电性与压电性

外电场作用下电解质产生极化，而某些材料在除去外电场后仍保持部分极化状态，这种现象称为铁电性。当铁电材料置于较强的电场时，永久偶极子增加并沿着电场方向取向排列，最终所有偶极子平行于电场方向，达到饱和极化。当外场撤去后，材料仍处于极化状态，极化强度只有在施加反方向的电场并且电场强度达到某一数值才能完全消除。继续增大反向电场的强度，则导致偶极子在反方向上平行取向，直至极化饱和。如果再把电场方向反转并达到饱和极化，则可得到一个闭合的滞后回线。铁电体存在一临界温度，高于此温度，则铁电性消失，该温度称为居里温度。铁电性的改变通常是由于在居里温度下晶体发生相变。不同材料的居里温度可以有很大差别。

对 $BaTiO_3$ 之类的铁电材料施加压力，导致极化发生改变，从而在样品两侧产生小电压，这一现象称为压电性或压电效应，相应的材料称为压电体。压电体可以把应力转换成容易测量的电压值，因此常常用于制造压力传感器。

对压电体两侧施加电压，则可引起其尺寸发生变化，这种现象称为电致伸缩效应，也称为逆压电效应。如果对压电体薄膜施加交变电流，则薄膜产生振动而发出声音，利用这一现象可以制作音频发声器件，如扬声器、耳机、蜂鸣器。

（二）化学性能

一般来说，材料不同于化学试剂，它在使用过程中是不希望发生化学反应而消耗掉或转化成别的东西的。但材料在使用过程中往往要接触外界物质，如空气、水汽、酸性物质、碱性物质等，一定条件下会与这些物质发生化学反应。材料的化学性能就是材料对这些外界接触物的耐受性，也就是化学稳定性。由于组成和结构的差异，不同材料的化学性能特点也有所不同。金属材料主要涉及氧化腐蚀的问题，即生锈；无机非金属材料则关注其耐酸碱性；高分子材料主要是耐有机溶剂性以及老化问题。

1. 耐氧化性

金属材料的化学性能主要涉及氧化腐蚀的问题。大多数金属在空气中都会被氧化，形成金属氧化物，从而生锈。这种锈蚀现象会严重破坏金属材料和制品，使其强度降低。然而，不同金属在不同使用环境中的锈蚀情况是不同的。锈蚀有化学锈蚀和电化学锈蚀两种机制。化学锈蚀是指金属与非电解质接触时，产生的氧化膜可以阻止金属进一步被氧化。由于金属氧化膜的致密性和薄度，一般不会对金属的使用性能产生影响，反而可以提高金属的耐锈蚀性。

在材料设计中，可以通过加入对氧有强烈亲和力的物质来形成致密的氧化膜，从而提高材料的耐氧化腐蚀性能。这样的设计可以采用各种方法实现，如合金化、涂层技术等。合金化可以通过在金属中引入其他元素来改变其化学性质，使其形成更稳定和耐腐蚀的氧化膜。涂层技术则是将金属表面涂覆上一层具有优异氧化腐蚀性能的材料，以防止金属与环境中的氧接触。在实际应用中，对金属材料的耐氧化腐蚀性能的要求取决于其使用环境。例如，用于海洋环境的金属制品需要具有良好的耐腐蚀性能，以抵御海水的侵蚀。而在化工行业中，金属材料需要能够耐受酸碱等强腐蚀性介质的侵蚀。

金属在潮湿空气中以及酸、碱、盐溶液和海水中会发生锈蚀，这个现象被科学家们称为电化学锈蚀。这种锈蚀的机制与金属的原电池原理非常相似。事实上，腐蚀电池就是导致金属锈蚀的一种特殊类型的原电池。当金属材料在电解质溶液中形成原电池时，作为负极的金属就会开始发生锈蚀。

要形成这种腐蚀电池，有三个基本条件必须同时满足：①不同金属部分之间必须存在电位差，也就是说它们之间的电势差必须不同；②必须存在电解质溶液，即含有离子的溶液；③不同电位的金属部分必须通过导线连接或直接接触。当这三个条件齐全时，腐蚀电池就会形成。

一旦形成了腐蚀电池，金属的锈蚀便会开始进行。在这个过程中，锈蚀电池中的正极是金属的阳极部分，而负极则是金属的阴极部分。阳极上的金属会被氧化，形成离子，并释放出电子。而在阴极上，某种还原反应会发生，使离子还原成原子或分子形式。这种金属锈蚀的过程并不是立即发生的，而是一个持续的、缓慢而有序的过程。在电化学锈蚀中，阳极上的金属逐渐溶解，并释放出电子和金属离子。这些金属离子会移动到阴极处，然后与电子结合，还原成金属或化合物。这个过程会一直进行下去，直到金属完全耗尽或阻止了电化学反应。

了解金属腐蚀原理以及电化学锈蚀的机制对于预防和保护金属材料非常重要。通过控制电势差、使用防腐蚀涂层、选择抗腐蚀材料等措施，可以有效地延缓金属的锈蚀速度，从而延长其使用寿命。这些知识对于从事材料科学、工程和相关领域的研究人员来说至关重要，以便他们能够开发出更强、更耐用的材料，以满足不断发展的工业和技术需求。

空气中的水蒸气和酸性气体对金属具有广泛和重大的危害。这些气体会引起电化学锈蚀，导致金属表面受损并逐渐腐蚀。为了防止这种情况发生，科学家们提出了一些有效的防锈方法。

其中一种方法是在金属的底漆中添加一种特殊的缓蚀剂，这些缓蚀剂具有表面活性，可以通过吸附作用将金属表面上的水分置换出来。底漆中的水分可以由缓蚀剂的胶粒或界面膜紧紧地包裹住，以防止其与金属直接接触。这种缓蚀剂可以稳定在油中，并在金属表面形成一层保护膜。这样，当空气中的水蒸气和酸性气体接触到金属时，它们首先会与缓蚀剂反应，而不会对金属表面产生腐蚀作用。

另一种常用的防腐蚀方法是牺牲阳极法。这种方法的基本原理是在金属材料上放置一个活泼的金属，使其成为阳极，而金属本身则成为阴极，构成一个腐蚀电池。当发生电化学腐蚀时，阳极会被腐蚀，而金属材料主体则得到保护。这种方法常见的应用是在船体和油罐等大型金属结构上，通过在表面喷涂锌层来保护金属。锌会在与空气中的水分和酸性物质接触时首先被腐蚀，而金属材料则可以得到有效的保护。

2. 耐酸碱性

除金刚石、石墨、单质硅等少数单质材料外，无机非金属材料大多数为化合物，价态较稳定，不易发生氧化还原反应。而这些无机化合物很多都具有一定的酸性或碱性，在接触碱或酸时可能会受侵蚀。

无机非金属材料有耐酸材料和耐碱材料之分，其依据就是其对酸碱的耐受性不同。二氧化硅是一种酸性的氧化物，所以组成上以二氧化硅为主的材料在酸性环境下稳定，而在碱液中将会被溶解或侵蚀。其反应如下：

$$SiO_2 + 2NaOH \longrightarrow Na_2SiO_3 + H_2O$$

普通的无机玻璃主要含二氧化硅，所以盛碱液的玻璃瓶不能用玻璃盖，以防瓶盖与瓶子的接触部位受碱液侵蚀而黏合在一起。基于同样原因，碱式滴定管也有别于酸式滴定管。另外，硅酸盐材料也会被氢氟酸腐蚀，其反应如下：

$$SiO_2 + 4HF \longrightarrow SiF_4 \uparrow + 2H_2O$$

$$SiF_4 + 2HF \longrightarrow H_2[SiF_6]$$

大多数金属氧化物都是碱性氧化物，当材料中含有大量碱性氧化物时，则表现出较强的耐碱性，而易受酸侵蚀或溶解。

除无机非金属材料外，在一些应用领域，金属材料耐酸碱性也必须考虑。如在氯碱工业中很多使用不锈钢、碳钢和灰铸铁，这些材料直接接触碱液，耐碱性是个大问题。例如碳钢在室温的碱性溶液中是耐蚀的，但在浓碱溶液中，特别是在高温工作下不耐蚀。为此，人们不断研究开发耐碱蚀的金属材料。如高镍奥氏体铸铁是一种发展较早、用途广泛的耐碱蚀合金铸铁。此外，铸铁中加入适量的 Mn、Cr、Cu，通过热处理得到奥氏体 + 碳化物的白口铁组织，这种合金铸铁在海水中的耐蚀性可以与高镍耐蚀合金铸铁相比，并且没有高镍耐蚀合金铸铁的点蚀及石墨腐蚀现象。镍铬铸铁中加入稀土，降低镍含量，可以降低材料成本，又可以保证合金铸铁良好的耐碱蚀性。其耐蚀机理是碱蚀后稀土高镍铬铸铁表面生成完整、致密的 γ -（Fe，Cr）$_2O_3$ 氧化膜和 Na_2SO_4、$FeCl_3$ 等附着物，使材料本体受到保护。

对于高分子材料来说，其主链原子以共价键结合，而且即使含有反应性基团，其长分子链对这些反应基团都有保护作用，所以作为材料使用，其化学稳定性较好，一般对酸和碱都有较好的耐受性。

（三）热性能

热性能主要包括热容、热膨胀和热传导，它们均与材料中的原子振动相关，而导热性还涉及电子的能量转移。

1. 热容

原子的振动可用能量描述，或利用能量的波动性质进行处理。绝对零度下，原子具有最低能量。一旦对材料加热，原子获得热能而以一定的振幅和频率振动。振动产生弹性波，称为声子，其能量 E 可用波长 λ 或频率 v 表示，即 $E=hc/\lambda=hv$，式中 h 和 c 分别为普朗克常数和光速。材料热量得失过程就是声子得失过程，其结果是引起材料温度的变化，其变化程度可用热容表示。

热容是 1mol 物质升高 1K 所需要的热量，单位为 J/（mol·K）。等压条件下测定的热容称为定压热容，用符号 c_p 表示；等容条件下测定的热容称为定容热容，用符号 c_v 表示。对于晶体材料来说，在较高温度下热容为一常数，即 c_p=3R=24.9J/（mol·K）。室温下的热容即与此值接近，温度越高则越趋近。在极低温度下，物质的热容与绝对温度的 3 次方成正比。

2. 热膨胀

原子获得热能而振动，其效果相当于原子半径增大，原子间距离以及材料的总体尺度增加。材料的尺度随温度变化的程度用膨胀系数 α 表示，指的是温度变化 1K 时材料尺度的变化量。材料的尺度分为长度（线尺寸）和体积，因此膨胀系数有线膨胀系数 α_1 和体积膨胀系数 α_v 之分。

材料的热膨胀现象可以通过势能图来说明。在低温下，原子之间的距离处于平衡键合距离 r_0 位置，此时它们之间的相互作用力为零。然而，随着温度的升高，原子开始吸收热能并进行振动，其能量上升到 E_1，而平衡距离也会相应地变为 r_1。通常情况下，能量曲线是不对称的，这导致当能量升高时，原子之间的平衡距离也会增加。随着进一步提高能量，平衡距离会依次增加到 r_2、r_3、r_4 和 r_5，因此材料的宏观尺寸也会增加，这就是热膨胀现象的出现。如果势能曲线是对称的，那么随着振动能的增加，原子之间的平衡距离不会发生变化，因此不会出现热膨胀现象。如图 1-1[①] 的右图所示，其 3 个 r 值是相等的，即没有热膨胀现象。

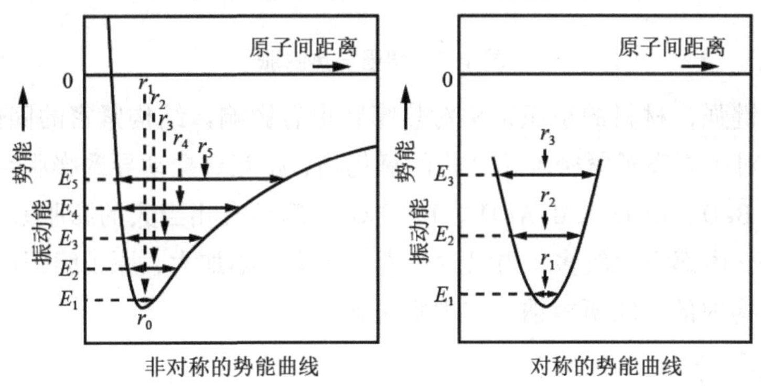

图 1-1　材料的热膨胀现象

① 席艳君，高亚辉，李向南．现代材料科学进展研究 [M]. 咸阳：西北农林科技大学出版社，2019：44.

不同材料具有不同的线膨胀系数，其中金属和无机非金属材料的线膨胀系数较小，而聚合物材料的线膨胀系数较大。这是因为不同材料的原子或分子之间存在不同类型和强度的键合力。热膨胀差异可以通过势能图来解释，其中键合力越强，势能阱越深。因此，强键的热膨胀系数较小，而弱键的热膨胀系数较大。金属和无机非金属材料通常具有较强的键合力，因此它们的热膨胀系数较小。相比之下，聚合物材料的分子链之间使用范德华力结合，这种键合力相对较弱。因此，聚合物材料的热膨胀系数较大。范德华力是一种临时性的相互作用力，当材料受热膨胀时，分子链之间的相互作用会减弱，从而导致较大的线膨胀系数。陶瓷材料使用离子键和共价键来结合。离子键是由正负电荷之间的相互作用形成的，而共价键是由共享电子对形成的。这些键合力相对较强，因此陶瓷材料的热膨胀系数相对较小。

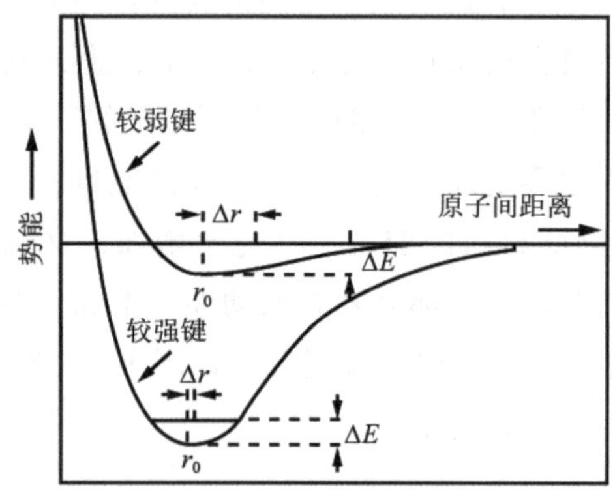

图 1-2 键强与热膨胀

除了键强，材料的组织结构对热膨胀也有影响。结构紧密的固体，膨胀系数大。对于氧离子紧密堆积结构的氧化物，相互热振动导致膨胀系数较大，如 MgO、BeO、Al_2O_3、$MgAl_2O_4$、$BeAl_2O_4$，都具有相当大的膨胀系数。固体结构疏松，内部空隙较多，当温度升高，原子振幅加大，原子间距离增加时，部分被结构内部空隙所容纳，宏观膨胀就小。

3. 热传导

热量从系统的一部分传到另一部分或由一个系统传到另一个系统的现象称为热传导。热传导是热传递 3 种基本方式（对流、传导和辐射）之一，它是固体中热传递的主要方式。材料中的热传导依靠声子（分子、原子等质点的振动）的传播或电子的运动，使热能从高温部分流向低温部分。材料各部分的温度差的存在是热传导的关键。如果只考虑一维的热传导，并且温度分布不随时间而变，则当沿着 x 坐标方向存在温度梯度 dT/dx 时，热量通量 q 与温度梯度成正比。

负号表明热流方向与温度梯度方向相反。此规律由法国物理学家傅里叶于 1822 年首先发现，故称为傅里叶定律，所描述的是一维定态热传导的情形。热导率是表征物质热传导性能的物理量，单位是 W/（m·K），一些书籍或手册中采用 cal/（cm·s·K），其换算关系为 1cal/（cm·s·K）$=4.2\times10^2$W/（m·K）。

金属材料有很高的热导率，这是由于其电子价带没有完全充满，自由电子在热传导中担当主要角色。另外，金属晶体中的晶格缺陷、微结构和制造工艺都对导热性有影响。晶格振动阻碍电子迁移，因此当温度升高时，晶格振动加剧，金属的热导率下降。但在高温下随着电子能量增加，晶格振动本身也传导热能，这时热导率可能会有所回升。

对于无机陶瓷或其他绝缘材料来说，由于电子能隙很宽，大部分电子难以激发到价带，因此电子运动对传导的贡献很小，所以热导率较低。这类材料的热传导依赖于晶格振动（声子）的传播。高温处的晶格振动较剧烈，从而带动邻近晶格的振动加剧，就像声波在固体材料中的传播那样。温度升高时，声子能量增大，再加上电子运动的贡献增加，其热导率随温度升高而增大。

半导体材料的热传导是电子与声子的共同贡献。低温时，声子是热能传导的主要载体。随着温度的升高，由于半导体中的能隙较窄，电子在较高温度下能激发进入导带，所以导热性显著增大。

高分子材料的热传导是靠分子链节及链段运动的传递，其对能量传递的效果较差，所以高分子材料的热导率很低。

第三节　材料科学的地位及应用

材料科学是一门研究材料的组成、结构、性能和制备方法的学科。它在现代科学与工程领域中占据着极其重要的地位，对社会的发展和技术的进步产生着深远的影响。

第一，基础研究与学科交叉。材料科学作为一门综合性学科，涉及物理学、化学、生物学、工程学等多个学科领域。在材料科学的研究中，科学家们探索原子层面的结构和相互作用，研究材料的宏观与微观性质，从而为新材料的发现和设计奠定了基础。

第二，新材料的发现与设计。材料科学的发展推动了新材料的不断涌现。通过对不同元素的组合、晶格结构的调控、材料表面与界面的改变，科学家们能够创造出具有特定性能的新材料。例如，高温超导材料、碳纳米管、石墨烯等就是材料科学研究的重要成果。

第三，工程技术与应用。材料科学在各个工程领域都起着关键作用。例如，在航空航天领域，材料科学的进步使得研发更轻、更强、更耐高温的材料成为可能，推动了航天技术的发展。在能源领域，材料科学的进展带来高效的太阳能电池、锂离子电池等，有助于解决能源需求与环境保护之间的平衡。

第四，环境保护与可持续发展。材料科学有助于减少资源的消耗和环境的污染。通过研究可降解材料、再生材料以及循环利用技术，可以减少对环境的负担，实现可持续发展。

第五，医学与生物技术。在医学和生物技术领域，材料科学的应用也日益广泛。例如，可生物降解的材料在医学植入物上的应用，纳米材料在药物传递中的作用，都为医疗技术的进步做出了贡献。

第六，信息技术与通信。材料科学的进步也极大地推动了信息技术和通信领域的发展。从硅谷的芯片技术到光纤通信的革新，都离不开材料科学的支持。

总的来说，材料科学是现代科学与工程的基石之一，对社会发展和技术进步产生着深远的影响。它的发展不仅改变了人们的生活方式，也为解决许多全球性问题提供了新的可能性，包括资源紧缺、环境污染、能源危机等。因此，材料科学的研究与应用具有重要的战略地位。

第二章　现代材料科学发展研究基础

第一节　现代晶体化学

一、晶体结构

材料具备多个层次的结构，分为宏观组织结构、显微组织结构和微观结构。材料的性能直接受其结构的影响，因此深入了解材料的结构对于理解其性能至关重要。大多数材料在固态下被使用。根据固体中原子的有序排列程度，固体可以分为晶态结构和非晶态结构。晶态结构是原子在短距离和长距离上都呈现完全有序的结构。绝大多数金属材料都具有晶态结构，而无机陶瓷材料也大多具备晶态结构。相比之下，大部分高分子材料则呈现非晶态结构，或者是部分结晶结构。

（一）晶体结构的相关概念

晶体是离子、原子或分子有规律地排列所构成的一种物质，其质点在空间的分布具有周期性和对称性。对高分子材料，由于分子是长链大分子，所以呈周期性排列的质点不大可能是整个大分子，而是大分子中的结构单元或链节。“晶体结构作为凝聚态物理学重要的基础理论，起源于人类对日常生活中简单晶体的认识,并被人们意识到晶体的种种性质可能与其结构有关。”①

1. 空间点阵

把组成晶体的质点抽象为几何学上的点，由这些等同的几何点的集合所

① 刘元兴．晶体结构研究：经验基础与理论表征［J］．自然辩证法研究，2022，38（12）：85-90.

形成的格子称为空间格子，也称为空间点阵。点阵结构中，每个点代表的实体内容称为晶体的结构基元。

2. 晶胞和晶系

在空间格子中划分出一个个大小和形状完全一样的平行六面体，以代表晶体结构的基本重复单位，这种三维空间中具有周期性排列的最小单位称为晶胞。

晶胞的形状和大小可以用 6 个参数来表示，即晶胞参数，它们是 3 条边棱的长度 a、b、c 和 3 条边棱的夹角 α、β、γ，如图 2-1[①] 所示。晶胞参数确定之后，晶胞和由它表示的晶格也随之确定，方法是将该晶胞沿三维方向平行堆积即构成晶格。

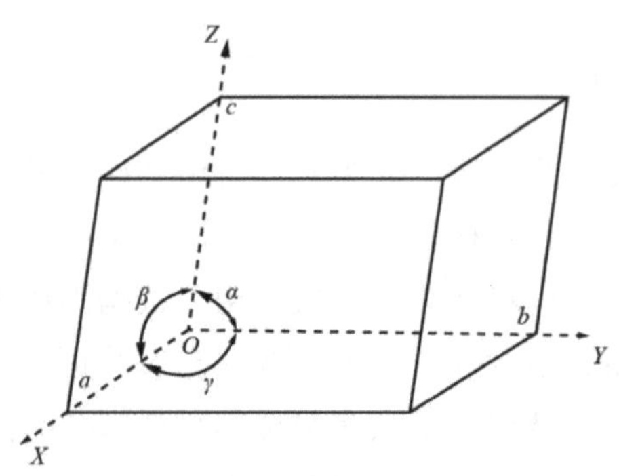

图 2-1　晶胞坐标及晶胞参数

在空间点阵中，每个点阵的周围环境都是相同的。通过研究晶胞参数之间的关系，可以将所有点阵归为 7 个晶系。7 个晶系共包括 14 种点阵，称为布拉菲点阵。晶体结构指的是晶体中原子或分子的排列情况。它由空间点阵和结构基元组成。空间点阵描述了晶体结构的周期性和对称性。空间点阵是一种具有周期性的结构，可以扩展到整个晶体中。它由一组基矢量和一组平移矢量组成。基矢量定义了晶体中原子或分子的位置，而平移矢量描述了晶格的平移方式。晶格的对称性由空间点阵决定。不同的晶体结构具有不同的对称性，这反映在它们的空间点阵中。例如，立方晶系具有最高的对称性，它的空间点阵具有六重旋转轴和对称镜面。中心对称和非中心对称是描述晶

① 周静，沈杰，赵春霞，等．近代材料科学研究技术进展［M］．武汉：武汉理工大学出版社，2012：3-41.

体结构的另一个重要方面。中心对称是指晶格中每个点的周围都有一个同样的对应点。而非中心对称则表示相邻点的排列并不对称。

3. 晶面和晶向

晶体是由组成质点按照周期规律排列构成的。它们的点阵可以被分解为相互平行的晶面。在同一取向上，这些晶面是平行且间距相等的，它们的结点分布也是相同的。在不同取向上，结点平面具有不同的特征。特别是在高对称性的晶体中，可以观察到由多组非平行的晶面构成的晶面族。

晶体点阵还可以被分解成相互平行的结点直线组。在同一直线组中，直线具有相同的质点分布。不同方向的直线组具有不同的质点分布。这种构成晶体的结点直线组可以帮助人们理解晶体中的特定性质和行为。

晶体中还存在具有相同周期排列的晶面构成的晶面簇。这些晶面簇在晶体的结构和性质中起着重要的作用。

晶面指数和晶向指数是理解晶体中的位错、晶体变形等现象的重要工具。这些指数提供了关于晶体中原子排列和晶体方向的有用信息，帮助研究晶体的缺陷和性能。通过研究晶面指数和晶向指数，能够揭示晶体内部的微观结构和宏观行为。

4. 最紧密堆积原理与最紧密堆积方式

晶体的结构可以被看作球体的堆积，其中质点之间相互结合。根据势能最低原则，质点的结合应该以降低系统的势能为目标。从球体堆积的角度来看，当球体密度越大时，系统的势能就越低，晶体也就越稳定。这就是最紧密堆积原理。最紧密堆积原理是建立在质点的电子云分布呈球形对称且无方向性的基础上的。因此，只有经典的离子晶体和金属晶体符合最紧密堆积原理，而无法用来衡量原子晶体的稳定性。

根据质点的大小不同，球体最紧密堆积方式分为等径球和不等径球两种情况。等径球最紧密堆积有六方最紧密堆积和面心立方最紧密堆积两种。等径球最紧密堆积时，在平面上每个球与 6 个球相接触，形成第 1 层（球心位置标记为 A），如图 2-2 所示。第 3 层球放在第 2 层球形成的弧线三角形空隙上方，即第 3 层球的球心正好在第 1 层球的正上方，亦即第 3 层球与第 1 层球的排列位置完全相同，球体在空间的堆积按照 ABAB……的层序来堆积。从这样的堆积中可以取出一个六方晶胞，故称为六方最紧密堆积，如图 2-3 所示。如果是第 3 层球放在 C 位正上方，与第 2 层球相互交错，在空间形成ABCABC……的堆积方式。从这样的堆积中可以取出一个面心立方晶胞，故称为面心立方最紧密堆积，如图2-4（a）所示。面心立方堆积中，ABCABC……重复层面平行于（111）晶面，如图2-4（b）所示。两种最紧密堆积中，每个球体周围同种球体的个数均为12。

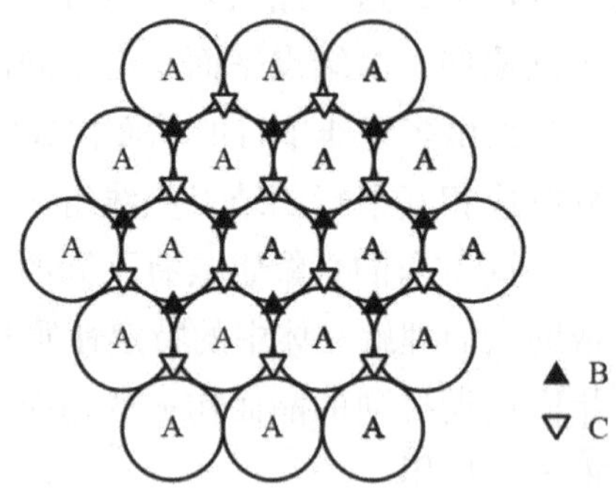

图2-2　六方最紧密堆积的平面图

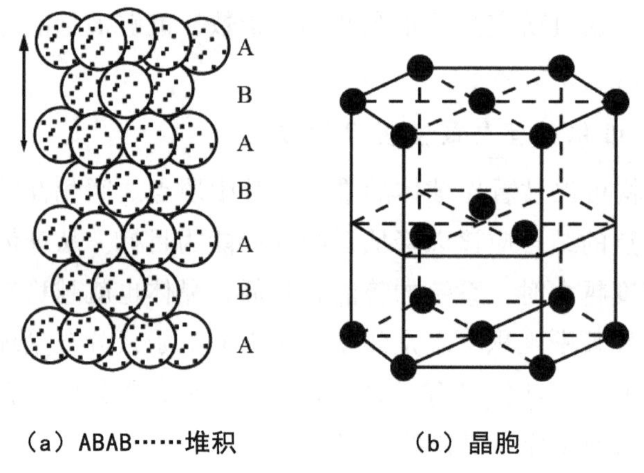

（a）ABAB……堆积　　（b）晶胞

图2-3　六方最紧密堆积

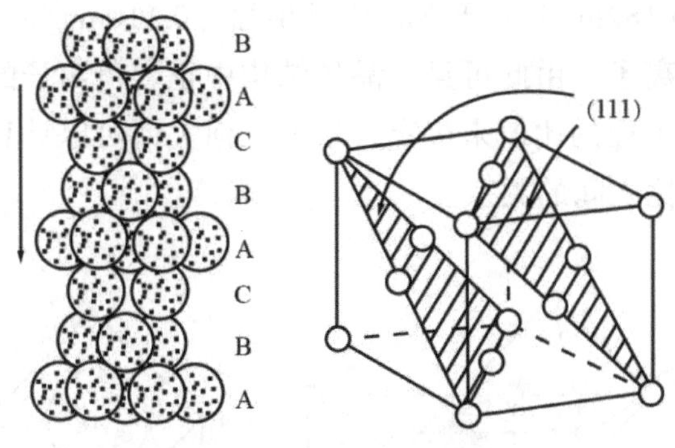

（a）ABCABC……堆积　（b）晶胞及最紧密堆面的堆积方向

图 2-4　面心立方最紧密堆积

空间利用率（或原子堆积系数）是一种用于衡量最紧密堆积中总空隙大小的指标。有两种最紧密堆积，它们的空间利用率都是 74.5%，意味着空隙占据了整个空间的 25.95%。然而，最紧密堆积只是一种从几何角度描述晶体结构的方法，并没有考虑质点相互作用的物理化学本质。在实际情况中，质点的相对大小对晶体结构的形成起着重要作用。它对键的性质、键的强度、配位关系以及质点之间的相互作用等都有决定性的影响。

因此，不能仅仅从最紧密堆积的角度来考虑离子晶体的结构。必须综合考虑质点相互作用以及其他因素，才能获得对晶体结构更为全面和准确的描述。这包括考虑离子尺寸、电荷、电子云的相互作用等因素，以揭示晶体中离子的排列和构成的真实情况。

5. 配位数与配位多面体

一个原子（或离子）周围同种原子（或异号离子）的数目称为原子或离子的配位数，用 CN 来表示。当不等径球密堆积时，大球首先按最紧密方式堆积，小球填充在大球密堆积形成的四面体或八面体空隙中，多大的球可以填充于四面体空隙，多大的球可以填充于八面体空隙呢，取决于离子间的相对大小。在 NaCl 晶体中，Cl^- 离子按照面心立方最紧密方式堆积，Na^+ 离子填充于 Cl^- 离子形成的八面体空隙中。这样，每个 Na^+ 离子周围有 6 个 Cl^- 离子，即 Na^+ 离子的配位数为 6，如图 2-5 所示。而在 CsCl 结构中，每个 Cs^+ 离子位于 8 个 Cl^- 离子简单立方堆积形成的立方体空隙中，即 Cs^+ 离子的配位数为 8，如图 2-6 所示。这是因为离子堆积过程中，为了满足密堆积原理，使系统能量最低而趋于稳定，每个离子都应尽可能多地被其他离子包围。而

Cs^+离子半径（0.182nm）大于Na^+离子半径（0.110nm），使得它周围可以容纳更多的异号离子。由此可见，晶体结构中正、负离子的配位数的大小由结构中正负离子半径的比值来决定，根据几何关系可以计算出正离子配位数与正负离子半径比之间的关系。

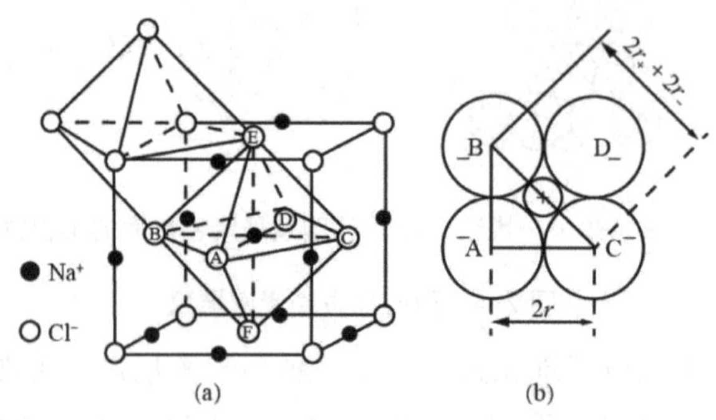

图 2-5 NaCl 晶体中的八面体结构及其离子在平面上的排列

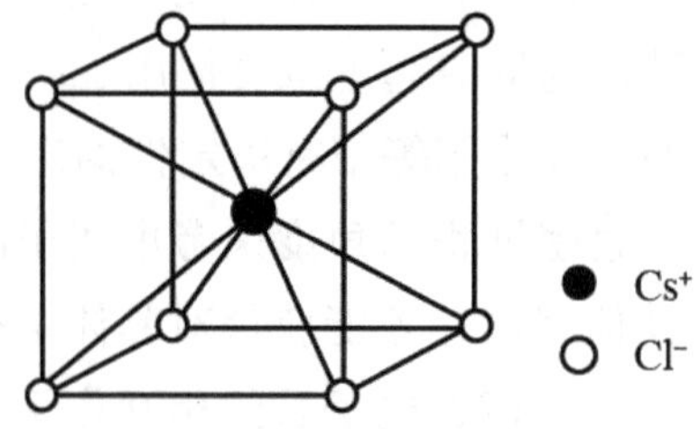

图 2-6 CsCl 晶体结构

对于典型的离子晶体而言，在常温、常压条件下，如果正离子的变形现象不发生或者变形很小时，其配位情况主要取决于正负离子的半径比，否则，应该考虑离子极化对晶体结构的影响。

6. 离子极化

离子晶体中的离子被视为刚性小球的近似处理，这个处理方法适用于典型的离子晶体。当离子密集堆积时，离子的电场会对其他离子的电子云产生吸引或排斥作用，从而引起极化现象。而正离子由于极化力较小，不容易被极化；相反，负离子经常表现出被极化的现象，尤其是当它们具有较小的电价和较大的半径时。在考虑离子间的极化作用时，通常只考虑正离子对负离子的极化作用。对于具有 18 电子构型的正离子，还需要考虑它们的极化率

和形变情况，负离子对正离子的极化作用和由诱导偶极引起的附加极化效应。这些附加的极化效应可能对离子晶体的性质产生重要影响。因此，在研究和描述离子晶体行为时，必须综合考虑这些极化现象，包括正离子对负离子的极化效应和负离子对正离子的极化效应以及诱导偶极引起的附加极化效应。

极化对晶体结构产生重要影响。其主要表现为离子间距缩短，离子配位数降低，电子云相互重叠以及键性由离子键向共价键的过渡，同时晶体的结构类型也会发生变化。离子的极化作用会导致电偶极矩的产生，使得正负离子的电荷中心不再重合。当极化力强烈时，负离子的电子云会显著变形，产生较大的电偶极矩，增强其与附近正离子之间的吸引力。这将使正负离子更加接近，距离缩短，同时离子的配位数也会降低。极化还导致离子的电子云失去球形对称性，导致相互重叠。这使得键性由离子键过渡为共价键。此过渡下，原本由离子键连接的离子会倾向于共享电子，形成较为共价的键。

晶体的基元的数量和大小关系不变，但结构类型会根据离子半径比的不同而发生变化。例如，AX 型晶体可以具有 CsCl 型、NaCl 型、ZnS 型等不同的结构类型。这些不同结构类型的配位数分别为 8、6、4。尽管晶体基元的数量和大小关系相同，但由于极化性能的不同，其结构类型也不同。极化通过离子间距缩短、离子配位数降低、电子云相互重叠以及键性的转变，对晶体结构产生了显著的影响。

7. 同质多晶与类质同晶

每种晶体的形成和稳定存在条件是不同的。这意味着每种晶体都需要一定的环境条件才能形成并保持其稳定性。例如，温度、压力、溶液浓度等因素会影响晶体的形成过程。相同成分的物质在不同热力学条件下形成的晶体具有不同的结构和性能。即使它们的化学成分相同，但在不同的热力学环境下，晶体的形态和物理性质也可能会发生变化。这是因为热力学条件会影响晶体内原子或离子的排列方式，从而导致晶体结构的差异。

金刚石和石墨是由相同成分的碳形成的晶体，但它们的形成条件和结构不同。金刚石是由碳原子以晶体格子的形式排列而成，而石墨则是由碳原子以层状结构排列而成。这种差异导致它们在物理性质上的明显差异，比如硬度和导电性。相同化学组成但结构不同的晶体被称为变体，这是同质多晶现象的一种。变体指的是同一种化学成分的晶体，但由于不同的形成条件，其晶体结构存在差异。这种现象在许多材料中都很常见，对于理解晶体的多样性和性能具有重要意义。

同质多晶现象广泛存在于氧化物晶体中，对研究晶型转变和制备工艺等具有重要意义。氧化物晶体是指由氧化物组成的晶体，在许多领域中都有广泛的应用。同一种氧化物可以形成不同的晶体结构，这对于探索晶体结构的相变行为以及优化制备工艺具有关键作用。

类质同晶现象是化学组成相似或相近的物质在相同热力学条件下形成具有相同结构的晶体现象。当不同物质的化学成分相似或相近，并且它们在相同的热力学环境下形成的晶体结构相同，就产生了类质同晶现象。这种现象常见于矿物中，它可以解释为什么一些矿物会经常共生在一起。类质同晶现象在矿物提纯和分离、固溶体形成以及材料改性等方面具有重要意义。通过利用类质同晶现象，可以通过晶体生长和热处理等方法来纯化和分离含有特定化学成分的矿物。此外，通过合理设计材料成分和热处理条件，还可以形成具有特定结构和性能的固溶体材料，或者通过调控晶体结构来改善材料的性能。这些应用都依赖于对类质同晶现象的深入理解。

（二）单质晶体结构

同种元素组成的晶体称为单质晶体，包括金属晶体、共价晶体和分子晶体。

1. 金属晶体的结构

（1）常见金属的晶体结构。典型金属的晶体结构是最简单的晶体结构。金属键的性质，使典型金属的晶体具有高对称性、高密度的特点。常见的典型金属晶体是面心立方、密排六方和体心立方 3 种晶体，其晶胞结构如图 2-7 所示。另外，有些金属由于其键的性质发生变化，常含有一定成分的共价键，会呈现一些不常见的结构。锡是 A_4 型结构（与金刚石相似），锑是 A_7 型结构等。

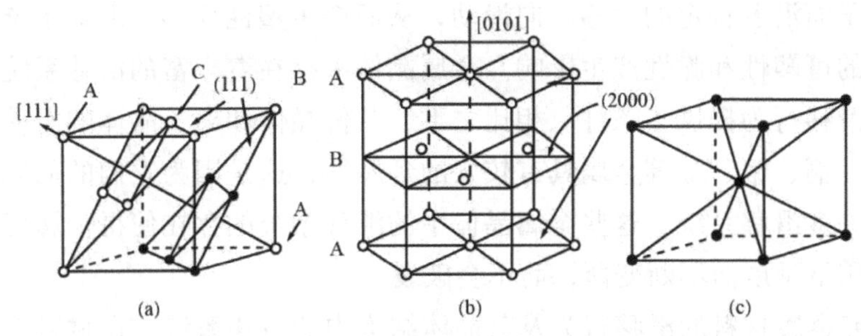

（a）面心立方（A_1 型）；（b）密排六方（A_3 型）；（c）体心立方（A_2 型）

图 2-7　常见金属晶体的晶胞结构

常见面心立方的金属有 Au、Ag、Cu、Al、γ-Fe 等，晶胞中所含原子数为 4。常见体心立方的金属有 a-Fe、V、Mo 等，晶胞中所含原子数为 2。Zn、Mg、Li 等是常见的密排六方结构的金属，原子分布除简单六方点阵的每个阵点［0，0，0］上有原子外，在六方棱柱体内还有 3 个原子。

（2）金属中原子紧密堆积的化学基础。金属中的原子之间能够实现紧密堆积，这是由金属原子的电子构型所决定的。金属键具有一个特性，它们既没有方向性，也没有饱和性，这意味着它们能够与任意方向上相邻原子的 s 轨道进行重叠。

（3）金属原子形成晶体时结构上的差异。金属的晶体结构可以分为几种不同的类型，其中包括 A_1 型、A_2 型和 A_3 型。这些结构的差异主要取决于金属原子的堆积紧密度、参与成键的电子数以及电子的轨道排列。不同的金属有不同的晶体结构。例如，碱金属和铜、银、金等金属的晶体结构与它们的价电子数及最外层电子构型有关。对于具有不参与成键的 d 轨道的金属来说，A_1 型结构是相对稳定的。而对于碱金属来说，A_2 型结构则更为稳定。A_1 型结构和 A_3 型结构之间的最紧密堆积结构的差异会导致熵变，从而影响金属的转变温度和稳定性。这是因为不同的结构会影响金属中原子的排列方式和自由度，进而影响金属的热力学性质。

（4）金属键的结构特征及金属的特性。

第一，金属或合金在组成上不受定比或倍比定律限制，形成了成分可变的金属化合物。与非金属材料相比，金属具有良好的塑性和延展性，它们可以被捶打成薄片，而非金属通常是脆性材料。

第二，金属或合金在力学性能上表现出良好的塑性和延展性。金属晶体中的原子面沿着特定的滑移方向滑动，从而产生塑性变形。滑移系统的数量对材料的可塑性和脆性产生影响。金属晶体中存在着丰富的滑移系统，这为顺利的滑移行为提供了条件。相比之下，共价晶体和离子晶体的滑移过程更为困难。铜、银、金等金属具有较好的延展性，这是因为它们的晶体结构中存在着许多滑移系统。这些金属晶体中的滑移系统的存在使得金属可以在外力的作用下延展而不断变薄，而不会破裂。

研究金属材料的滑移行为及其晶体结构中的滑移系统，在材料工程中可以设计出更具有可塑性和韧性的金属合金。这些金属合金可以广泛应用于制造业，如航空航天、汽车、电子等领域，为人类的生活带来了丰富多样的产品和技术。

2. 非金属元素单质的晶体结构

（1）惰性气体元素的晶体。在低温下，惰性气体可以形成 A_1 型或 A_3 型晶体结构。这意味着惰性气体的原子在形成晶体时会按照一种特定的方式排列。A_1 型或 A_3 型晶体结构是根据惰性气体的性质和电子排布而命名的。惰性气体的原子外层电子是完全填满的，因此它们不会形成化学键。这意味着惰性气体的原子不会与其他原子共享或转移电子，与其他化学元素不发生化学反应。惰性气体晶体是通过微弱的范德华力凝聚而形成的。范德华力是一种弱的吸引力，它能够使惰性气体的原子靠近并保持在一定的距离内。这种微弱的力量足以让原子有序地排列成晶体结构。

（2）其他非金属元素单质的晶体结构。非金属元素的单质可以通过共价键形成晶体结构。共价键是一种化学键，它是通过原子之间共享电子对来形成的。在晶体结构中，非金属元素的原子通过共价键连接在一起，形成稳定的晶体。一个元素的共价单键数目可以通过 8 减去元素所在周期表的族数来确定。周期表的族数表示元素外层电子的数量。根据 8-m 规则，元素的共价单键数目等于 8 减去其族数。这条规则可以帮助快速确定一个元素可能形成的共价单键数目。这个规则被称为 8-m 规则，它是关于共价键和元素外层电子排布之间的关系的一个简化表达。通过应用这个规则，可以预测一个元素在化学反应中可能形成的共价键数目，从而更好地理解和解释元素之间的化学行为。

非金属元素单质晶体的结构基元如图 2-8 所示，对于第Ⅶ族元素而言，每个原子周围共价单键个数为：8-7 = 1，因此，其晶体结构是两个原子先以单键共价结合成双原子分子，双原子分子之间再通过范德华力结合形成分子晶体。

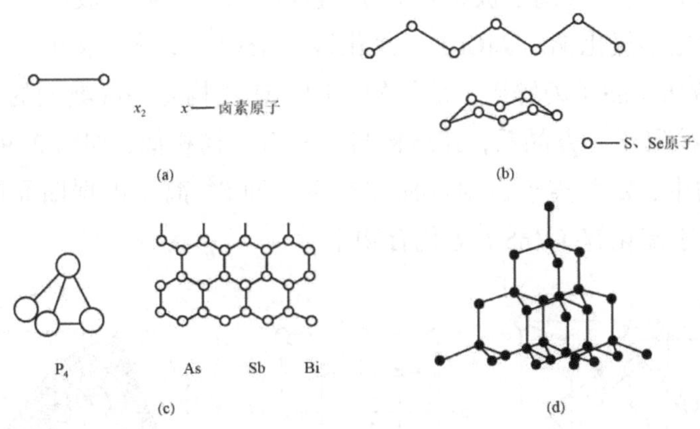

（a）第Ⅴ族元素；（b）第Ⅵ族元素；（c）第Ⅴ族元素；（d）第Ⅳ族元素

图 2-8　非金属元素单质晶体的结构基元

对于第Ⅵ族元素而言，单键个数为：8-6 = 2，故其结构是共价结合的无限链状分子或有限环状分子，链或环之间由通过范德华力结合形成晶体。

对于第Ⅴ族元素而言，单键个数为: 8-5 = 3，每个原子周围有3个单键（或原子），其结构是原子之间首先共价结合形成有限四面体单元（P）或无限层状单元（As、Sb、Bi），四面体单元或层状单元之间借助范德华力结合形成晶体。

对于第Ⅳ族元素来说，单键个数为: 8-4 = 4，每个原子周围有4个单键（或原子）。其中 C、Si、Ge 皆为金刚石结构，由四面体以共顶方式共价结合形成三维空间结构。

O_2、N_2及石墨（C）不符合 8-m 规则，因为它们不会形成单键。O_2是3键，1个 σ 键和2个三电子 π 键。N_2是1个 σ 键和2个 π 键。石墨是 sp^3 杂化后和同一层上的C形成 σ 键，剩余的 p_z 电子轨道形成离域 π 键。

（三）无机化合物结构与鲍林规则

1. AX 型结构

AX 型结构是指一类晶体结构，其中A代表一个正离子（通常是一个金属离子），而X代表一个阴离子（通常是一个非金属离子）。根据A和X

离子的排列方式，AX 型结构可以分为多个亚型。以下有三种常见亚型：

（1）NaCl 形结构。也称为岩盐结构，是一种典型的立方体堆积结构。在这种结构中，每个 A 离子被 6 个 X 离子包围，每个 X 离子被 6 个 A 离子包围。这种结构常见于氯化钠（NaCl）、氯化银（AgCl）等化合物中。

（2）立方 ZnS（闪锌矿）形结构。闪锌矿结构是一种典型的立方体堆积结构。闪锌矿属于立方晶系，其结构与金刚石结构相似，如图 2-9（a）所示。在这种结构中，Zn^{2+} 离子占据八面体空隙，而 S^{2-} 离子占据四面体空隙。这种结构常见于硫化锌（ZnS）等化合物中。

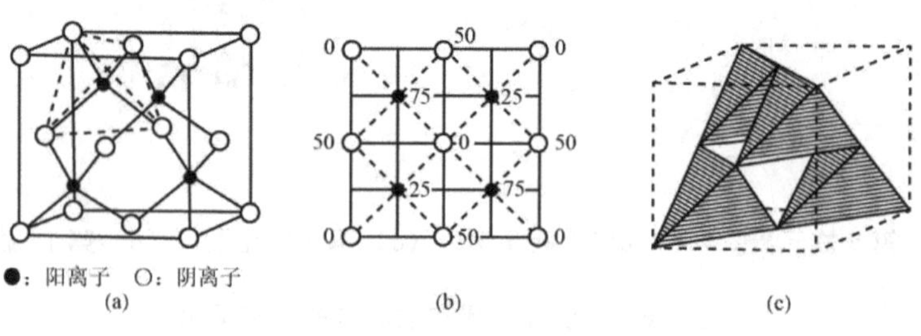

（a）晶胞结构；（b）（001）面上的投影；（c）［ZnS_4］分布及连接

图 2-9　闪锌矿结构

图 2-9（b）是晶胞在（001）面上的投影图，它是把晶胞中所有质点垂直投影某个平面上所得的平面图。投影图中各离子旁边的数字称为标高，它是以投影方向的晶轴长度作为 100 来表示离子在投影方向上所处的高度。离子在晶轴最低处（坐标原点或投影参考面）标记为 0，半高处标记为 50，最高处标记为 100，依次类推。根据晶体的周期性，在 0 处有某种离子，则 100 处必然有同种离子存在。因为位于 0 处的离子，对于下面的晶胞而言则处于 100 处，而 100 处的离子对于上面的晶胞而言则处于 0 处。同理，50 处有某种离子，则 ±100 的 150 或 -50 处亦会有同种离子出现。图 2-9（c）反映了锌硫四面体［ZnS_4］的分布及连接情况。常见闪锌矿型结构有 Be、Cd、Hg 等的硫化物、硒化物和碲化物以及 CuCl 及 β-SiC 等。

（3）六方 ZnS（纤锌矿）形结构。纤锌矿属于六方晶系，点群 6mm，空间群 $P6_3mc$，晶胞结构如图 2-10 所示。在这种结构中，Zn^{2+} 离子和 S^{2-} 离子交替堆积形成六边形密堆积结构。

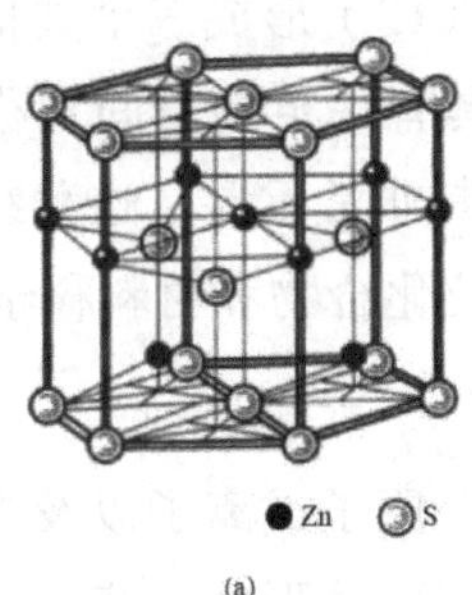

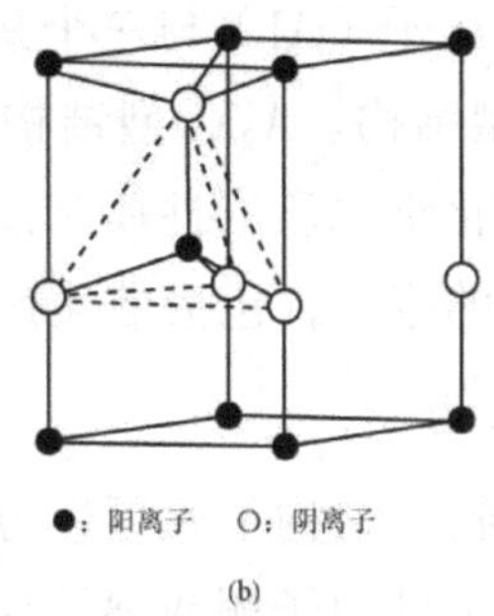

（a）六方柱晶胞；（b）平行六面体晶胞

图 2-10　纤锌矿结构

常见纤锌矿结构的晶体有 BeO、ZnO、CdS、GaAs 等。纤锌矿和闪锌矿结构中锌硫四面体［ZnS_4］均作共顶连接，但锌硫四面体［ZnS_4］层平行排列的方向不同。闪锌矿中四面体层平行于（111）面排列，而纤锌矿中四面体层平行于（0001）面排列。

2. AX_2 型结构

AX_2 型结构指的是一个中心原子（A）与两个周围原子（X）相连接的结构，其中 X 代表连接在中心原子周围的配位基团或原子。这种结构通常是线性的，也可能呈现角度或扭曲形态。一种常见的 AX_2 型结构是线性结构，中心原子 A 与两个配位基团 X 成一条直线。这种结构可以在许多化学物质中找到，特别是在无机化合物和某些配位化合物中。例如，一氧化碳（CO）和硫醇（R–SH）就是具有线性 AX_2 型结构的分子。此外，AX_2 型结构还可以是角度型结构，其中中心原子 A 与两个配位基团 X 形成一个角度。常见的角度型结构包括水分子（H_2O）和硫酸（H_2SO_4）中的氢原子。实际上存在各种各样的 AX_2 型结构，具体的结构取决于中心原子和配位基团的化学性质。这些结构对于描述和理解化学物质的性质和反应机制非常重要。

3. A_2X_3 型结构

A_2X_3 型结构是一种分子或晶体的化学结构类型，其中 A 代表一个中心原子，并与三个 X 原子相连接。这种结构可以在无机化合物和某些有机化合物中找到。在 A_2X_3 型结构中，中心原子 A 与三个 X 原子形成三个化学键。这些键可以以各种方式排列，形成不同的空间结构。最常见的 A_2X_3 型结构包括三角锥形和三角面锥形。一个典型的例子是三氯化铝（$AlCl_3$）。在这个化合物中，一个铝离子（Al）与三个氯离子（Cl）形成三个共价键，构成三角面锥形的 A_2X_3 型结构。A_2X_3 型结构通常具有一定的空间对称性和化学稳定性。它对于描述化学物质的性质和反应机制非常重要。这种结构类型的分子或晶体具有广泛的应用，包括催化剂、配位化合物和材料科学领域。

4. ABO_3 型结构

多元素化合物的结构基元可以分为单个原子或离子以及络阴离子，而络阴离子一般是带电的原子团或离子团，呈多面体形状。络阴离子有能力在一个化合物和另一个化合物之间进行转移，也可以在溶液或熔体中整体存在。在络阴离子中，中心原子与周围配位原子之间的化学键具有一定的共价成分。但是，如果中心原子与配位原子之间的结合只是通过静电力而没有其他共价成分，那么这种结合并不能算作络阴离子。

当高价正离子 B 的尺寸较小时，它无法被八面体形状的氧离子包围，从而无法形成方解石或霰石型的结构。而在 ABO_3 型结构中，如果 A 离子与氧离子之间的尺寸差别较大，就能够形成钛铁矿型的结构。但是，如果 A 离子与氧离子之间的尺寸相近，那么就会形成钙钛矿型的结构，其中 A 离子和氧离子一起构成体心立方（FCC）结构。这种结构具有较高的对称性和稳定性。

钙钛矿是以 $CaTiO_3$ 为主要成分的天然矿物，理想情况下其结构属于立方晶系。结构中 Ca^{2+} 和 O^{2-} 离子一起构成 FCC 堆积，Ca^{2+} 位于顶角，O^{2-} 位于面心，Ti^{4+} 位于体心。Ca^{2+}、Ti^{4+} 和 O^{2-} 的配位数分别为 12、6 和 6。Ti 占据八面体空隙的 1/4。［TiO_6］八面体共顶连接形成三维结构。这种结构只有当 A 离子位置上的阳离子（如 Ca^{2+}）与氧离子同样大小或比其大些，并且 B 离子（Ti^{4+} 阳离子）的配位数为 6 时才是稳定的。理想情况下钙钛矿结构中两种阳离子半径 r_A、r_B 与氧离子半径 r_O 之间应满足下面的关系式：

$$r_A+r_O=\sqrt{2}\,(r_B+r_O) \tag{2-1}$$

实际晶体中能满足这种理想情况的非常少，多数钙钛矿型结构的晶体都不是理想结构而有一定畸变，因之而产生介电性能。其中有代表性的化合物是 $BaTiO_3$、$PbTiO_3$ 等，具有高温超导特性的氧化物的基本结构也是钙钛矿结构。

非理想结构的钙钛矿结构中离子半径之间的关系式如下：

$$r_A+r_O=t\sqrt{2}\,(r_B+r_O) \tag{2-2}$$

式中：t——容许间隙因子。

t 的意义是 t=1 时为理想型，$t>1$ 时，r 过大，r 过小，$t<1$ 时则相反。一般情况下，钙钛矿型结构的 t 值在 0.7 ~ 1.0。

钙钛矿型结构的化合物，在温度变化时会引起晶体结构的变化。$BaTiO_3$ 属钙钛矿型结构，是典型的铁电材料，在居里温度以下表现出良好的铁电性能，而且是一种很好的光折变材料，可用于光储存。

5. AB_2O_4 型结构

AB_2O_4 型晶体以尖晶石为代表，式中 A 为 2 价、B 为 3 价的正离子。尖晶石（$MgAl_2O_4$）结构属于立方晶系，空间群 Fd3m，如图 2–11 所示。其中图 2–11（a）为尖晶石晶胞图，它可看作 8 个小块交替堆积而成。小块中质点排列有两种情况，分别以 A 块和 B 块来表示，如图 2–11（b）。A 块显示出 Mg^{2+} 离子占据四面体空隙，B 块显示出 Al^{3+} 离子占据八面体空隙的情况。结构中 O 作面心立方最紧密堆积，Mg^{2+} 填充在四面体空隙，Al^{3+} 离子占据八面体空隙。晶胞中含有 8 个尖晶石"分子"，即 $8MgAl_2O_4$，因此，晶胞中有 64 个四面体空隙和 32 个八面体空隙，其中 Mg^{2+} 离子占据四面体空隙的 1/8，Al^{3+} 离子占据八面体空隙的 1/2。

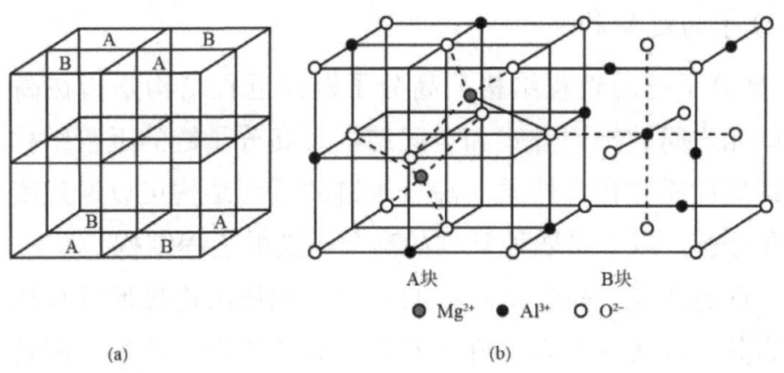

（a）A、B 块构成晶胞结构；（b）A 块（Mg^{2+}）、B 块（Al^{3+}）离子的堆积

图 2–11　尖晶石结构（$MgAl_2O_4$）

在尖晶石结构中，如果 A 离子占据四面体空隙，B 离子占据八面体空隙，则称为正尖晶石。反之，如果半数的 B 离子占据四面体空隙，A 离子和另外

半数的 B 离子占据八面体空隙，则称为反尖晶石。如果用（ ）表示四面体位置，用[ ]表示八面体位置，则正反尖晶石结构式可一目了然地表示为：（A）[B_2] O_4——正尖晶石，（B）[AB] O_4——反尖晶石。

在实际尖晶石中，有的是介于正、反尖晶石之间，即既有正尖晶石，又有反尖晶石，此尖晶石称为混合尖晶石，结构式表示为（$A_{1-x}B_x$）[A_xB_{2-x}] O_4，其中 $0 < x < 1$。例如，$MgAl_2O_4$、$CoAl_2O_4$、$ZnFe_2O_4$ 为正尖晶石结构；$NiFe_2O_4$、$NiCo_2O_4$、$CoFe_2O_4$ 等为反尖晶石结构；$CuAl_2O_4$、$MgFe_2O_4$ 等为混合型尖晶石。

尖晶石是典型的磁性非金属材料，在实际应用中，与钙钛矿型结构占有同等重要的地位。由于磁性非金属材料具有强磁性，高电阻和低松弛损耗等特性。在电子技术、高频器件中使用它较使用磁性金属材料更为优越。因此常用作无线电、电视和电子装置的元件，在计算机中用作记忆元件，在微波器件中用作永久磁石等。

（四）高分子材料结构

高分子是指其分子主链上的原子都直接以共价键连接，且链上的成键原子都共享成键电子的化合物。高分子化合物除具有低分子化合物所具有的结构特征，如同分异构、几何异构和旋光异构外，还具有众多的结构特点。这些特点使高分子化合物具有许多宝贵而独特的性能和功能，可以加工制成塑料、橡胶、纤维、涂料、黏合剂和分离膜等各种制品。

1. 高分子的链结构

（1）高分子链的近程结构。高分子链的近程结构是指在高分子链中相邻的聚合单元之间的排列方式和空间结构。高分子链的近程结构决定了高分子材料的物理性质和化学性质。高分子链的近程结构可以通过实验和计算模拟来研究和分析。以下是四种常见的高分子链的近程结构。

第一，直链结构。高分子链中的聚合单元依次连接形成直线状结构。直链结构的高分子链通常具有良好的延展性和柔软性，适用于制备弹性体和纤维等材料。

第二，支化结构。高分子链中的聚合单元依次连接形成分支状结构。支化结构可以增加高分子链的空间扩展性和非晶区域的含量，从而改善材料的强韧性和耐热性。

第三，交替结构。高分子链中的聚合单元交替排列形成规则的重复结构。

交替结构可以提高高分子链的有序性和结晶性，从而影响材料的光学、电学和热学性质。

第四，网状结构。高分子链中的聚合单元形成三维网络结构。网状结构的高分子材料通常具有良好的强度和刚度，适用于制备高强度的塑料、橡胶和复合材料。

除了以上常见的近程结构，高分子链的近程结构还可以受到多种因素的影响，如分子量、聚合度、侧链结构、分子结构的不对称性等。研究高分子链的近程结构有助于深入理解高分子材料的性质和应用，并为定制高性能材料提供理论指导。

（2）分子链的远程结构。分子链的远程结构指的是分子链中不相邻的原子之间的排列和连接方式。在有机化学中，分子链的远程结构对于分子的性质和功能起着重要的作用。分子链的远程结构一般可以通过一些分析方法来确定，如核磁共振（NMR）和X射线晶体学。这些方法可以提供关于原子之间相对位置和成键关系的信息。

在有机化合物中，分子链的远程结构可以决定分子的立体构型和空间取向。例如，在碳原子链上，分子的旋转和摆动可能会导致不同的构型，这可能会影响分子的物理性质和化学反应性。此外，分子链的远程结构还可以影响分子之间的相互作用，如分子间力和非共价作用力。这些相互作用对于分子的聚集行为、溶解性和晶体结构等方面起着重要作用。

2. 高分子的聚集态结构

高分子的聚集态结构也称为超分子结构，是在高分子材料加工成型过程中形成的。按照高分子排列的有序性，固态高分子又可以分成结晶态、非晶态和取向态。有些高聚物在液态下分子呈现有序排列，形成高分子液晶。有时将两种或两种以上的高聚物用化学或物理方法混合在一起，形成共混物结构或织态结构。

高聚物结晶时，在不同的结晶条件下，形成不同的结晶形态，有单晶、球晶、伸直链片晶、纤维状晶和串晶。晶性高聚物在极稀的溶液（0.01% ~ 0.1%）中缓慢结晶，可得到单晶。在电镜下可以直接观察到单晶具有规则几何形状的薄片状晶体，厚度通常在10mm左右，大小可以从几微米至几十微米甚至更大。当结晶性高聚物从浓溶液中析出或从熔体中冷却结晶时，在不存在应力或流动的情况下，生成圆球形结晶，其直径通常在

0.5 ~ 100μm。

结晶性高聚物溶液在生成纤维状晶的过程中加以搅拌，会以具有伸直链结构的纤维状晶作为脊纤维，然后附着一些折叠片晶形成一种像珠子式的串晶。

（1）晶态和非晶态聚合物的结构。聚合物分子具有形成晶态和非晶态结构的能力。晶态结构具有远程有序性，即分子之间呈现出规则的排列方式；而非晶态结构则没有明显的远程有序性。

第一，聚合物的结晶结构。晶态聚合物的结构由晶胞组成，其中分子链需要具有规则的构型和构象。这种规则性导致晶态聚合物在三维空间中呈现出特定的尺寸和形状。烃类高分子中，最有利的晶态结构是由具有完全伸展的平面曲折链构象组成的晶体。在这种构象下，分子链可以在空间中完全展开和折叠，使得晶体能量最低。

聚乙烯晶体中分子链的排列类似于直链脂肪烃晶体，结晶的单元结构是一斜方晶体。聚乙烯醇的晶体结构类似于聚乙烯，因为 CHOH 基很小，能够取代 CH_2 的位置，也采取曲折链的构象，其晶胞为单斜晶体，各个分子链由氢键成对联结而成片状体。聚酰胺，如尼龙 6、尼龙 66 和尼龙 610 的晶体结构都是由完全伸展链而以氢键联结成片状体，可以堆砌在一起形成两种晶体变型。一个分子中的氧原子总是位于相邻分子 NH 基团的对面，由于形成氢键，N—H···O 的距离只有 0.28nm，其他聚酰胺，如尼龙 1010、尼龙 11、尼龙 99 等的分子链结晶时，分子链不是完全平面曲折链，而是略有扭曲。

在大多数脂肪族聚酯和聚对苯二甲酸乙二酯的结晶体中，由于分子链绕 C—O 键旋转以适应链的紧张堆砌，导致主链不是处于一个平面上，成为扭曲的曲折链结构。

聚异戊二烯和聚氯丁二烯橡胶主要是由 1，4- 加成聚合而得，主链可呈顺式或反式构型。天然橡胶和古塔波胶各为顺式 1，4- 和反式 1，4- 聚异戊二烯，具有类似的晶体结构，不过反式结构晶体的重复距离相当于一个结构单元，而顺式结构晶体的重复距离相当于两个结构单元。反式 1，4- 聚异戊二烯（古塔波胶）晶体的重复距离为 0.472 ~ 0.477nm，较完全伸展链的重复距离（0.504nm）为短，顺式 1，4- 聚异戊烯晶体的重复距离为 0.81nm，较完全伸展链的两个结构单元距离 1.008nm 略为短些。聚氯丁烯的晶体结构与古塔波胶相类似，不过其一含氯原子，另一含甲基，二者极性效应不同，处于不同的方向。

聚合物分子链上含有紧密排布的大取代基时，常采取螺旋的构象来减少空间位阻、降低位能和形成结晶。这种构象可以使分子间相互配合更加紧密，从而提高聚合物的物理性质和化学稳定性。全同立构聚合物和 1，1- 取代的乙烯系聚合物（如聚异丁烯）通常具有螺旋链晶体结构。在这种结构中，聚合物链呈现螺旋形状，分子之间通过相互扭曲来达到紧密堆积。螺旋链晶体结构能够增加聚合物的熔点、热稳定性和强度。在全同立构聚合物的螺旋链晶体中，交替的链键常处于反式和旁式的位置。旁式构象中，取代基 R 和氢原子并列，力求减小空间位阻，使分子链能够更加规整地组织起来。分子链形成左或右的螺旋构象，取决于分子内部的空间约束和相互作用力。这种构象的选择对聚合物的性能和结构具有重要影响，也是聚合物科学和工程中的研究重点之一。

第二，晶态聚合物的结构模型。晶态聚合物的结构模型可以根据具体的聚合物种类来确定。不同的聚合物具有不同的结构特征和化学性质。

一种常见的晶态聚合物结构模型是线状晶体模型。在这种模型中，聚合物链在晶体中以直线或螺旋状排列。这种结构模型中，聚合物链之间通过非共价键（如氢键或范德华力）相互作用。这种结构模型在一些高聚物中较为常见，如纤维素和蛋白质。

另一种常见的晶态聚合物结构模型是大单体晶体模型。在这种模型中，整个聚合物分子以有序的晶体结构排列。这种结构模型通常需要高纯度的单体和严格的晶体生长条件，因此在实际应用中较为少见。

还存在其他一些晶态聚合物结构模型，如鳞片状晶体模型、球状晶体模型等，它们适用于不同类型的聚合物，具有不同的结构特征。

测定结晶度的方法有比容法、量热法、X 射线衍射法和红外光谱法等，最简单的方法是比容法或密度法。用比容法测定结晶度时，假定结晶性聚合物的比容是结晶部分的比容和非晶部分比容的质量加和，公式如下：

$$v = v_c \cdot \omega + (1-\omega) \cdot v_a \quad (2\text{-}3)$$

式中：v——结晶 - 聚合物试样的比容；

v_c——结晶部分的比容；

v_a——非晶部分的比容；

ω——结晶部分的质量分数，称为质量分数结晶度，因此测定聚合物的比容后即可计算聚合物的质量结晶度。

上式中，v_c 是从聚合物的结晶晶胞尺寸计算得到的；v_a 可从聚合物熔体的比容随温度的变化外推得到。

类似地，从结晶性聚合物的密度是结晶部分的密度和非晶部分的密度的体积加和的假定出发，可以得到以下公式：

$$\rho = v \cdot \rho_c + (1-v) \cdot \rho_a \qquad (2\text{–}4)$$

式中：ρ——聚合物试样的密度；

ρ_c——聚合物结晶的密度；

ρ_a——非晶部分的密度；

v——结晶部分所占的体积分数，称为体积分数结晶度。

质量分数结晶度 ω 和体积分数结晶度 v 之间的关系式如下：

$$\omega_c = \frac{\rho_c}{\rho} v_c \qquad (2\text{–}5)$$

（2）结晶聚合物的形态。结晶形态学是一门研究聚合物结构特征的学科，它专注于研究尺寸大于晶胞的结晶特征，这些特征对于聚合物的性能具有深远的影响。

第一，聚合物单晶，是在稀溶液中结晶得到的。相比于从熔体结晶形成的多晶聚集态而言，聚合物单晶具有较低的非晶区。这是由于稀溶液中聚合物分子链之间的缠结和熔体的高黏度阻止了分子链的扩散与有序排列。稀溶液中，一个分子链在进入多个结晶核中的可能性大大降低，因此形成单个聚合物单晶的可能性增加。聚乙烯、聚丙烯、聚烯烃、聚酰胺、古塔波胶、纤维素及其衍生物等许多聚合物已经成功地从稀溶液中培养出单晶。大多数高分子单晶具有一些共同的特征，它们通常为菱形薄片晶体，厚度约为10mm，长宽各为几微米。这些片晶有时会通过螺旋位错的片体盘旋生长并增厚。最引人注目的是，尽管分子链的长度可达1000mm，但链轴是沿着片晶的厚度方向排列的，这意味着分子链在结晶过程中发生了多次折叠。例如，在聚乙烯中，仅当三四个单体单元处于旁式构象时，链的折叠就能完成；而位于中间部分的伸展链段约有40个单体单位，它们都处于反式构象。

第二，聚合物球晶，是在熔体或较浓的溶液（浓度＞1%）中结晶得到的。

球晶的生长是以非均相晶核为中心，从初级晶核生长的片晶发生支化，在结晶缺陷点形成新的片晶。这些片晶在生长过程中会发生弯曲和扭转，并进一步分支形成新的片晶，如此反复。最终，以晶核为中心的结构呈现出球形对称。球晶的特征可以通过电子显微镜、光学显微镜和光散射等方法观察到。在偏光显微镜下观察，球晶呈现出黑十字消光图案。结晶的大小、形状和规则性与结晶培养条件密切相关。使用的溶剂、温度和浓度是影响结晶形态的重要因素。聚合物片晶的厚度并不依赖于大分子链的长度，但是会随着结晶温度和退火处理而改变。一般来说，片晶的厚度随着结晶温度和压力的升高而增加。许多聚合物片晶厚度的增加与其熔点与结晶温度之差的倒数成比例。

球晶的特征可以通过电子显微镜、光学显微镜和光散射等方法观察到。在偏光显微镜下，球晶的特征呈现黑十字消光图案，如图 2-12 所示。

图 2-12　带消光同心圆环的聚乙烯的偏光显微镜照片

黑十字消光图案的形成是球晶的双折射现象所致，在球晶的不同区域，光的速度发生了变化。不同类型的球晶具有不同的双折射，正球晶在径向具有最高的折射率，负球晶在切向具有最高的折射率，球晶双折射研究可以提供它们的结构信息。光散射法可以测定球晶中分子轴的取向，不同类型的球晶可以得到不同的光散射图案，在正球晶中，它们的光轴沿着径向，而在负球晶中，它们的光轴与径向垂直。

在理想球晶中，结晶在径向的取向，在球晶内各处都是一样的。在球晶的生长过程中，球晶中含有链端和非晶部分，并不是完全有序的。球晶的数目、大小和精细结构与结晶温度有关，球晶的尺寸常在一微米到几毫米左右，在缓慢结晶时形成的晶核比熔体快速冷却时来得少，球晶尺寸比较大，这样的聚合物往往比较脆，因为这时球晶间的纽带分子少，球晶间的边界弱。

当球晶的半径大于光的波长，或是球晶内存在密度和折射率的差异时，聚合物会变得半透明。

第三，聚合物微丝晶，是由排列的聚合物分子链段部分结晶化形成的，这种结构具有非常高的强度和稳定性。聚合物微丝晶是通过控制结晶条件来形成的，这些条件包括温度、压力和溶液浓度等。在适当的条件下，聚合物分子链段会有序地排列并开始结晶，形成微小的晶体结构。这些微丝晶在材料中形成网络状的结构，可以有效地承受外部力量的作用。

第四，伸展链结晶，是一种特定条件下形成的结晶形态。伸展链结晶的特点是大分子链在结晶过程中不会发生折叠，而是保持其线性的形态。这使得伸展链结晶具有高度的刚性和抗张强度，能够有效地抵御外部拉伸力。伸展链结晶常见于高分子材料中，如纤维素和聚合物纤维等。这种结晶形态的形成需要严格控制结晶条件，以使大分子链能够在无扭曲的状态下线性排列并结晶。

第五，聚合物串晶，是一种晶体取向附生现象。在聚合物材料中，大分子链可以形成折叠链结晶，并附生在伸展链结晶的表面。这种结构的形成通常发生在结晶过程的晚期阶段，当伸展链结晶已经形成时，折叠链结晶开始从伸展链结晶的表面生长出来。聚合物串晶的存在增加了材料的复杂性和结构稳定性，进一步提高了材料的强度和刚性。

（3）非晶态聚合物的结构模型。非晶态聚合物的结构模型是相对于有序结构的结晶态聚合物而言的。非晶态聚合物的分子链没有长程的有序排列，而是呈现出无规则的排列。因此，非晶态聚合物的结构模型往往被描述为无规则的、没有周期性的结构。

尽管非晶态聚合物的结构不是有序的，但分子链之间仍然存在着一定程度的局部有序性。在非晶态聚合物中，聚合物链会以随机的方式折叠和交织在一起，形成一个复杂的网络结构。这些聚合物链之间的相互交错和交叉连接导致非晶态聚合物的高度互穿结构，使得整体上呈现出均匀而连续的结构。

二、晶体生长

晶体生长是一个涉及广泛领域的过程，包括功能晶体、薄膜和纳米材料的制备，地质体的成矿作用以及生命体系等。直到 1878 年吉布斯提出平衡理论后，晶体生长才开始被理论上的研究涉及。由于晶体生长是一个非平衡过程，因此理论的发展进展缓慢。最早的研究依靠通过晶面形态和晶体结构

关系的间接推测来了解生长过程和机制。

在20世纪70年代，结合热量、质量传递和界面稳定性等方面的研究，提出了与生长模型相关的动力学规律，从而使晶体生长进入了新的发展阶段。在20世纪80年代至90年代，研究者们建立了一系列生长模型，包括刃位错、层错、孪晶、重入角和粗糙面等。通过这些模型的建立，人们进一步研究了生长基元维度和介质过饱和度对晶体生长的影响。

尽管晶体生长理论已经有100多年的发展，仍然存在一些问题和待解决的挑战。在指导实践的过程中，晶体生长理论还不够完全成熟，需要进一步地发展和完善。随着科学技术的进步，人们希望能够更加深入地理解晶体生长的机制，以便能够更精确地控制和制备出所需的晶体结构和性能。通过不断的探索和研究，晶体生长理论将会不断完善，为相关领域的发展提供更好的指导和支持。

（一）晶体生长基本理论

1. 成核

（1）均匀成核。均匀成核是指晶体生长过程中，在溶液或气相中原子或分子聚集形成晶核的过程是均匀的。这意味着在整个反应体系中，晶核的形成具有相对均匀的概率分布。在晶体生长过程中，成核是一个关键的步骤。晶核的形成需要克服能量壁垒，克服了这个壁垒，原子或分子才能开始聚集形成晶体。均匀成核意味着在整个溶液或气相中，晶核的形成是均匀的，没有出现局部的优先成核区域。均匀成核的经典理论的基本思想是当晶核在亚稳相中形成时，可以把体系的吉布斯自由能变化看成由两项组成，公式如下：

$$\Delta G = \Delta G_V + \Delta G_S \tag{2-6}$$

式中：ΔG_V——新相形成时体系自由能的变化，且$\Delta G_V < 0$；

ΔG_S——新相形成时新相与旧相界面的表面能，且$\Delta G_S > 0$。

晶体的形成，一方面由于体系从液相转变为内能更小的晶体相而使体系自由能下降，另一方面又由于增加了液－固界面而使体系自由能升高。

设晶核为球形，则公式如下：

$$\Delta G=-\frac{4\pi}{3}r^3\Delta G_V^0+4\pi r^2\Delta G_S^0 \tag{2-7}$$

式中：G_V^0——单位体积的新相形成时自由能的下降；

G_S^0——单位面积的新旧相界面自由能的增加。

用式（2-7）作 ΔG—r 曲线，如图 2-13 所示。图 2-13 中虚线为总自由能的变化 ΔG。随着晶核的长大（即 r 的增加），开始的时候体系自由能是升高的，这意味着当晶核很小时，界面能的升高 ΔG_S 大于体自由能降低 ΔG_V；但是，当晶核半径达到某一值（r_c）时，体系自由能开始下降，这意味着当晶核较大时，界面能的升高 ΔG_S 小于体系自由能的降低 ΔG_V。体系自由能由升高到降低的转变时所对应的晶核半径值 r_c 称为临界半径。

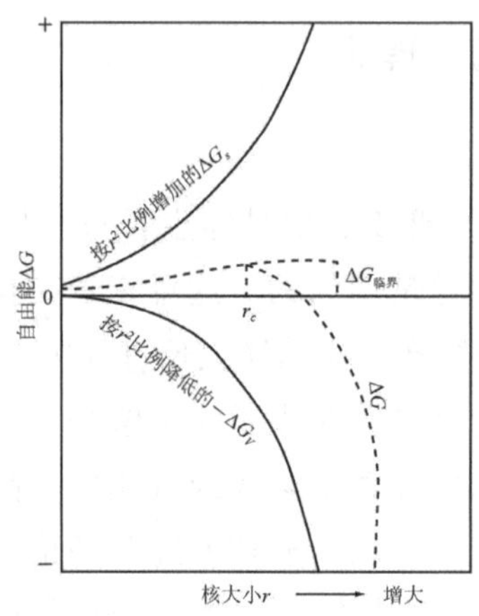

图 2-13　成核过程中晶核半径 r 与体系自由能变化 ΔG 的关系

只有当 $r > r_c$ 时，ΔG 下降，晶核才能稳定存在，否则不能成核。

影响成核的外在因素主要包括过冷度和过饱和度。过冷度是指溶液的温度低于其饱和点的程度，而过饱和度则是指溶液中溶质浓度超过了其饱和浓度的程度。这两个因素对于成核过程的发生和速率都起着至关重要的作用。

成核相变是一个复杂的过程，其中存在着滞后现象。这意味着在过冷或过饱和的情况下，相变不会立即发生，而是需要一定程度的过冷或过饱和才能触发。这个滞后现象的存在使得成核过程更加有趣和复杂。经典成核理论通常被应用于宏观体系，但是在微观体系中存在一定的局限性，特别是在高过饱和度和小尺寸晶核情况下。在这些条件下，传统的经典理论无法很好地描述成核过程的动力学行为，需要使用更加精细的理论和模型来解释和预测现象。成核过程具有统计特点，因此，需要使用统计力学和量子力学方法来进行深入研究。这些方法可以帮助我们理解成核现象的概率性质和变化规律，从而更好地解释和预测不同条件下的成核行为。传统的经典理论只考虑了晶核形成能的体自由能和表面能，忽略了其他因素的影响。然而，在实际情况中，晶芽在母相中的运动和旋转也会对成核过程产生影响。这些运动和旋转过程可以通过引入更复杂的模型来考虑，从而更准确地描述和解释成核现象。

（2）非均匀成核。非均匀成核是指在晶体生长过程中，晶核的形成不是均匀分布在整个体系中，而是出现了局部的优先成核现象。非均匀成核可以在溶液或气相中的特定位置出现，这可能是由于局部的浓度差异、溶液搅拌强度不均匀或固体表面的特殊性质等因素所导致。在这些位置上，原子或分子更容易聚集形成晶核，并开始晶体生长过程。非均匀成核在晶体生长中起着重要的作用。它可以导致晶体的尺寸和形状的不均匀性，并且可能引起晶体的缺陷或其他不理想的特征。此外，非均匀成核的存在可能使晶体生长过程更为复杂，增加了控制和调节晶体生长的难度。

在基底表面上的成核概率比在体系中的自由空间的成核概率大，基底表面对成核起到了催化作用。在基底表面上成核，常把基底作为一平面，并将晶核形状作为球冠状，它的表面与基底表面形成浸润角 θ，如图 2–14 所示。

在图 2–14 中，γ_{cv} 为晶核与流体介质间的比表面能，γ_{cx} 为晶核与基底间的比表面能，γ_{xv} 为基底与流体介质间的比表面能，r 为球冠状晶核的曲率半径。

则求得形成临界晶核时体系自由能变化，公式如下：

$$\Delta G^{*}_{h}(r_{c})=\frac{16\pi\Omega^{2}\gamma_{cv}^{3}}{3\Delta g_{v}^{2}}\cdot\frac{(2+\cos\theta)(1-\cos\theta)^{2}}{4} \tag{2–8}$$

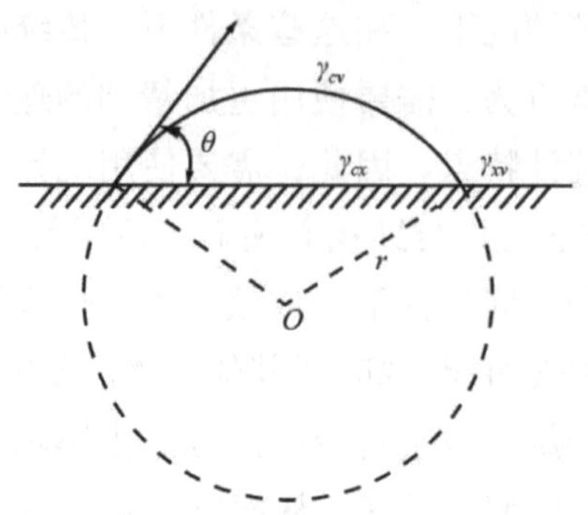

图 2-14　基底上球冠状晶核的形成

在相同相变驱动力的条件下，对于在自由空间所产生的球状晶核和在外来基底平面上所产生的晶核相比，二者的临界晶核半径 r_c 的大小应该是一样的，当球状晶核形成时，该体系中的吉布斯自由能的变化公式如下：

$$\Delta G_c = \frac{16\pi\Omega^2\gamma_{cv}^3}{3\Delta g_v^2} \tag{2-9}$$

由此可得到：

$$\Delta G_c^{'} = \Delta G_c f(\theta) \tag{2-10}$$

对于非均匀成核，除现成的固体杂质作为基底来促进成核外，各种外加力场（电场、磁场、辐射场以及超声波等）对晶核形成均有影响。

实际上，在所有的物质体系中都会发生非均匀成核，在培育单晶时，为了提高体系的稳定性，常采用过热处理的方法，使其溶液或熔体过热，以消除杂质表面的活性，这样已存在的成核中心就被破坏，从而消除促使成核的作用。

（3）成核的原子理论。用唯象的方法来处理成核问题，在流体相的过饱和度或过冷度不太大的情况下，这种处理方法是正确的，在所形成的临界晶核中，至少包含有数十个原子或分子，这可认为是“宏观晶核”，并可利用表面能这一宏观量的概念来描述。然而，若体系具有很大的过饱和度或过冷度时，计算出来的临界晶核尺寸将接近于原子大小，再用宏观量处理的方法显然是不妥当的。在这种情况下，晶核形成的问题应当根据原子的观点来

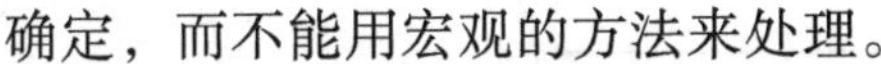
确定，而不能用宏观的方法来处理。

2. 界面状态及稳定性

形成晶核后，就形成了晶体－介质的界面，界面状态将直接影响在界面上发生的晶体生长过程。

（1）界面粗糙度因子（或称为杰克逊因子）。1958 年，杰克逊提出了一种描述界面结构的晶格模型，这种模型只考虑晶相表层与界面上的两层相互作用，因此也称为双层模型。假设的条件包括：①将体系中各原子区分为晶相原子和流体相原子；②晶相原子与流体相原子之间无相互作用；③流体相原子间无相互作用；④晶相原子只考虑其最近邻之间的作用；⑤忽略了界面层内原子的偏聚效应（即原子集团的作用）等。

采用统计计算，引用布喇格－威廉斯近似法处理，最后可得出界面自由能的变化量 ΔG 与晶相原子占有成分 x 间的函数关系，公式如下：

$$\Delta G = NkT \cdot [ax(1-x) + x\ln x + (1-x)\ln x] \tag{2-11}$$

$$a = \frac{l_0}{kT_c}\frac{n_1}{v} \tag{2-12}$$

式中：a——杰克逊因子；

l_0——单个原子的结晶相变热；

n_1——界面层中的原子在该层中的近邻数；

v——晶相内一个原子的配位数，或晶体内部一个原子的近邻数。

从式（2-12）可以看出，a 由两个因子的乘积所组成，其中一个因子为 $l_0/(kT_r)$，一个因子为 n_1/v，称为界面取向因子。

实际上，式（2-11）给出了界面自由能变化量 ΔG 与晶相原子在界面层占有分数 x 以及 a 三者的关系，对于不同的 a，可绘出 ΔG 与 x 的函数关系，如图 2-15 所示。从图 2-15 中可以看出以下情况：

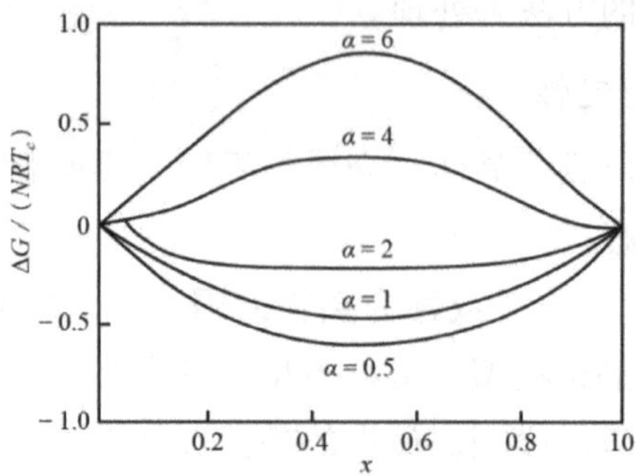

图 2-15 ΔG 与 x 的函数关系曲线

第一，对于不同的 a 值，相对自由能曲线 $[\Delta G(x)/(NkTc)]$ 的形状不同。

第二，对于给定的 a 值，可从相对自由能曲线上找到自由能变化量 ΔG 为最小值时的 x 值，此 x 值能说明界面的平衡性质，即说明界面是光滑的，还是粗糙的。例如 a =1.0 的相对自由能曲线，在 x=0.5 时，ΔG 为最大，因而粗糙面不是其平衡结构，而只有当 x=0 或 x=1 时，ΔG 才出现最小值，故界面的平衡结构是光滑界面。

第三，对于 a =2.0 的曲线，可看作为分界线，取为临界值 α，可用来判断各种结晶界面的平衡性质：①当 $a > a_c$ 时，x=0 或 x=1，界面是光滑面；②当 $\alpha < a_c$ 时，x=0.5，界面是粗糙面；③当 $x \approx 0$ 时，就意味着在几乎是平坦光滑的界面上分散着少数晶态原子；④当 $x \approx 1$ 时，表明在几乎是平坦光滑的界面上分散着少数流体原子的凹坑。

双层模型只考虑晶体最表层及最邻近的一层介质流体层，因此是有局限性的。实际界面可能由多层晶体层及流体层组成，因此特姆金于 1966 年提出了多层模型。多层模型中考虑 n 层中每一层的流体的晶体原子分数，并且引入第 n 层与第 n+1 层的关系。所要解决的主要问题是在热平衡状态下来确定界面的扩散度，即界面是蜕变的还是弥散的等问题。

（2）生长驱动力 $\Delta G/(kT)$ 与 a 对界面的影响。当生长驱动力低于某个临界值（通常为 1.2）时，无论其他因素如何变化，界面都会保持粗糙状态。而当生长驱动力超过这个临界值时，界面的粗糙度会随着驱动力的增大而逐渐变大，即由平滑逐渐过渡到粗糙。此外，当生长驱动力超过另一个临界值（通常认为大于 4）时，即使驱动力非常大，界面仍然能够保持光滑状态。这种现象可以类比于处理实际问题时，生长条件的过饱和度或过冷度。

（3）界面稳定性。界面的粗糙度与生长速率之间存在着密切的关系。当界面的粗糙度较高时，生长速率也随之增加，更容易形成枝晶状的结构。这是因为粗糙的界面代表着不平衡和不稳定的状态，使得在生长过程中出现分枝的机会更多。而当界面的粗糙度较低时，生长速率相应减小，形成的结构更趋向于光滑的晶面。在这种情况下，界面相对稳定，没有明显的扩散和分枝现象。界面的稳定性主要受到两个因素的影响：温度梯度和浓度梯度。

第一，温度梯度。设一正在液体中生长的晶面，在结晶界面处的温度应等于固－液相变点的温度 T_m，而远离界面的液体，其温度应高于 T_m，这时，在界面前沿液体的温度分布呈图 2–16（a）所示的情况，称为正温度梯度；相反，在某些特殊情况下，当晶体生长时在界面上形成的结晶相变热在液体中逸散，造成界面前沿液体的温度分布呈图 2–16（b）所示的情况，称为负温度梯度。

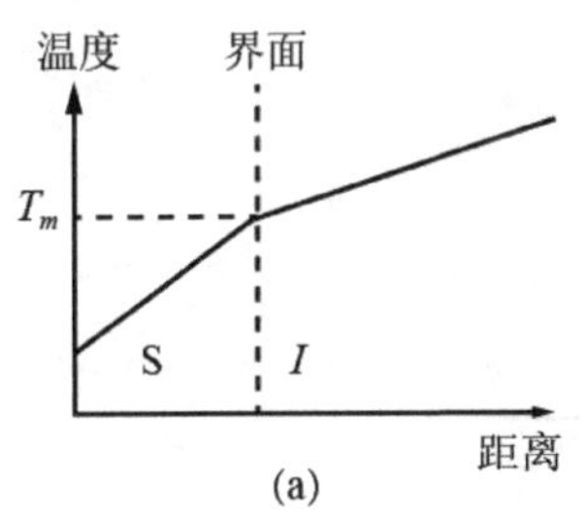

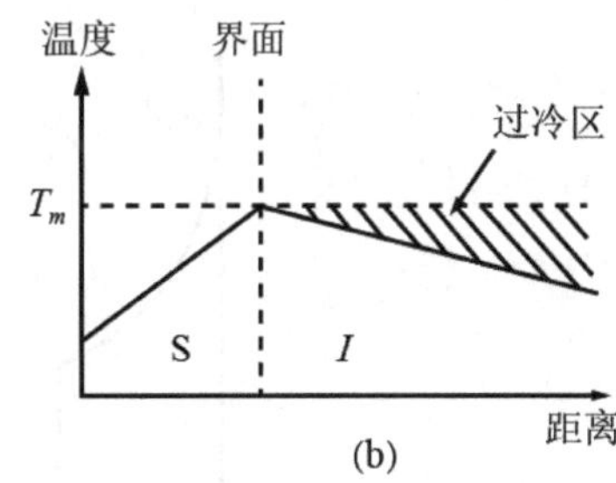

（a）正温度梯度；（b）负温度梯度

图 2–16 固－液界面前沿液体的温度分布

正温度梯度下，生长界面保持为平滑面，因为一旦偶然发生局部突出生长，则进入了高于 T_m 的高温区而被融化了，所以偶然地涨落、微扰形成的突出部分是不稳定的，生长界面能始终保持平滑的、平衡的状态。

负温度梯度的情况就不一样了，界面上一旦形成突出部分，这一突出部分就进入比 T_m 更低的低温区，更加快了突出部分的快速生长，结果就导致胞状组织或枝晶的形成，并且在主干枝的界面上又由于微扰形成突出部分进入过冷区，会形成次一级分枝。

因此，负温度梯度下的界面状态是不稳定的。但负温度梯度的情况比较少见，许多枝晶是由杂质元素的存在及其引起的界面前沿液体浓度梯度有关的成分过冷引起的。

第二，浓度梯度。当晶体生长体系为多组分体系，或生长体系中含有杂质元素时，晶体生长会产生分凝效应，即某元素在晶体与液体中的浓度不等。设在晶体中的浓度 c_h 小于在液体中的浓度 c_1，随着晶面生长前移，界面前沿该元素的浓度将提高，形成了界面前沿液体中的浓度梯度，如图 2–17 所示。该元素浓度的提高会改变凝固点温度，一般都会使凝固点下降。这时，界面前沿液体中有两个温度分布，如图 2–18 所示，T_l 为液相线的温度分布，即靠近界面液相线温度（即凝固点）下降，T_1 是实际温度分布，即正温度梯度。在界面前沿有一个区域，实际温度 T_1 小于液相线温度 T_l，造成界面前出现过冷现象，这种由成分分布变化而引起的过冷现象称为成分过冷或组分过冷。同样，组分过冷现象也会使界面上偶然的突出部分快速生长而形成枝晶，当组分过冷较小时，则会形成胞状组织。但如果正温度梯度非常大，如图示的 T_2，则不会产生组分过冷现象。

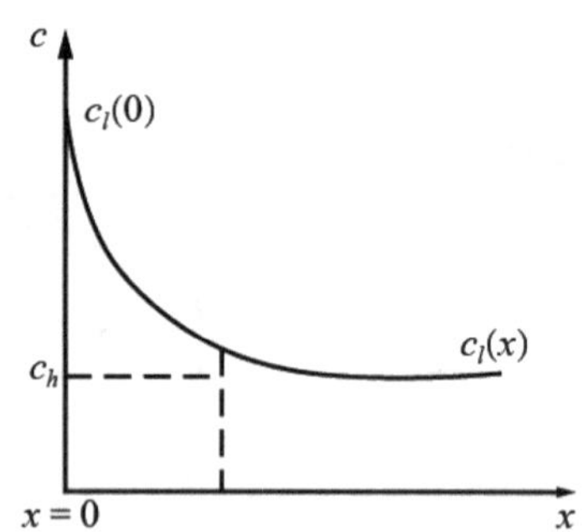

图 2–17　界面前沿某元素的浓度分布

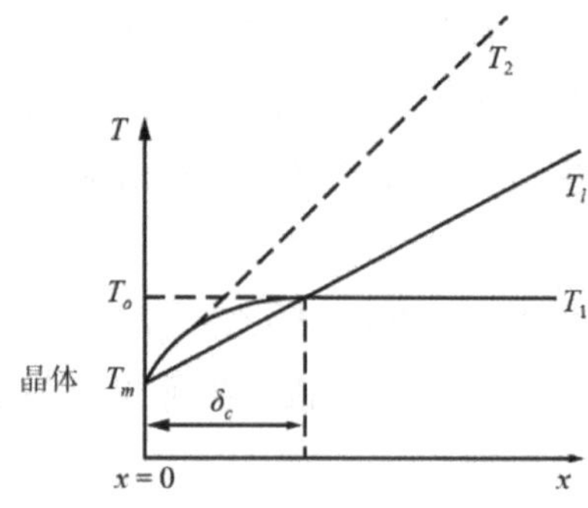

图 2–18　界面前沿各种温度分布

3. 晶体生长的界面机制

（1）完整光滑界面生长机制。完整光滑界面生长机制探讨的是如何在尚未完全生长的界面上找到最佳的生长位置。研究发现，当成核数目增加时，界面的位置也变得更加稳定。更具体地说，形成二维核有助于提供最佳的生长位置。这意味着，通过增加成核数目并形成二维核，我们可以使界面生长变得更加完整和光滑。

（2）非完整光滑界面生长机制。非完整光滑界面生长机制则以螺旋位错露头点作为晶体生长的台阶源。与完整光滑界面生长机制不同的是，这种机制下，台阶源永远不会消失。因此，晶体在低过饱和度下能够继续生长，并且其质量与光滑界面生长相似。与形成二维核不同，非完整光滑界面生长机制通过利用螺旋位错露头点来解释界面生长的特点。

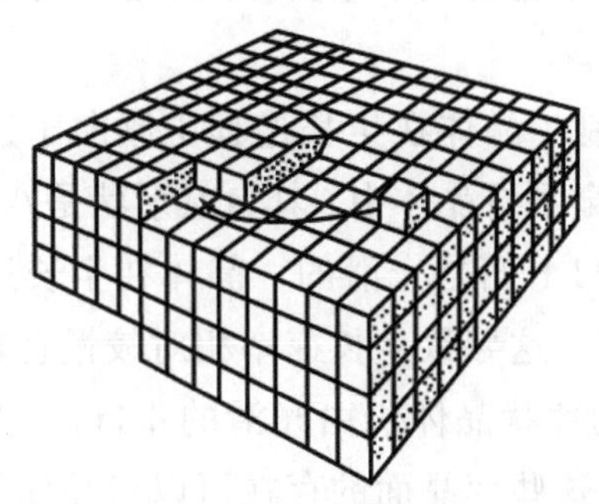

图 2-19　螺旋位错在晶面上形成台阶源

螺旋位错形成的台阶源如图 2-19 所示，并且围绕螺旋位错线形成螺旋状阶梯层层上升，如图 2-19，按 1、2、3、4、5 的顺序，依次生长，1 高于 2，2 高于 3，最后形成一螺旋线的锥形，如图 2-20（d）所示。由于有螺旋粒的存在，晶面生长速率大大加快。在许多实际晶体中，利用电子显微镜、相衬显微镜等，都很容易观察到中间有螺旋位错露头点的生长丘。有时，整个晶面被一个生长丘覆盖。

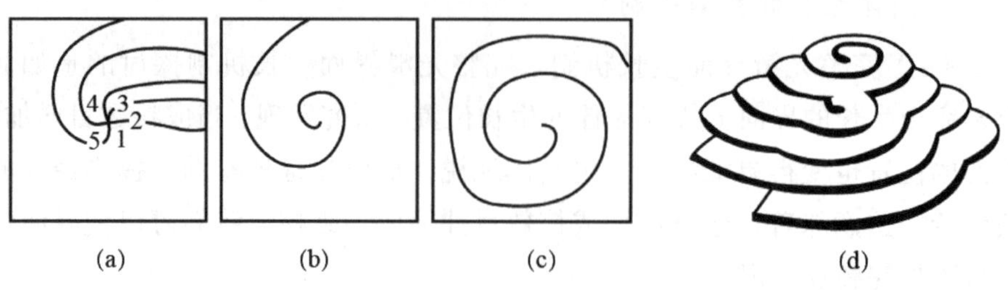

（a）～（c）螺旋迁移阶段；（d）生长的螺旋台阶

图 2-20 螺旋位错生长示意图

（3）其他位错生长机制。在位错理论中，一直只讨论螺旋位错，而忽略了刃型位错和层错对晶体生长的贡献。然而，最近的研究表明，刃型位错和层错在晶体生长过程中也起到了重要作用。这些位错形态的存在可以影响晶体的形状和生长速率。

（4）孪晶凹角机制。晶体在生长过程中倾向于选择凹角位置作为优先生长的区域。例如，在金刚石晶体中，其自然形状是八面体，由光滑的{111}面构成。由于这些{111}面是光滑的，晶体在生长过程中得通过二维成核机制来形成新的晶体层，这导致生长速率相对较慢且难以长大。在天然金刚石中，有些尺寸较大的片状晶体仍由光滑的{111}面组成，但每片晶体中至少存在一个孪晶面。这些孪晶面的存在可以对晶体的生长过程产生显著影响。由于孪晶面的存在，晶体的生长速率得到了显著提高，使得这些尺寸较大的片状晶体能够在相对较短的时间内形成。

4. 相图在晶体生长中的应用

在晶体生长工作中必须根据相图确定原料配比、生长温度区间以及选择生长方法。因此，相图在晶体生长中起着“战略地图”的作用。

（1）在单晶生长中的应用。

第一，选择固液同成分体系。在晶体生长研究中，选择固液同成分体系是非常有利的。这种体系可以确保整个晶体（包括上部、中部和下部）的组成均匀，从而允许更快的生长速率，并减少由于组成不均匀引起的各种缺陷。如果配料的组成偏离了同成分点，那么在生长过程中，温度的波动会导致晶体成分的不均匀。

第二，选择固相线和液相线斜率较大的区域。从二元固溶体体系生长晶体时，由于随着温度的降低（晶体生长过程需要不断降温），晶体及液相成分均不断变化，长出的晶体各部分的组成是不均匀的。为减少这种不均匀性，可以采用两个办法：①在选择原料配比时，应选在液相线和固相线斜率均较大的地方，那么同样多的原料在降低同样多的温度时，晶体的组成变化较小；②尽量用较大尺寸的坩埚生长较小尺寸的晶体，降低较小的温度即可生长出所需样品，这也可使样品中的组成比较均匀。

第三，避开包晶反应。对在生长单晶过程中，为了避免受到包晶反应的影响，可以选择在包晶反应温度与低于包晶反应温度的另一条等温线之间的液相线对应的组成范围内进行配料。这样可以有效地控制包晶反应的发生，确保单晶的质量和纯度。

第四，避开固－固相变对晶体的破坏。当生长二元体系中含有固－固相变的情况时，需要采取相应的措施来处理：①对于那些含有破坏性相变的体系，可以选择适当的助熔剂，并将生长温度降至破坏性相变点以下，以避免破坏性相变的发生。这样可以保持单晶的完整性，避免相变引起的结构变化对晶体性能的不利影响。②对于那些含有固－固非破坏性相变的体系，相变过程会引起晶体的应变和应力。为了避免这种情况，可以在生长过程中适当调整温度和压力条件，控制相变的发生。这样可以确保单晶的结构和性能的稳定性，提高其机械强度和可靠性。

（2）在提纯中的应用（区熔提纯）。许多原料的提纯都有赖于相图，如工业结晶等。现代科学技术对材料纯度提出很高的要求，如半导体材料锗和硅，要求纯度达 8 个 9 以上（即 99.999999% 以上）。这么高的纯度用一般的化学方法是达不到的，而区域熔炼（简称区熔）则为制备高纯度物质提供了一个有效的方法。

由于微量杂质的存在，金属 A 的熔点会发生变化。熔点可能降低，如图 2–21（a）所示，也可能升高，如图 2–21（b）所示。

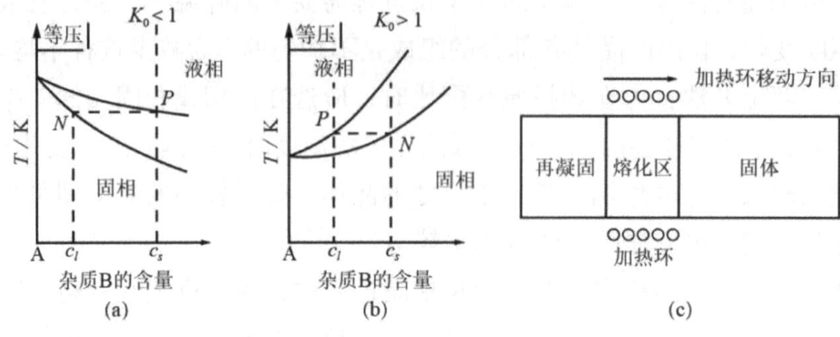

图 2-21　不同杂质含量的变化与提纯

由于杂质一般是微量的，所以图 2-21 是放大后的示意图，图中纵坐标代表温度，横坐标表示杂质 B 的含量。在液相线和固相线之间两相平衡共存。杂质在液相和固相中的浓度是不一样的，如令 c_s 和 c_l 分别代表杂质在液相和固相中的浓度，则杂质的分配系数 K_0 表达式如下：

$$K_0=\frac{c_s}{c_l} \tag{2-13}$$

图 2-21（a）中 $K_0<1$，图 2-21（b）中 $K_0>1$。

$K_0<1$ 的情况。设将图 2-21（a）中 P 点所对应组成的原料置于水平管式炉中的盛料盘或坩埚中，见图 2-21（c）。管外有可以移动的加热环（例如电阻或高频加热环）。开始时，将加热环放在最左端，使左端金属全部熔化成液体，然后使加热环慢慢向右移动，熔化区也慢慢向右移动。随着加热环向右移动，左端温度逐渐下降，当温度降至其凝固点时，就会有如图 2-21（a）中 N 点所对应组成的固相析出。此时，固相中的杂质的含量就低于原料中杂质的含量，而液相中杂质的含量则高于原料中杂质的含量。

所以，随着熔区向右移动，固体 - 液体界面也不断向右移动，熔区的杂质则越集越多，最后全部凝固后，左端的杂质含量远低于右端的杂质含量。当加热环移到右端后，再把它重新放到左端。重新使左端固体熔化，同样使加热环缓慢右移，这样最左端固体中杂质的含量又少了一些。如此重复进行，最后把杂质集中到右端，而在最左端则得到极纯的金属或化合物。所以，对于 $K_0<1$ 的体系，区熔提纯的结果是杂质向尾部集中。

而对于 $K_0>1$，区熔提纯的结果是杂质集中于头部（即最左端），尾部可以得到高纯度的金属或化合物。

硅中的所有杂质都是$K_0 < 1$，所以区熔提纯后，杂质均集中于尾部，把尾部切除，可使硅的纯度大大提高。对于那些既含有$K_0 < 1$的杂质，又含有$K_0 > 1$的杂质的单质或化合物，区熔提纯后，应“斩头去尾”，这样可以使其纯度提高。

5. 远离平衡条件下枝状晶体的生长

（1）枝晶与密枝。枝晶与密枝可以相互转化，并且以交替的方式产生。当枝晶生长到一定程度时，它们会突然发生分裂，这时它们的生长速率会急剧减缓，接着进入密枝形态的生长阶段。在密枝中，可以观察到一个或几个尖端生长速度最快，而其中最快的一个或几个将会发展成为枝晶。为了衡量生长速率，科学家们使用晶体尖端的推移速率作为衡量标准。形态发生变化和界面推进速率是不同的，但是物质的沉积速率却是保持恒定的。这意味着即使形态发生了变化，物质的沉积仍然按照一定的速率进行。

在自然界的矿物晶体中，在冶金、材料领域内，也常见有晶体快速生长形成的枝晶，如无光釉中的β-锂辉石枝晶、玻镁安山岩中的普通辉石枝晶，这些枝晶较少发育为密枝，其枝晶主干以及侧枝主要受晶体结构中强键链控制，枝晶形态的对称性反映了晶体结构的对称性。

（2）分形。分形是一种比枝晶生长饱和度更大的晶体生长形态，离平衡态更远，也较难通过实验获得一般规律。分形的研究对于理解自然界中复杂形态的发展和演化过程至关重要。解释自然界分形形态和形成过程的一个常用模型是DLA模型。这个模型概念简单且易于在计算机上实现。在DLA模型中，一个二维的方形空间被用来容纳种子微粒，并且让随机行走的微粒与种子微粒相撞，从而形成凝聚的集团结构，最终产生分形形状。

分形晶体的扩展过程存在一个现象——表面张力波。这些波能够刺激新核的随机生成，并导致分形形态的进一步扩展和增长。这种表面张力波是分形晶体生长的关键因素之一。

（3）菊花石。菊花石是一种放射状的多晶集合体，虽然没有明显的枝状结构，但其生长过程中不断进行成核和分化增多，因此也呈现出分形的特征。

（二）晶体生长实验方法

1. 从熔体中生长单晶体

晶体生长是一项重要的实验领域，研究者通常使用不同的方法来培养和生长晶体。其中一种常见的实验方法是从熔体中生长单晶体。这种实验方法适用于那些具有高熔点的物质，如金属、合金或化合物。以下是从熔体中生长单晶体的一般步骤：

（1）准备熔体。将目标物质加热至其熔点以上，以得到一个均匀的熔体。这可以通过使用电炉、气体燃烧炉或激光等热源来完成。

（2）准备晶体种子。在熔体生长过程中，需要引入一个晶体种子作为生长的起点。通常，可以使用已经存在的单晶或晶体片作为种子。种子可以通过机械加工或化学方法来制备。

（3）激发晶体生长。将晶体种子部分地浸入熔体中，并通过缓慢降低温度来激发晶体生长。这一步骤中，温度梯度的控制非常重要，以促进晶体稳定的生长方向和速率。

（4）生长晶体。随着温度的变化，熔体中的溶质会在晶体种子上结晶并生长。通过维持适当的温度梯度，可以实现晶体的有序排列和单晶生长。

（5）控制晶体尺寸。不断调整温度和生长条件，可以控制晶体的尺寸和形状。此过程需要精确的温度控制和人工干预。

（6）结晶结束。一旦晶体达到理想的尺寸和形态，可以通过调整生长条件或停止加热来结束生长过程。此时，晶体可以从熔体中取出，并经过适当处理和测量。

虽然从熔体中生长单晶体是一种常用的实验方法，但它也面临一些挑战，如控制晶体生长的速率和方向、消除晶体杂质等。因此，研究者需要综合考虑实验条件和材料特性，以获得高质量的单晶体样品。

2. 从溶液中生长单晶体

晶体生长是一个复杂的过程，其中从溶液中生长单晶体有几种常用的方法。具体如下。

（1）低温溶液生长。低温溶液生长是通过在低温下将溶质溶解在溶剂中，然后逐渐降低温度，使溶质逐渐从溶液中结晶出来。这种方法对于一些小分子有机化合物和无机盐类的生长较为常见。以下是低温溶液生长的操作方法：

第一，降温法。这种方法是将溶质溶解在溶剂中，然后逐渐降低温度，使溶质逐渐从溶液中结晶出来。通过控制温度的下降速度和搅拌，可以获得单晶体生长。

第二，蒸发法。这种方法是将溶质溶解在溶剂中，然后将溶液放置在容器中，通过控制温度和环境湿度，使溶剂逐渐蒸发，浓缩溶液中的溶质浓度，从而促使晶体生长。

第三，凝胶法。这种方法是在溶液中加入凝胶剂，使溶液形成凝胶。然后，通过控制凝胶的特性和溶液中的物质扩散，使溶质逐渐在凝胶中结晶，最终得到单晶体。

（2）高温溶液生长。高温溶液生长是指将固体晶体原料加热到足够高的温度，使其熔化成液体，然后让其缓慢冷却结晶。这种方法适用于高熔点物质以及有机化合物的生长，通过控制温度和冷却速度，使溶液逐渐结晶形成单晶。

（3）热液生长。热液生长是指通过在高温高压下，将溶剂中的溶质在溶液的超临界状态下生长晶体。首先，将溶质和溶剂混合，形成稳定的溶液。其次，在高温高压条件下，控制温度和压力，使溶液逐渐冷却和减压，从而促进晶体的生长。

3. 从气相中生长单晶体

气相生长可分为单组分气相生长和多组分气相生长两种。

（1）单组分气相生长方法，可以制备出具有工业价值的晶体材料，如碳化硅、硫化镉和硫化锌等。然而，这种方法得到的晶体大多呈针状或片状的单晶体，应用范围相对有限。

（2）多组分气相生长主要应用于外延薄膜的生长，包括同质外延和异质外延两种方式。同质外延是在单晶硅片中进行的，利用硅化物蒸气来促使晶体生长。而异质外延则是通过在以钇镓石榴石等材料作为衬底时进行生长，同样使用硅化物蒸气进行。无论是同质外延还是异质外延，外延生长都是在具有结构匹配的界面上进行的。这种生长方式被称为配向浮生，它能够保持晶体的结构一致性，从而有助于获得高质量的晶体材料。

多组分气相生长装置一般也分为两种生长体系，即开管生长体系与闭管生长体系，硅外延生长一般多用开管生长体系，常用纯氢气还原硅的卤化物进行生长，公式如下：

$$SiH_{4-x}Y_x+(x-2)H_2 \xrightarrow{\text{加热}} Si(\text{晶})\downarrow + xHY(\text{气})\uparrow$$

式中：Y——卤元素；

x 值——1 ~ 4。

生长砷化镓（GaAs）、磷砷化镓（GaAs，P）、磷化镓（GaP）等外延薄膜可用闭管生长体系，例如，生长砷化镓外延薄膜，在生长体系中的主要反应如下：

$$3GY_3+2As(\text{气}) \underset{T_1}{\overset{T_2}{\rightleftarrows}} GaY_3(\text{气})+2GaAs(\text{晶})\downarrow$$

式中：Y 为卤元素，$T_2 > T_1$。

一般来讲，在开管生长体系中的化学反应多是不可逆的，但在闭管生长体系中的化学反应则大多为可逆的。

外延单晶薄膜不仅可以从气相中生长，也可以从液相中生长。气相和液相外延薄膜现已广泛地应用于电子仪器、磁性记忆装置和集成光学等方面的工作元件上，并日益发挥出重要作用。

第二节 材料热力学与动力学

一、材料热力学

材料热力学是应用热力学的基本原理，分析说明材料中的各种热力学现象，是材料科学中重要的基础内容。

（一）相图热力学

相图热力学是研究物质在不同温度、压力条件下的相变行为和平衡相稳定性的科学。它在材料科学、化学工程和冶金学等领域中具有重要的应用价值。相图热力学通过分析物质在相变过程中的热力学性质，揭示了不同相之间的平衡关系，以及相变的条件和机制。

相图热力学的基本概念涉及相、相变和相平衡的概念。相是指物质在特定条件下具有一定结构和组成的物态形式，如固相、液相和气相。相变是指物质由一种相转变为另一种相的过程，如固相到液相的熔化、液相到气相的汽化等。相平衡是指在特定温度和压力下，不同相之间的相对稳定状态，即各相的化学势相等。相图则是以温度和压力为自变量，描述了物质在不同相之间相互转变的平衡条件。

相图的构建主要有实验测定和热力学模拟两种途径。实验测定是构建相图的重要手段之一。它通过在实验室中对物质进行各种条件下的观察和测量，从而得到相变行为的数据。差热分析是一种常用的实验技术，它通过测量物质在不同温度下吸放热的变化来确定相变温度和相变热。热重分析则是测量物质在不同温度下质量的变化，可以用于研究相变过程中的质量损失或质量增加。此外，还可以使用其他实验方法如 X 射线衍射、电子显微镜等来观察材料的晶体结构和形貌变化，从而确定相的类型和结构。

另一种构建相图的方法是热力学模拟。热力学模拟是通过建立物质相变过程的热力学模型，利用热力学理论和计算方法来预测相图中的相变行为。平衡态热力学模型是一种常用的方法，它基于热力学平衡条件和相平衡关系，通过求解热力学方程组来计算相图中的相平衡点和相界线。相场模型则是一种基于自由能泛函的方法，它将物质系统的自由能表示为相场的函数，并通过最小化自由能来确定相的分布和演化。分子动力学模拟则是基于分子尺度的模拟方法，通过模拟原子或分子的运动来研究相变过程和相图。

无论是实验测定还是热力学模拟，构建相图都需要收集大量的实验数据或进行复杂的计算。同时，相图的构建也需要考虑物质的性质、相变机制以及相互作用等因素。因此，相图的构建是一项复杂而综合的工作，需要实验和理论相结合，以获得准确和可靠的结果。

相图热力学在材料科学中有广泛的应用。相图热力学可以用于预测和优化材料的热处理工艺。通过研究材料的相图，可以确定适宜的加热和冷却过程，以控制材料的相变行为和微观结构，从而获得所需的材料性能。相图热力学对于合金材料的设计和开发也具有重要意义。通过研究合金的相图，可以了解合金中不同元素之间的相互作用和相变行为，从而设计出具有特定性能的合金材料。此外，相图热力学还可以用于研究材料的相变动力学和晶体生长等过程，为材料的制备和加工提供理论依据。

（二）相变热力学

1. 相变的分类

（1）按热力学分类。在平衡相变温度下，熔体中任意两相的自由焓以及某组元化学位均相等时，可以将相变按两相的自由焓或化学位的偏导的关系来分类。

如果相变时两相自由焓的一级偏导不等，则称此相变为一级相变，发生一级相变时，有体积 V 以及熵 S 的突变。体积 V 和熵 S 的突变表明，相变时有体积的膨胀或收缩以及潜热的放出或吸收。金属中大多数相变为一级相变。

二级相变时无体积效应及热效应。但是压缩系数、等压热容及膨胀系数等有突变。磁性转变、超导转变以及有序—无序转变等为二级相变。

如相变时自由焓或化学位的一级偏导和二级偏导均相等，但三级偏导不等，称为三级相变。

二级以上相变称为高级相变。

（2）按原子迁移特征分类。固态相变可以按相变时原子迁移特征划分为扩散型相变、无扩散型相变和块状相变。

依靠原子（或离子）长距离扩散的相变称为扩散型相变。发生扩散型相变时，原有的原子相邻关系将被破坏，同时将产生熔体成分的变化。

熔体发生无扩散相变时，原子或离子也将发生移动，但是相邻原子的相对移动距离不会超过原子间距，也不会破坏原有的相邻关系。所以，无扩散相变不会改变溶体的成分。

熔体发生块状相变时，原子或离子只有近距离地扩散，因此块状相变将导致原有的相邻关系的破坏而不改变原有熔体的成分。有时也将块状相变并入无扩散型相变中。

（3）按相变机制分类。按相变机制不同可将相变分为成核－生长相变、连续型相变（spinodal 分解）、有序－无序相变和马氏体相变。

成核－生长相变是由组成波动程度大，但空间范围小的起伏开始发生的相变，初期起伏形成新相核心，然后是新相核心长大，有均匀成核与非均匀成核两类。

连续型相变是由组成波动程度小，空间波动范围广的起伏引起的相变，即起伏连续地生长而形成新相，包括 spinodal 分解、连续有序化相变及颗粒粗化相变等。

有序－无序相变包括位置、位向以及电子和核旋转状态的有序－无序转变。位置的有序－无序转变是原子占据不同的亚晶格造成的。如 Cu–Zn 合金，有序的低温结构相应于两种相互贯穿的简单立方结构，当温度升高时，Cu 和 Zn 开始易位，当两种原子占据晶格结点的概率相等时，结构变为体心立方，形成高温无序结构。位向（空间方向）无序发生于多原子基团占据晶格位置的情况下，结晶时基团取向可能多于一个方向，这时就可发生有序－无序转变。当存在不成对电子或自旋电子时，原子或离子犹如小磁极子，当其呈平行有序排列时，晶体具有磁性。温度升高，有序排列降低，完全无序时，晶体变成顺磁体。

马氏体相变是结构畸变型相变，动力学上转变速率很快，有结晶学上的突出特征，在合金系统及氧化物系统均有发生。

2. 相变驱动力和新相的形成与形核驱动力

（1）相变驱动力。相变驱动力是指导物质相变发生的力量或能量变化。它是相图热力学中的关键概念，用于描述相变的原因和动力。相变驱动力可以通过熵变、自由能变化、温度和压力等热力学性质来表征。

相变的驱动力通常与熵变有关，系统倾向于朝着熵增的方向进行相变。例如，在固态和液态之间的相变中，固态的熵较低，而液态的熵较高，因此系统倾向于从低熵的固态转变为高熵的液态，以增加总熵。熵变可以通过热力学关系和实验数据计算或测量得到。

自由能是热力学系统中的重要概念，是描述系统可用能量的函数。自由能包括内能和对外界做功的能量部分。在相变中，自由能的变化也是相变驱动力的重要指标。系统倾向于朝着自由能减小的方向进行相变，因为自由能的减小意味着系统能量的释放和稳定状态的达到。

温度和压力也可以作为相变驱动力的因素。通过调节温度和压力，可以改变相变发生的条件和性质。例如，在气体的液化过程中，通过增加压力或降低温度，可以使气体达到饱和状态，从而引发液化相变。

相变驱动力是研究相图热力学和相变行为的关键概念之一。通过理解和控制相变驱动力，可以预测和调控物质在不同条件下的相变行为，进而在材料科学、化学工程、能源研究等领域中实现对相变过程的优化和控制。

（2）新的形成与形核驱动力。在一定温度下，对于一定成分的合金，当存在相变驱动力时，合金具有的当前相（称为母相）就会变得不稳定，力图向自由能较低的相（新相）转变，以消耗相变驱动力，使整个体系自由能最低。

虽然熔体中存在相变驱动力，但是若发生相变，首先要克服新相的形核自由能（能垒或称势垒），也就是熔体中具有的相变驱动力是否大于新相的形核驱动力是新相形成的先决条件。

在新相形核之前，母相中存在大量结构和成分与新相相同或相近的原子集团，称为晶胚。这些晶胚由于界面能的作用，呈近似球形。新相晶胚形成的同时也形成了新的界面，也就产生了界面能。

如果将由于温度降低而产生的母相与新相的自由能差称为体积自由能变化，那么体积自由能变化为相变的动力，而界面（表面）自由能则为相变的阻力，因此相变前后整个熔体自由能的变化 ΔG 应为体积自由能变化与界面自由能变化的代数和。当单位体积自由能变化记为 ΔG_V，单位面积界面自由能变化记为 ΔG_S，而半径为 r 的球体体积为：

$$V_s=\frac{4}{3}\pi r^3 \tag{2-14}$$

表面积为：

$$A_s=4\pi r^2 \tag{2-15}$$

则有：

$$\Delta G=-V_s\Delta G_V+A_s\Delta G_S=-\frac{4}{3}\pi r^3\Delta G_V+4\pi r^3\Delta G_S \tag{2-16}$$

当熔体处于 T_m 以下某一温度 T 时，ΔG 与 ΔG_V 和 ΔG_S 的关系见图 2-22。虽然在形成新相之前，母相中存在大量新相晶胚，但是这些晶胚能否成为新相的晶核，还要看晶胚尺寸的大小。当晶胚尺寸大于 r^* 时，晶胚的继续长大将使自由能变化值 ΔG 不断减小，而成为稳定的新相晶核。当晶胚尺寸小于 r^* 时，晶胚的继续长大将使自由能变化 ΔG 值增加（为正），晶胚变得不稳定，而存在逐渐减小直至消失的趋势。所以称 r^* 为临界晶核尺寸。

由于 r 对应着 ΔG 极大值 ΔG^* 的位置，因此有：

$$\left(\frac{\partial\Delta G}{\partial r}\right)_{r^*}=0 \tag{2-17}$$

即：

$$-4\pi r^{*2}\Delta G_V + 8\pi r^{*}\Delta G_S = 0 \tag{2-18}$$

所以：

$$r^{*} = \frac{2\Delta G_s}{\Delta G_V} \tag{2-19}$$

$$1\,G_V = \Delta G^{a-\beta} = \Delta H_m\left(1 - \frac{T}{T_m}\right) = \Delta H_m \frac{\Delta T}{T_m} \tag{2-20}$$

式中：$\Delta T = T_m - T$——过冷度。同时$\Delta G_S = \sigma$，所以：

$$r^{*} = \frac{2\sigma T_m}{\Delta H_m \Delta T} \tag{2-21}$$

代入式（2-16）得

$$\Delta G^{*} = \frac{64\pi}{3}\frac{T_m^2\sigma^3}{\left(\Delta H_m\right)^2\left(\Delta T\right)^2} = \frac{1}{3}A_s^{*}\sigma \tag{2-22}$$

式中：ΔG^{*}——临界形核功；

A_s^{*}——临界晶核的表面积。

式（2-22）适用于各向同性的母相（主要是液相）中自发形核的情形，也就是适用于液－固相变自发形核过程。

由式（2-22）和式（2-16）可知，当溶体中所存在的晶胚尺寸一定时，相变驱动力必须大于界面能的2/3，才能使已存在的晶胚成为稳定的晶核。同时由式（2-21）还可以看出，临界晶核尺寸与过冷度成反比，也就是过冷度越大，临界晶核尺寸越小，相变越容易发生。

自发形核的临界过冷度通常要大于平衡相变温度的1/3，而实际熔体结晶时所达到的过冷度往往小于自发形核的过冷度，也就是说，实际熔体的结晶是靠非自发形核的。

对于液—固相变的非自发形核，可以证明其临界晶核尺寸与自发形核相同，但其临界形核功却小于自发形核，因此所需的过冷度也较小。

二、材料动力学

在任何一个体系中，热力学、动力学和物质结构三方面的问题不是彼此独立而是紧密关联的。热力学研究和解决的问题是过程的可能性，换句话说，热力学只能预言在给定条件下某一过程的方向和限度，而把可能性变为现实性还需要通过动力学来解决，即动力学是解决一个过程如何进行的问题。例如，当某一成分的合金从液相冷却到熔点以下的某一温度时，从热力学的角度来看，该合金将发生从液态到固态的相变。但是当合金很纯净时，液态合金温度比熔点低很多时仍可以保持液态而不发生液固相变，这按热力学原理是无法解释的。在材料工业中有好多类似的现象，利用热力学无法解释其产生的原因，而只能通过动力学来解释。所以，动力学研究的内容是过程变化速率和变化的机制，即一个过程的现实性。

对于任何一个过程，动力学和热力学都是相辅相成的。例如某一过程，热力学认为是可能的，但是其实际进行时速率过小，工业上认为无法实现。对此可以通过动力学的研究，降低其反应阻力、加快其反应速率、缩短达到平衡的时间等来解决。若热力学研究表明某一过程是不可能的，就没有必要研究如何提高过程进行速率的问题了，因为这样的过程没有驱动力，阻力再小也是不可能进行的。所以，热力学研究的目标是如何提高一个过程的驱动力，而动力学研究的目标是如何降低过程的阻力。当其驱动力大而阻力小时，过程进行起来就非常容易，而且比较彻底。反之，如果一个过程的驱动力小而阻力大，该过程就不容易进行。

（一）相变形核

相变的种类很多，液固相变均为有核相变，而固态相变存在有核相变和无核相变两种。

1. 均匀形核

均匀形核时新相晶核的成分可以与母相成分相同，也可以不同。固态相变由于形核时存在弹性应变能，所以其形核功将发生变化。设新相晶核呈球形，半径为 r 。由于新相形成而引起自由焓的变化 ΔG 为：

$$\Delta G = -\frac{4}{3}\pi r^3\left(\Delta G_V - \Delta G_E\right) + 4\pi r^2\sigma \tag{2-23}$$

式中：ΔG_E——形成单位体积新相时降低的体积自由焓；

ΔG_V——形成单位体积新相时增加的弹性应变能；

σ——新相与母相 β 相交界面的界面能。

如用原子数 n 代替 r，则式（2-23）可变为：

$$\Delta G = -n\left(\Delta_g v - \Delta_{gE}\right) + \eta n^{2/3}\sigma \tag{2-24}$$

式中：$\Delta_g v$——一个原子由 β 相转移到 α 相时降低的体积自由焓；

Δ_{gE}——一个原子由 β 相转移到 α 相时增加的弹性应变能；

η——与 α 相表面积 A 有关的新相形状因子，即：

$$\eta n^{2/3} = A \tag{2-25}$$

这样，与临界晶核半径 r^* 相对应的临界形核功为：

$$\Delta G^* = \frac{16\pi\sigma^3}{3\left(\Delta G_V - \Delta G_E\right)^2} \tag{2-26}$$

$$r^* = \frac{2\sigma}{\Delta G_V - \Delta G_E} \tag{2-27}$$

将 $\Delta G_V = \Delta H_m \Delta T / T_0$ 代入上式，得：

$$\Delta G^* = \frac{16\pi\sigma^3}{3\left(\Delta H_m \frac{\Delta T}{T_0} - \Delta G_E\right)^2} \tag{2-28}$$

$$r^* = \frac{2\sigma}{\Delta H_m \frac{\Delta T}{T_0} - \Delta G_E} \tag{2-29}$$

同样，与临界晶核原子数 n^* 相对应的临界形核功可表示如下：

$$\eta^* = \left[\frac{2\eta\sigma}{3\left(\Delta G_V - \Delta G_E\right)^2} \right]^3 \qquad (2\text{-}30)$$

$$\Delta G^* = \frac{4\eta^3\sigma^3}{27\left(\Delta G_V - \Delta G_E\right)^2} \qquad (2\text{-}31)$$

2. 非均匀形核

通常溶体中特别是固体，存在着各种缺陷，如晶界、层错、位错、空位等。若在晶体缺陷处形核，随着晶核的形成，缺陷将消失，缺陷释放能量以供新相形核需要，使临界形成功下降，形核变得更容易。所以，大多数新相晶核将在晶体缺陷处形成，即相变为不均匀形核。

（1）界面形核。设 α 为母相，β 为新相，两个 α 相晶粒之间的界面为大角度界面，界面能为 $\sigma_{\alpha\alpha}$。新相 β 的晶核在此界面上形成，并设 α / β 界面为非共格界面，界面能 $\sigma_{\alpha\beta}$ 为各向异性，因此 α / β 界面呈球面，曲率半径为 r ，θ 为接触角。如图 2-22 所示。

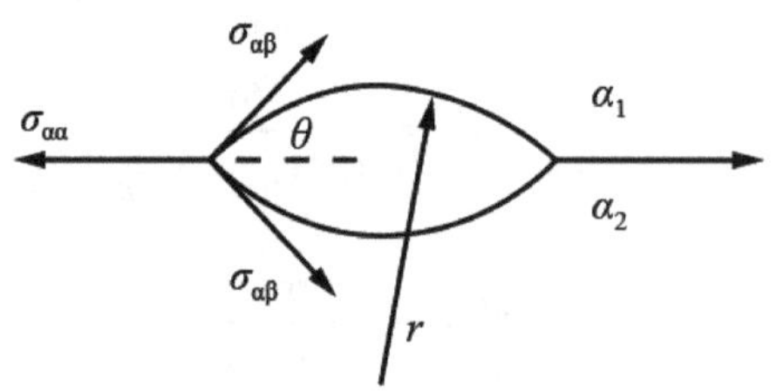

图 2-22 界面形核示意图

α/α 界面与两个 α / β 界面处于平衡，有：

$$\sigma_{aa} = 2\sigma_{\alpha\beta}\cos\theta \qquad (2\text{-}32)$$

即：

$$\cos\theta = 2\sigma_{a\beta} / \sigma_{aa} \qquad (2\text{-}33)$$

设新形成的 α / β 界面的面积为 $A_{\alpha\beta}$，由于 β 相晶核的形成而消失的 α/α 界面的面积为 $A_{\alpha\alpha}$，则有：

$$\Delta G_S = A_{\alpha\beta}\sigma_{\alpha\beta}, \Delta G_d = A_{\alpha\alpha}\sigma_{\alpha\alpha} \tag{2-34}$$

$$\Delta G = -V\left(\Delta G_V - \Delta G_E\right) + A_{\alpha\beta}\sigma_{\alpha\beta} - A_{\alpha\alpha}\sigma_{\alpha\alpha} \tag{2-35}$$

利用球面半径 r 和接触角 θ，可求初 V 、$A_{\alpha\alpha}$ 、$A_{\alpha\beta}$ 。代入式（2-35）中，并取 $\frac{\mathrm{d}\Delta G}{\mathrm{d}r}=0$，可得：

$$r^* = \frac{2\sigma_{q\beta}}{\Delta G_V - \Delta G_E} \tag{2-36}$$

$$\Delta G^* = \Delta G^*_{均} f(\theta) \text{ 或} \Delta G^* / \Delta G^*_{均} = f(\theta) \tag{2-37}$$

其中：

$$f(\theta) = \frac{1}{4}(2+cos\,\theta)(1-cos\,\theta)^2 \tag{2-38}$$

令：

$$\eta_\beta = 2\pi(2+cos\,\theta)(1-cos\,\theta)^2/3 = (8\pi/3)f(\theta) \tag{2-39}$$

则有：

$$\Delta G^* / \Delta G^*_{均} = (3/4\pi)\eta_\beta \tag{2-40}$$

$\Delta G^*_{均}$ 为均匀形核时的临界形核功，$f(\theta)$ 为接触角因子，η_β 为体积形状因子。

界面形核使临界形核功下降，其值与接触角有关。当 θ =0° 时，$\Delta G^*_{均}$ 下降为零。当 θ =90° 时，$\Delta G^* = \Delta G^*_{均}$，此时界面形核与均匀形核相同。

（2）界棱形核。当有三个相邻的 α 晶粒时，其中每两个晶粒之间有一个界面，三个界面相交形成界棱 OO'。如在 OO' 界棱上形成 β 相晶核，则晶核由三个球面组成。三个球面的半径为 r，接触角为 θ。

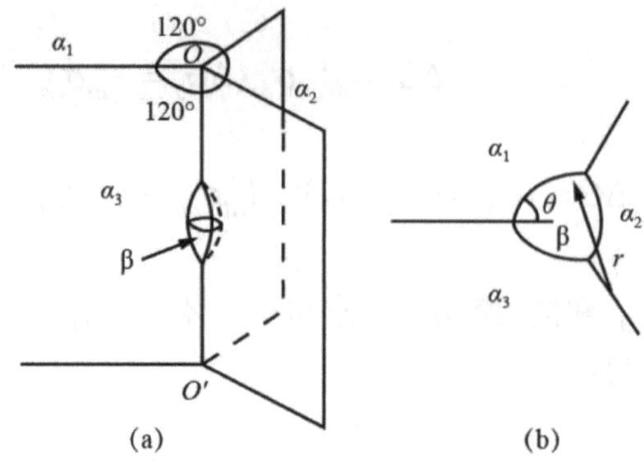

图 2-23　界棱形核示意图

依照界面形核的处理方法可得：

$$\frac{\Delta G^*}{\Delta G^*_{均}}=\left(\frac{3}{4\pi}\right)_{\eta_\beta} \tag{2-41}$$

其中：

$$\eta_\beta=2\left[\pi-2\arcsin\left(\frac{1}{2}\operatorname{cosec}\theta\right)+\frac{1}{3}\cos^2\theta\left(4\sin^2\theta-1\right)^{1/2}-\arccos\left(\frac{1}{\sqrt{3}}\cot\theta\right)\cos\theta\left(3-\cos^2\theta\right)\right] \tag{2-42}$$

由式（2-40）和（2-41）可见，界棱形核与界面形核一样，不改变临界晶核半径，但是临界形核功下降，其值与 θ 有关。

（3）界偶形核。四个相邻的 α 晶粒中，每三个晶粒之间有一条界棱，四根界棱相交形成一个界偶。在界偶处可以形成由四个半径为 r 的球面组成的粽子形 β 晶核，接触角为 θ 。这样有：

$$r^*=\frac{2\sigma_{\alpha\beta}}{\Delta G_V-\Delta G_E} \tag{2-43}$$

$$\frac{\Delta G^*}{\Delta G^*_{均}}=\left(\frac{3}{4\pi}\right)_{\eta_\beta} \tag{2-44}$$

其中：

$$\eta_\beta = 8\left\{\frac{\pi}{3} - \arccos\left[\frac{\sqrt{2}-\cos\left(3-C^2\right)^{1/2}}{C\sin\theta}\right]\right\} + C\cos\left\{\left(4\sin^2\theta - C^2\right)^{1/2} - \frac{C^2}{\sqrt{2}}\right\} - 4\frac{4\cos\theta\left(3-\cos^2\theta\right)\arccos C}{2\sin\theta} \tag{2-45}$$

其中：

$$C = \frac{2}{3}\left\{\sqrt{2}\left(4\sin^2\theta - 1\right)^{1/2} - \cos\theta\right\} \tag{2-46}$$

由式（2–43）和式（2–44）可见，界偶形核与界棱形核和界面形核一样，不改变临界晶核半径，但是临界形核功下降，其值与 θ 有关。

（二）相转变动力学

根据晶体形核率 I 与线生长速度 v 可以计算新相体积分数 φ 与时间 τ 的关系。由于 I 与 v 不一定是常数，所以 φ 与 τ 的关系比较复杂。

1. 约森 – 梅耳方程

约森 – 梅耳最先导出了形核率 I 与新相的线生长速度 v 均为常数时，φ 与 τ 的关系，称为约森 – 梅耳方程。

设形核率 I 及线生长速度 v 与时间 τ 无关，在恒温转变过程中均为常数，另设新相为球形。在时间 τ_i 时形成的晶核长大到 τ 时的体积 V' 为：

$$V' = \frac{4}{3}\pi v^3\left(\tau - \tau_i\right)^3 \tag{2-47}$$

但要注意的是，式（2–47）仅当独立形成的核在长大过程中不与其他新相晶粒发生重叠时才能成立。

又设时间为 τ 时已形成的新相的体积分数为 φ，则在 $d\tau$ 时间内形成的新相晶核数 dn 为：

$$dn = I(1-\varphi)\,d\tau \tag{2-48}$$

即：

$$I\mathrm{d}\tau = \mathrm{d}n + I\varphi\mathrm{d}\tau \tag{2-49}$$

式中：$\mathrm{d}n$——真实晶核数；

$I\mathrm{d}\tau$——假想晶核数；

$I\varphi\mathrm{d}\tau$——虚拟晶核数。

若不考虑相邻新相的重叠，也不扣除虚拟晶核数，则转变所得新相体积分数为：

$$\varphi_{ex} = \int_0^\tau V' I\mathrm{d}\tau = \frac{\pi}{3} I v^3 \tau^4 \tag{2-50}$$

φ_{ex}称为扩张体积。

显然式（2–49）仅适用于转变初期，因为此时φ很小，虚拟晶核数可以忽略不计，相邻新相晶粒也不大可能相遇而发生重叠，因此$\varphi_{ex} \approx \varphi$。但随着时间的延长，虚拟晶核数增多，不可忽略不计。某些相邻新相晶粒可能已发生重叠，此时有$\varphi_{ex} > \varphi$。

为求φ，可作如下考虑，任选一小区域，从统计角度来看，该小区域落入转变区域的分数应等于未转变部分的分数（$1-\varphi$）。如转变在该小区域发生，转变的结果将使φ增为$\varphi + d\varphi$；φ_{ex}增为$\varphi_{ex} + d\varphi_{ex}$。显然$d\varphi$应正比于（$1-\varphi$），而$d\varphi_{ex}$与$\varphi$无关，因此有：

$$\frac{\mathrm{d}\varphi}{\mathrm{d}\varphi_{ex}} = \frac{1-\varphi}{1} \tag{2-51}$$

因而：

$$\mathrm{d}\varphi_{ex} = \frac{\mathrm{d}\varphi}{1-\varphi} \tag{2-52}$$

积分得：

$$\varphi_{ex} = \int \mathrm{d}\varphi_{ex} = \int_0^\varphi \frac{\mathrm{d}\varphi}{1-\varphi} = -\ln(1-\varphi) \tag{2-53}$$

将式（2–49）代入式（2–52）得

$$-ln(1-\varphi) = \frac{\pi}{3} I v^3 \tau^4 \tag{2-54}$$

移项得：

$$\varphi=1-\exp\left(-\frac{\pi}{3}Iv^3\tau^4\right) \tag{2-55}$$

式（2-54）即为著名的约森－梅耳（Johson-Mehl）方程。

如母相在转变终了后不能全部转变为新相，例如自过饱和固溶体 α 相中析出新相 β，则新相体积分数 φ 可定义为：

$$\varphi=V^{\beta}/V^{\beta}{}_{平} \tag{2-56}$$

其中，$V^{\beta}{}_{平}$ 为单位体积的体系中新相 β 的平衡体积；V^{β} 为单位体积的体系中已形成的新相 β 的体积。

2. 阿夫拉米方程

从前面的推导中可以看出约森－梅耳方程仅适用于形核率 I 和线生长速度 v 为常数的扩散型相变过程，对于均匀形核，其形核率为常数；对于界面控制长大过程，其长大的线生长速度也为常数。对于这样的相变，约森－梅耳方程可直接使用。

当形核率和线生长速度不为常数，而是随时间变化时，如以扩散速度控制的约森－梅耳方程就不能直接使用，而应进行如下的修正：

$$\varphi=1-\exp\left(-b\tau^n\right) \tag{2-57}$$

上式为阿夫拉米（Avrami）方程，其中，系数 b 和 n 取决于 I 与 v。

对于约森－梅耳方程，凯恩（Cahn）讨论了晶体形核，其中包括界面、界棱以及界偶形核时阿夫拉米方程的形式。如果母相晶粒不太小，晶界形核很快达到饱和，假定晶核形成后为恒速长大，即 v 为常数，则形核的位置饱和后，转变过程仅由长大控制，由 I 已降为零，此时阿夫拉米方程分别为

界面形核：

$$\varphi=1-\exp(-2Av\tau) \tag{2-58}$$

界棱形核：
$$\varphi = 1 - \exp\left(-\pi L v^2 \tau^2\right) \quad (2\text{-}59)$$

界偶形核：
$$\varphi = 1 - \exp\left(-\frac{4\pi}{3} C v^3 \tau^3\right) \quad (2\text{-}60)$$

其中，A、L、C 分别为单位体积体系中界面面积、界棱长度以及界偶数。设母相晶粒直径为 D，则 $A = 3.35D^{-1}$，$L = 8.5D^{-2}$，$C = 12D^{-3}$。

需要特别强调的是，约森－梅耳方程和阿夫拉米方程仅适用于扩散型转变的等温转变过程。

第三节　材料设计基础

一、新材料的计算机辅助设计

（一）材料设计概述

在 20 世纪 50 年代，材料设计的构想开始出现，旨在利用理论和计算手段预测和定制新材料。材料设计是通过分析和综合现有知识和经验，创造满足特殊需求的新材料的过程。为实现这一目标，材料设计需要深入研究材料的性质、组成、结构、合成与加工以及它们之间的相互关系，并运用系统的方法进行探索。

材料设计涉及不同尺寸的设计对象，包括电子层次、原子 / 分子层次和显微结构层次。这就要求基于基础理论的完善和发展，以及先进的计算机信息处理技术、材料生产和制备技术的进展。物理学、化学和固体理论的发展使人们对材料结构和性能有了系统的了解，为材料设计提供了理论基础。同时，先进的技术如人工智能、模式识别、计算机模拟等使得理论和实验资料能够被整合，提供有效的技术和方法支持材料设计。为了更好地支持材料设计，基于材料数据库和知识库，还构建了多种类型的材料设计专家系统。这些系统能够存储和检索大量的材料信息，并提供精确而快速的材料筛选和设计建议。除了理论和计算支持，先进的材料制备技术也起到了重要的推动作用。急冷、分子束外延、有机金属化合物气相沉积等技术的发展，使得新材料的制备变得更加高效和精确，同时也拓展了材料的应用领域。在材料制备和加工方面，结合传感器、人工智能技术和自控技术，提出了智能加工的概念。通过实时监测和控制，智能加工可以优化材料的制备和加工方法，提高生产效率和成品质量。

在材料设计的工作范围中，涵盖了从材料制备到材料性能再到材料使用的各个方面，其中包括对组成、结构和特性的微观设计。现代材料科学研究应该包括以下四个组成要素：材料的性质、组成与结构、合成与加工以及使用性能。这四个要素相互联系，构成一个整体，而材料设计在其中扮演着重要的角色。性质和使用性能是两个独立但密切相关的方面，前者指的是材料的固有性质，后者与材料在实际应用中的表现有关，包括寿命、速度、能量效率、安全性、价格等因素，它们是衡量使用性能的指标。在材料的合成与加工过程中，材料设计起着关键作用，尤其当使用化学和物理方法以原子和分子为起始物合成材料，并要求在微观尺度上对其结构进行控制时，理论的指导是不可或缺的。借助实时传感器和无损检测器，对微观结构进行优化与控制，也有助于实现在理论设计指导下的智能加工。尽管材料设计贯穿材料的制备、测试、性能评估以及使用的整个过程，但其核心部分仍然是基于物理和化学原理对材料性能与结构之间关系进行理论计算与分析。

材料设计涉及三个设计层次，分别是原子层次、电子层次和连续模型层次的设计。每个层次都关注不同的空间尺度和研究对象。原子层次的设计涉及原子之间的相互作用和结构，电子层次的设计则关注原子中电子的行为和能带结构，而连续模型层次的设计则考虑到宏观连续介质的宏观性质和行为。

微观层次可以分为不同的范畴，并与连续模型层次相连接。不同范畴内的设计需要使用适应的理论方法。例如，在原子层次，量子力学计算方法可以被用来预测原子之间的相互作用和材料性能。而在连续模型层次，连续介质力学方法可以被用来研究宏观行为。理论方法、空间尺度和时间尺度之间存在对应关系。不同的理论方法适用于不同的空间尺度和时间尺度范畴。例如，量子力学方法适用于原子层次的设计，而连续介质力学方法则适用于连续模型层次的设计。从量子力学计算到连续介质力学方法，涉及不同的理论方法和时间－空间尺度范畴。这些方法和范畴的选择取决于具体的材料设计需求，以及所研究材料的特性。通过综合运用这些不同层次的设计和理论方法，可以更好地理解和优化材料的性能和行为。

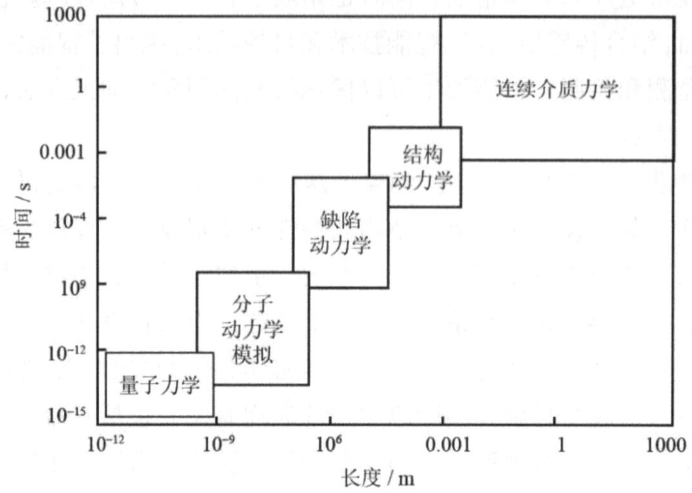

图 2-24 理论方法与空间、时间尺度的对应关系

（二）现代材料设计的环节

1. 建立材料性质数据库

性质是确定材料功能特性和效用的描述符，它们可以描述材料的各种性能，如金刚石的硬度和透明度。了解材料的性质对于进行材料设计和应用具有重要意义。

为了进行材料设计，首先需要建立一个全面的材料性质数据库。这个数据库将包含各种材料的性质信息，包括它们的物理、化学和机械特性，以及其他相关的数据。这个数据库将是材料设计的基础，能够提供各种材料的性能指导。建立这样的数据库，需要整理材料的特征和制备方法，并将它们存储在原始数据文件、主资料文件、标准数据文件和材料行为数据文件中。这些文件将包含详细的信息，如材料的组成、结构和处理方法等。通过整理这些数据，科学家和工程师们可以更好地了解材料的性质和行为。

材料设计的步骤：首先，需要确定适用于特定应用的合金系列；其次，根据设计要求选择合适的成分和组织结构；最后，实验将被进行以验证材料的性能和特性。实验结果将被记录下来，供以后的分析和研究之用。

国际上的材料数据库正朝着智能化和网络化方向发展。这些数据库不仅提供材料性质的信息，还提供便利和快捷的服务。科学家和工程师们可以通过这些数据库更轻松地获取所需的信息，并进行更加精确和高效的材料设计工作。同时，这些数据库的智能化也意味着它们能够提供个性化的推荐和建议，为研究人员提供更多的灵感和方向。

2. 成分和组织结构设计

材料设计的基本出发点是成分和组织结构，它们对材料的性质起着重要作用。通过控制成分和组织结构，材料设计的目的是制造出满足特殊性能要求的材料。在材料设计中，需要进行不同尺度的控制，从原子到宏观尺度。这意味着需要理解和调整材料的微观结构，包括晶体结构、晶格缺陷和界面特性等。同时，还需要考虑材料的宏观结构，如晶粒大小、相变和含有杂质的特征。为了进行材料设计，有两种主要的方法可以采用：经验法和基本计算法。

（1）经验法是基于实验数据的分析和归纳方法，通过总结经验规律和趋势来预测材料的性能。这种方法依赖于已有的实验数据和经验知识，可以在一定程度上提供有用的指导。

（2）基本计算法，它利用现代物理和数学知识，从第一性原理出发进行材料设计。通过计算机模拟和理论计算，可以预测材料的性质和行为，进而进行有目的的设计。这种方法不仅能够提供更深入的理解，还可以加速材料设计的过程。

3. 合成和加工工艺设计

合成和加工工艺设计是一种演变过程，通过对材料和零件结构进行控制，从微观到宏观尺度实现结构的新排列。近年来，在合成和加工工艺方面取得了重大发现，这些突破往往伴随着新材料的出现。其中，快速凝固技术成为引起一场技术革新的重要因素，这种技术包括雾化法、急冷法和激光表面处理等。利用快速凝固技术生产的产品比使用其他技术生产的产品具有更优异、更特殊的性质，因此在金属直接成形、晶态合金和非晶态合金等领域得到广泛应用。另一个引起重要突破的领域是自蔓延高温合成（SHS）工艺，这种工艺充分利用了物质化合的特性，成功合成了上百种新材料。此外，复合材料的发展也促进了化学气相沉积（CVD）、物理气相沉积（PVD）等许多工艺和方法的发展。随着纳米材料的兴起和研究，采用溶胶－凝胶法制备超细粉末迎来了进一步的发展。

在陶瓷材料领域，过去 20 年出现了许多重大的新动向。例如，稳定化处理的氧化铁以及采用溶胶－凝胶法制备的陶瓷、新型耐火纤维、陶瓷复合材料和高温超导体等，都展示了合成和加工的重要性。这些发展突破了传统的陶瓷材料研究，为材料设计提供了更多的可能性。

4. 使用性能设计

使用性能设计在材料设计中极为重要，因为它必须考虑到使用性能和实用性的因素。过去，由于忽视市场因素和实用性，导致新材料的制备成本居高不下，而且无法被广泛应用。为了克服这些问题，需要综合考虑材料的成分、组织均匀性以及非平衡组织的稳定性对使用性能的影响。

在材料设计的过程中，须明确材料的应用场景和要求。这意味着需要明确材料将用于何种环境，并确定所需的性能和目标。通过深入了解材料应用的背景和要求，可以更好地选择适当的成分和进行组织控制，以确保材料具备所需的性能。

此外，非平衡组织的稳定性也是需要考虑的因素之一。非平衡组织指的是材料在特定条件下存在的组织不稳定性或非均匀性。当材料处于非平衡状态时，其性能可能会受到影响。因此，在材料设计中，需要考虑如何通过适当的处理和控制来增强非平衡组织的稳定性，以确保材料在长期使用中保持稳定的性能表现。

（三）材料设计的途径

1. 材料知识库和数据库技术

引入模型概念是一种近似方法，用于在材料设计中改进模型以满足所需的特性要求。这种方法的目的是通过对模型的调整和优化，使其更好地与实际材料的性质相吻合。建立数据库对于多种实验数据的有意义和在材料设计中的重要性不言而喻。数据库的建立可以提供一个集中存储和管理实验数据的平台，使得研究人员可以更方便地访问和利用这些数据。这些数据包括材料的组分、处理方法、试验条件以及相关的应用和评价结果。

材料知识库和数据库具有许多优点，包括存储大量信息、快速存取、方便查询和使用灵活。通过将材料数据库与CAD、CAM和人工智能技术相结合，可以构建出能够预测材料性能或者构建专家系统的功能强大的系统。

数据库管理系统负责建立、操作和维护数据库，根据具体需求可以选择不同类型的数据库管理系统，例如层次型、网络型和关系型数据库管理系统。

数据收集、整理和评价是建立数据库的主要步骤，通常包括性能数据、材料组分、处理方法、试验条件以及应用和评价结果等。通过系统地收集和整理这些数据，可以建立起一个完整准确的数据库，为后续的研究和应用提供有力支持。

材料数据库正朝着智能化和网络化的方向发展，成为专家系统及网络化系统的重要组成部分。通过利用先进的技术和方法，材料数据库可以更加智能地处理和分析材料数据，为材料设计和研究提供更为高效和精准的支持。CAAD 系统是一个典型的利用大型知识库和数据库辅助进行材料设计的例子。它集成了各种元素的物理化学数据、合金物性经验方程、实验数据和相关文献目录等信息，为研究人员提供了一个全面的材料设计工具。通过 CAAD 系统，研究人员可以更加准确地预测材料的性能，并进行有效的材料选择和设计。

2. 材料设计专家系统

材料设计专家系统是一种计算机程序，具备材料相关背景知识，旨在解决材料设计问题。这个系统由知识库和推理系统组成，并能够与数据库、模式识别和人工神经网络等模块进行连接。目前，专家系统主要基于经验和理论知识相结合，可分为以下四类：

（1）基于知识检索、计算和推理的系统。这类专家系统可以通过检索已有的知识并进行计算和推理，为材料设计提供指导。它们能够分析大量数据、模型和方案，并根据先前的经验和规则进行决策。

（2）基于计算机模拟和运算的系统。这些专家系统利用计算机模拟和运算的方法，在虚拟环境中进行材料设计。通过模拟不同材料的性能和行为，可以评估设计方案的可行性，并优化材料的性能。

（3）基于模式识别和人工神经网络的系统。这些专家系统使用模式识别和人工神经网络的技术，通过学习和训练来预测材料的性能和行为。它们可以分析大量的数据和图案，从中提取出有用的信息，并基于这些信息做出预测和决策。

（4）专注于材料智能加工的系统。这些系统旨在提供一种智能化的加工方法，以提高材料的加工效率和质量。它们可以利用先进的技术和算法，对材料的制备过程进行自动化和优化，从而加快研究速度。

这些材料设计专家系统可以大大提高新材料的开发速度和质量。它们能够帮助研究人员预测材料的性能和制备过程，指导实验设计，并提高研究效率。通过这些系统，可以更好地理解材料的特性和行为，为未来的创新和发展提供支持。

二、材料计算及分子动力学模拟

（一）材料计算的理论基础

第一性原理计算方法是一种通过应用量子力学原理研究原子、分子和晶体的电子结构、化学键理论、分子间作用力以及化学反应理论的方法。与其他计算方法不同的是，它只依赖于基本常量和某些近似数，而不依赖于实验数据。这种方法使用电子密度泛函理论来描述电子的状态。

电子理论是物理学、化学和材料科学的理论基础，因此对于探索功能材料和结构材料具有重要意义。它提供了一种能够预测和解释物质性质的方法。能带理论是其中的一种方法，主要适用于具有平移对称性的固体材料。它通过研究电子在能带中的分布和行为来揭示材料的特性。空间原子团方法，它适用于更广泛的领域。通过引入空间原子团，可以描述和分析材料的结构和性质。这种方法可以应用于非晶态材料、表面和界面等不具有平移对称性的系统。

密度泛函理论是第一性原理计算方法中的一种重要工具。它简化了复杂的多原子核、多电子波函数以及Schördinger方程，为预测原子、分子和固体的基态性质提供了新的途径。通过将能量泛函应用于电子密度，密度泛函理论可以获得材料的重要性质，如电子结构、物理化学性质和相变行为。

密度泛函理论来源于决定分子中原子核和电子的运动规律的基本方程——Schördinger方程：

$$H\Psi = E\Psi \tag{2-61}$$

式中：H——分子的全Hamilton算符；

Ψ——描述分子状态的波函数；

E——分子的能量。

对于任何一个分子体系，原则上都可以通过求解其Schördinger方程来确定Ψ。Ψ一经确定，则分子的任一力学量F的平均值$\langle F\rangle$都可由下式计算：

$$<F>=\frac{\int\Psi^{*}F\Psi\mathrm{d}\tau}{\int\Psi^{*}\Psi\mathrm{d}\tau} \tag{2-62}$$

这就在统计的意义上完整地描述了分子的状态。由此可见，解 Schördinger 方程以得到 Ψ 是在理论上确定分子结构的关键问题。然而，对于一般的分子体系，其 Schördinger 方程非常复杂以至于无法精确求解，因而需采用一系列近似，如非相对论近似、Born-Oppenheimer 近似和轨道近似。

（二）常用的材料计算方法

1. 密度泛函理论的离散变分方法（DFT-DVM）

离散变分方法（DVM）是采用局域密度近似计算单电子函数来求解 Kohn-Sham 方程的一种量子化学计算方法。它的基本特点在于简化 Hartree-Fock 方法，对 Hartree-Fock 方法中的交换赋予了 Fermi 解释。因此，他建议将定域的交换势代替非定域的交换势项，将电子交换相关势用统计平均来处理。他认为，单电子交换能 V_{ex} 与总电荷密度 $\rho(r)$ 成比例：

$$V_{ex}=-3\alpha\left[\frac{3}{8\pi}\rho(\boldsymbol{r})\right]^{1/3} \tag{2-63}$$

式中：V_{ex}——电子间的交换能；

α——交换势能参数；

ρ——电荷密度。

它同传统的半经验近似方法之间存在着重要的差别。半经验方法用的是精确的 Hartree-Fock 方程，但是在解方程的过程中引入了某些近似，近似方法的选取极大地影响着最终的计算结果。而 DVM 方法采用的是近似的 Hartree-Fock 方程，并试图精确求解这一方程，大量的计算结果已经证明了定域的电荷密度泛函是 Hartree-Fock 交换势的很好近似。

DFT-DVM 方法是基于密度泛函理论的全数值自洽场离散变分方法，它对电子间非定域的交换能采用了统计平均近似，并用自由电子的波函数推导出交换能的近似定域密度泛函的形式，可广泛应用于分子和固体的电子结构计算。

DFT-DVM 目前主要应用于局域密度近似，有时也涉及交换能和相关能的梯度校正。就方法的理论基础框架而言，DFT-DVM 既可以研究原子团簇以及化学和生物分子体系，也可以采取镶嵌技术应用于凝聚态物理研究；同时也是研究表面电子结构及纳米体系的重要理论手段。该方法中分子或原子簇中的单电子波函数是用从原子或离子的密度泛函理论计算中获得的用数值表示的原子轨道（NAO）为基础来展开的，因此，密度泛函离散变分方法计算适合于处理大分子、大原子簇和固体体系，特别是含重原子的体系。对镶嵌在固体中的原子簇也容易处理。

由于该方法具有计算量小、容易移植和高精度等优点，在很多国家得到广泛应用，理论方法本身多年来也有了重要发展和完善，尤其在金属材料、光学材料、稀土材料、化合物、团簇体系、纳米材料、超导体、多孔硅、催化剂以及药物化学等方面进行了相关的基础性研究，取得了很有价值的结果，对化学键、光学和电磁特性以及材料缺陷和理性的微观理解和预测提供了重要的理论基础，起到了理论与实验相结合而相互促进、积极指导实践的作用。

2. 局域密度近似（LDA 近似）

密度泛函理论（DFT）认为固体的性质完全由其电子密度决定。在这个理论框架下，局域密度近似（LDA）是一种简单而有效的计算 Kohn-Sham 方程的方法。LDA 通过利用均匀电子气的密度函数来推导出非均匀电子气的交换关联泛函。相比于 Hartree-Fock 近似，LDA 则更为严格和准确，因此在研究固体能带、表面性质、界面现象、超晶格材料以及低维材料时，它成为一个强大的工具。对于许多半导体和金属的基态性质，比如晶格常数、结合能和晶体力学性质等，LDA 能够给出与实验结果相符的良好预测。此外，它也对大多数半导体和金属的价带结构具有良好的实验符合性。

LDA 的成功部分归功于其简化的形式，它通过简化交换关联泛函的表达式来降低计算成本。然而，LDA 尽管在许多情况下表现出色，但仍然存在一些局限性。例如，在描述强关联体系和弱相互作用体系时，LDA 可能会产生不准确的结果。这些问题导致进一步地改进和发展，例如广义梯度近似（GGA）和混合泛函等方法的引入。

3. 准粒子方程（GW 近似）

Kohn-Sham 方程是用来描述多粒子系统的数学方程，但其中的交换 - 关联能泛函却是未知的，因此求解整个系统的复杂性非常困难。为了克服这个难题，科学家们引入了准粒子概念和自能方法。准粒子概念指的是一种在多粒子系统中表现出类似粒子行为的现象。通过引入准粒子概念，科学家们希

望能够简化多粒子系统的描述。

20世纪60年代，自能方法得到了进一步的完善。自能方法通过计算多个粒子系统格林函数的复杂多体效应对粒子能量的贡献，从而提供了更准确的能量信息。这种方法可以解决LDA无法给出激发态正确信息的问题。后来，利用准粒子概念和单粒子格林函数提出了准粒子近似方法，用来求解自能。这种方法通过考虑准粒子的相互作用和单粒子的行为，能够更准确地描述多粒子系统的性质。

在准粒子近似中，半导体能隙可理解为相互作用电子气中准粒子元激发的能量，系统的低激发态看成是由独立的准粒子元激发组成的电子气。准粒子的能量 E_{nk} 和波函数 φ_{nk}，可由局域密度泛函理论中相似的单粒子方程确定。

$$\left[T+V_{ert}+V_{coul}\right]\varphi_{nk}(r)+\int \mathrm{d}r'\sum\left(r,r',E_{nk}\right)\varphi_{nk}\left(r'\right)=E_{nt}\varphi_{nk}(r) \quad (2\text{-}64)$$

式中：T ——动能项；

V_{ert} ——外势场；

V_{coul} ——库仑项。

同Kohn-Fock单粒子方程相比，式（2-63）中已将交换-关联项写成了新的形式，并引入了自能算符 $\sum$，它与能量 E_{nk} 有关，代表电子间交换-关联等各项相互作用。

求解方程式（2-63）的主要问题在于寻找自能算符的近似。GW近似就是为此而提出的。这个近似认为，在最低一级近似下，自能算符可用单粒子格林函数G和动力学屏蔽库仑作用W表示，故称GW近似，即：

$$\sum\left(r,r',E\right)=\frac{1}{2}\int \mathrm{d}we^{i\delta}\mathrm{G}\left(r,r',E-w\right)\mathrm{W}\left(r,r',w\right) \quad (2\text{-}65)$$

式中：δ ——正的无限小量。

4. 范数不变赝势

赝势是一种在平面波计算基础上发展起来的方法。它使用一个虚拟的势能来取代真实的势能，在求解波动方程时保持本征值和离子实区域的波因数不变。赝势使得离子实内部的波函数尽量平坦，从而可以用更少的基函数展开。

范数不变赝势，是一种第一性原理赝势。为了得到准确的全电子波函数，对大多数元素来说，完全局域的赝势是不够的。因此，在范数不变赝势中采用了半局域的形式，即在离子实区域，对不同的角动量取不同的势能。在原子的芯域，由于高角动量分量很小，可以认为与角动量无关，因此通常取相同的形式，即在原子实区域，对不同的角动量 l 取不同的赝势 v_l：

$$v_{ps}(r)=\sum_{l=0}v_l(r)\ \hat{P}_l \tag{2-66}$$

式中：$\hat{P}_l$——在第 l 角动量上的投影算符。

范数不变赝势除了具有赝本征值与实际本征值一致，赝波函数在芯半径外与实波函数相同的性质，还具有两个特征：①在离子实内部赝波函数无节点，并且总电荷数与全电子波函数在原子实内部的分布相同（即范数不变条件）；②在离子实半径大于范数不变半径的区域，赝波函数的径向微分和对能量的微分都与实际波函数一致。这两个特征使得范数不变赝势在不同的化学环境中具有很好的适用性。

三、人工神经网络及自动控制

（一）人工神经网络概述

计算机在数值计算和符号逻辑推理方面具有显著优势，能够高效准确地完成各种任务。然而，在处理视觉信息等方面与人类相比存在较大差距。这主要是因为计算机专注于处理结构性问题，而在处理非结构性问题方面束手无策。结构性问题可以用数学语言明确定义，并通过算法进行程序化处理，最终转换为计算机指令来得到解决方案。简而言之，结构性问题可以通过已知步骤或规则来描述，如数值计算和方程求解等。然而，非结构性问题涉及语言理解和图像识别等领域，人类很难将认知转化为严谨的机器指令，因此难以通过计算机获得令人满意的结果。在解决非结构性问题方面，人类比目前的计算机表现得更为出色，因此深入研究人脑如何处理这些问题，变得十分重要。

人工智能建立在逻辑运算和符号操作的基础上，利用算法实现智能行为。符号处理方法致力于模拟人脑的思维功能，重点关注机器思维方面的问题，解决问题的关键在于知识的表示、获取、存储和应用。虽然在模拟脑的思维功能方面取得了显著进展（如深蓝下国际象棋和各种专家系统），但在处理视觉、听觉、联想记忆等问题时往往遇到困难。尽管符号处理在宏观模拟高级脑功能方面非常有效，但在处理一些低层次的模式时，仍存在一些挑战。因此，符号处理并不能全面解决认知问题和实现机器智能化的目标。

人工神经网络（ANN）是20世纪80年代发展起来的一种人工智能信息处理技术，模拟了人脑神经系统的结构与功能，成为国际上备受关注的研究领域之一。神经网络采用自下而上的方法，从仿生神经系统结构出发，研究大量简单神经元的集群信息处理能力。它具备多项独特优点，包括自组织、自学习、自适应、高速处理、高度容错、联想记忆，并且能够逼近任意复杂的非线性系统。神经网络为长期困扰计算机科学和符号处理的难题提供了令人满意的解答，并在生物学、微电子学、数学、物理学、化学化工以及材料学等学科中得到广泛应用。

在材料领域，人工神经网络发挥着重要的作用，被广泛应用于处理材料科学中的众多问题。它已被成功运用于材料设计与成分优化、智能材料加工与控制、材料加工工艺的优化、材料相变规律的研究与相变点的预测、材料性能及缺陷预测等方面。涉及的材料类型包括金属、合金、无机非金属等多种，并取得了显著效果。

神经元模型是研究神经元的结构和功能的模型。它涵盖了神经元的激活函数、权重和偏置等重要元素。这些元素共同决定了神经元的输出。通过研究神经元模型，科学家们能够深入了解神经元的工作原理。网络拓扑结构是研究不同类型的神经网络结构的领域。前馈神经网络、递归神经网络和卷积神经网络是其中的几个重要类型。每种结构都有其独特的特点和应用场景。研究网络拓扑结构可以帮助科学家们选择合适的模型来解决具体的问题。

训练算法是研究如何通过调整网络参数来使神经网络适应特定任务的方法。反向传播算法和梯度下降算法是常用的训练算法。这些算法可以根据网络的输出和预期结果之间的差异来调整网络的权重和偏置，从而提高网络的性能。性能分析是评估神经网络在不同任务上表现的研究领域。准确率、召回率和F1 score等指标被广泛应用于评估神经网络的性能。通过对性能进行分析，可以了解神经网络在不同任务上的表现，并对改进和优化网络提供指导。

神经网络广泛应用于各个领域。图像识别、语音识别、自然语言处理、推荐系统和金融预测等都是神经网络的重要应用领域，具体如下。

第一，生物原型研究，其主要目标是深入研究神经网络细胞、神经网络以及整个神经系统的结构和功能机制。通过对生物体的研究，科学家们希望能够理解大脑是如何工作的，并借此启发他们开发出更先进的神经网络技术。

第二，建立各种理论模型来描述神经元和神经网络的行为。这些理论模型可以帮助科学家们更好地理解神经网络的工作原理，并为后续的研究提供基础。

第三，网络模型和算法，基于前期的理论模型，开始构建更具体的神经网络模型，并研究网络学习算法，以提高神经网络的性能和效率。

第四，神经网络应用系统研究，利用神经网络技术来进行信号处理或模式识别，从而解决实际问题。

目前的硬件实现对于神经网络来说，仍然面临一定的困难。为了克服这个问题，研究人员可以通过加速板或并行处理技术来改进计算机的性能，使其更适合进行神经网络运算。这样一来，神经网络的应用将会更加便捷和高效。

（二）人工神经网络构成的基本原理

1. Rumelhart 的 PDP 模型

研究 PDP 模型的八个方面具体如下。

（1）处理单元个数。这指的是网络中包含的处理单元（神经元）的数量，用 N 表示。

（2）单元集合的激活。单元集合的激活是指在特定的时间内处理单元所具有的状态，可以是连续值或离散值。系统中所有的处理单元在 i 时刻的激活值用 N 维实向量 $a(t)$ 表示。

（3）各单元的输出函数。它将处理单元的激活状态 $a_i(t)$ 映射为相应的输出 $o_i(t)$，这个函数可以采用不同的规律来实现。

$$o_i(t)=f_0\left[a_i(t)\right] \tag{2-67}$$

输出函数可以有不同的规律，如恒同函数、阈值函数、概率统计函数。

（4）单元互连模式。它描述了各处理单元之间相互连接的规律，这通常由连接矩阵 W 表示。连接矩阵可以展示处理单元之间的连接强度和连接

方式。

（5）传播规则。根据输出矢量 $a(t)$ 和连接矩阵 W，综合各输入信号来计算处理单元的净输入 Net_i。传播规则的作用是将输入信号传递给相应的处理单元。

（6）激活规则。它决定了处理单元的新激活状态。通过将净输入与当前的激活状态输入到激活函数中进行处理，可以得到新的激活状态。对第 i 个处理单元，可以表示为：

$$a_i(t+1)=F\left[a_i(t),Net_i(t)\right] \tag{2-68}$$

（7）学习规则。通过样本训练来调整权重（即连接强度），从而修改处理单元之间的连接模式。学习规则的目的是使 PDP 模型能够适应输入样本的统计规律，并从中获得有用的信息。

（8）系统工作环境。它指的是系统输入信号分布特性的统计规律。这个环境包括神经元的功能函数、连接形式和学习规则等方面。系统工作环境的特点会影响 PDP 模型的表现和学习能力，因此，在研究 PDP 模型时需要考虑这一点。

2. 神经元功能函数

神经元功能函数 f，描述的是神经元在输入信号作用下产生输出信号的规律，是神经元的外特性。

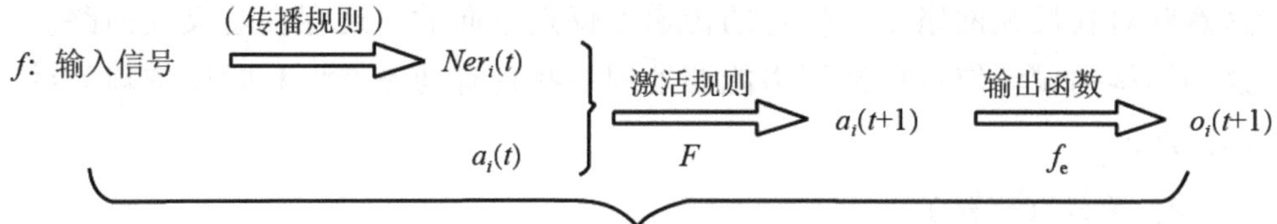

图 2-25 神经元功能函数包括的过程

f 综合了净输入 Net_i，激活规则函数和输出函数 f_0 的作用。神经元功能函数有多种形式，利用它们的不同特性可以构成功能各异的神经网络。通常，f 函数可以划分为三种类型：简单的映射关系、动态系统方程和概率统计模型。

简单的映射关系模型不考虑神经元的时间滞后效应，各神经元构成的输出矢量 Y 与输入矢量 X 符合某种映射关系。如 $Y=f(WX-\theta)$，其中 θ 是阈值向量。这种映射可以是线性的或非线性的。动态系统方程模型反映了神经元输出与输入之间的延时作用。概率统计模型的输出和输入之间不存在确定性的关系，而是利用一个随机函数说明神经元特性。在此模型中，网络在某一时刻的状态已无意义，而是研究状态的统计规律。

3. 神经元之间的连接形式

神经网络是一种复杂的互连系统，由许多神经元单元通过连接模式相互关联。这种互连模式对于网络的性质和功能具有重要的影响，它决定了网络中的知识结构。其中，前向网络是一种常见的神经网络结构。它由多个层次组成，每个层次中的神经元单元按照特定的顺序连续排列。在这种结构下，神经元单元之间的信号传递是单向的，即上一层次的神经元单元将信号传递给下一层次的神经元单元，而没有反馈回路。前向网络中的神经元单元分为两类：输入节点和反馈网络。

（1）输入节点。输入节点没有计算功能，而计算单元具有计算功能。每个计算单元可以接收任意数量的输入信号，但只能输出一个信号。这个输出信号可以传递到多个神经元单元作为它们的输入，从而形成了网络中的连接关系。需要注意的是，前向网络的第一层次和最后一层次被称为“可见层”，而中间的层次则被称为“隐含层”。

（2）反馈网络。在反馈网络中，每个节点都表示一个计算单元，同时接收外部输入和其他节点的反馈输入，并且可以将计算结果输出到外部。这意味着在反馈网络中，信息的传递不仅是单向的，还存在着反馈回路。这种结构的设计使得反馈网络能够处理一些具有动态特性和时序依赖关系的问题。

4. 学习（训练）

学习是神经网络最主要的特征之一，它是人工神经网络研究中至关重要的一部分。各种学习算法在神经网络的发展中发挥着重要的作用。学习过程可以分为两种类型：有监督学习和无监督学习。

（1）有监督学习。有监督学习是通过外部示教者进行学习的过程。在有监督学习中，网络根据示教者提供的期望输出调节连接强度，以使网络的输出结果和期望输出相符合。这种学习方式常用于解决分类和回归问题。

Hebb 规则和 Widrow-Hoff 规则是常见的有监督学习算法，它们在调节网络连接权重方面具有重要作用。

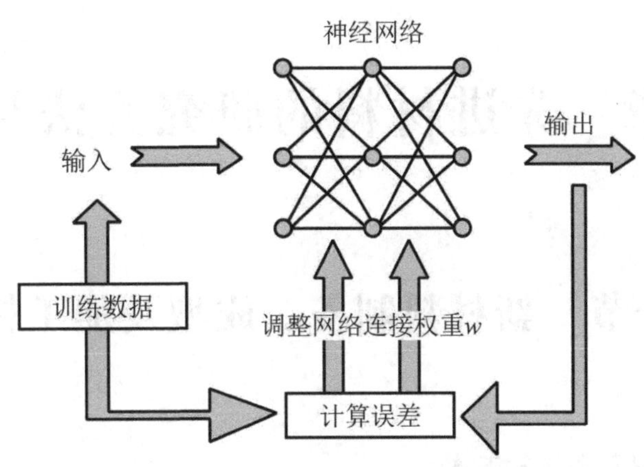

图 2-26　神经网络学习

（2）无监督学习。无监督学习不需要外部导师信号。在无监督学习中，网络通过自适应于输入空间的检测规则进行学习。这种学习方式更类似于人脑的学习过程，因为它可以从数据中发现模式和结构。其中一种著名的无监督学习算法是 ART 网络（自适应共振理论网络），它通过竞争和抑制的机制将输入信号分成有用的多个区域，使得网络能够更好地理解和处理输入数据。

无监督学习与应用阶段融为一体，这使得神经网络更加灵活和适应不同的任务。这种学习方式不依赖外部示教者的干预，从而能够自主地从数据中提取特征和模式。因此，无监督学习在聚类、降维等任务中具有广泛应用。

第三章 先进材料的研究方法与技术

第一节 新材料制备、成型及加工技术

一、电火花烧结技术

电火花烧结（SPS），又称为放电等离子烧结（PAS）或脉冲电流烧结（PECS），是近年来材料领域兴起的一种新型快速烧结技术。这三种烧结方法的原理基本相同。“一般认为，SPS 过程除具有热压烧结的焦耳热和加压逆成的塑性变形促进烧结过程外，还在粉末颗粒间产生直流脉冲电压，并有效利用了粉体颗粒间放电产生的表面活化作用和自发热作用，因而产生了 SPS 过程所特有的有益干烧结的现象。”①

电火花烧结是一项利用金属粉末等物质填充到模具中，并通过施加电源和压力的技术。通过利用直流脉冲的能量，电火花烧结实现等离子活化烧结，从而产生高温场、冲击压力、表面净化效果、焦耳加热和电场扩散等效应。这项技术具有升温快、烧结时间短、晶粒均匀等优点，能够制备高密度和高性能材料。

相类似的，SPS 技术则利用粉体内部自发热作用快速升温烧结，达到抑制晶粒长大、获得微晶结构的效果。该技术以高热效率、放电点分散和加热均匀等特点为优势，特别适用于制备细晶粒陶瓷材料、纳米材料、金属和功能材料。SPS 技术快速升温的特性使其在制备纳米块体材料方面具有广阔的应用前景。要追溯 SPS 技术的历史，可以回溯到 20 世纪 30 年代，然而直到

① 王松，谢明，张吉明，等．放电等离子烧结技术进展［J］．贵金属，2012，33（3）：73.

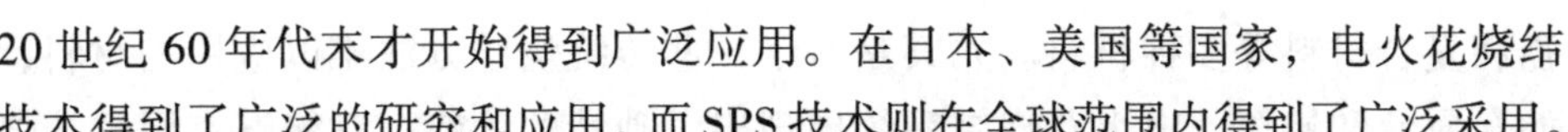

20 世纪 60 年代末才开始得到广泛应用。在日本、美国等国家，电火花烧结技术得到了广泛的研究和应用，而 SPS 技术则在全球范围内得到了广泛采用。

在中国，电火花烧结技术早在 1977 年就开始应用，并从 1990 年开始引起了更多人的关注。中国的科学家们积极研究电火花烧结技术的应用，并取得了许多突破性进展。

（一）电火花烧结技术特点

SPS烧结过程中，每个颗粒都能够均匀地产生热量，并且升温速度非常快，这使得它能够获得高致密度的效果。除此之外，当加入瞬间高强脉冲电压时，颗粒表面会被清洁，并且产生热效应。这种热效应的产生，能够为纳米级陶瓷和金属－陶瓷复合材料的制备提供适用的条件。

SPS 技术利用放电等离子体的加热方式，能够实现样品的均匀加热和表面活化。相较于传统的热压烧结方法，SPS 的加热更为均匀，因此最终制备出的样品的组织和性能也更加均匀。这是因为 SPS 能够实现高效的能量转化和传导，从而确保材料内部的均一性。

与其他制备材料的方法相比，SPS 具备许多优势：① SPS 具有高热效率的特点，能够在较短的时间内将能量转化为样品的热量，从而节省了能源；② SPS 能够实现加热的均匀性，不同区域的温度差异较小，从而减少了材料性能的非均匀性；③ SPS 对于形成压力的要求较小，因此能够更加精确地控制材料的形状和尺寸。

1. 电火花烧结系统的结构

电火花烧结系统是一个关键的设备，它由多个组件组成，包括垂直压力装置、烧结模具和气氛控制系统。这些组件的协同工作确保了系统的高效运行。该系统内的关键组件包括特殊设计的水冷电极、真空室和控制单元。水冷电极的设计能够有效地冷却电极，以确保系统运行的安全性和稳定性。真空室能够提供一个低气压环境，使烧结过程可以在无氧条件下进行，避免材料的氧化。控制单元则是系统的大脑，用于监测和控制整个烧结过程。

在烧结过程中，系统使用脉冲电流发生器产生一个高能等离子体，这个等离子体被用来活化处理材料。脉冲电流的作用是通过材料的电阻加热，将其迅速升温并烧结。这种直流脉冲电流和电阻加热方式能够快速而均匀地加热材料，从而实现高效的烧结过程。

电火花烧结系统常用于各种高压、低压或高温烧结中，适用于金属、陶瓷和复合材料等多种材料。尤其是对于一些传统烧结方法难以应用的材料，如金属钛和铝等，电火花烧结系统展现出了独特的优势。它能够克服传统烧结方法中的一些问题，实现更高的烧结效率和更好的材料性能。

2. 放电等离子烧结机制

SPS 是一种创新且高效的烧结技术，在材料研发和制备中得到广泛应用。SPS 过程利用热压烧结、加压塑性变形和直流脉冲电压等特性来促进烧结过程。

SPS 过程包括电压产生放电等离子体和放电粒子撞击颗粒的步骤。通过产生等离子体，可以净化金属颗粒表面，增强烧结活性，并加速原子的扩散。这一过程的特点在于脉冲电流集中作用于晶粒结合处，形成局部高温、蒸发和熔化的效应。

由于 SPS 过程的特殊性，它能够加速烧结致密化过程，从而获得高质量的烧结体。同时，SPS 过程的实施可能对材料的结晶过程产生影响，因此，可以制备出具有纳米晶结构的材料或具有细小组织结构的材料。

SPS 作为一种前沿的材料处理技术，正在成为材料科学领域的研究热点。它的应用范围广泛，可以用于制备多种材料，包括金属、陶瓷、复合材料等。由于 SPS 技术具有高效、节能的优势，预计其在材料研制和开发领域的应用将进一步扩大。

3. 电火花烧结工艺流程

电火花烧结是一个包括四个主要阶段的工艺流程：①在向粉末样品施加初始压力时，确保粉末颗粒之间充分接触，为后续产生均匀且充分的放电等离子体奠定基础。②施加脉冲电流。在脉冲电流的作用下，粉末颗粒接触点产生放电等离子体，并且颗粒表面因为活化而产生微放热现象。③关闭脉冲电源，采用电阻加热的方式对样品进行加热，一直加热到预定的烧结温度，并且样品的收缩完全停止。④进行卸压。在整个过程中，需要合理控制一系列主要工艺参数，如初始压力、烧结时间、成型压力、加压持续时间、烧结温度和升温速率等，以获得具有综合性能良好的材料。

（1）初始压力，它对于放电等离子体的均匀发生和颗粒表面的活化起着至关重要的作用。初始压力的大小必须经过精确的调节，这取决于烧结粉末的种类、烧结件的大小和所需性能等因素。过小或过大的压力都会对烧结效果和扩散过程造成影响。

（2）烧结时间，对于不同的材料和制件要求来说，需要合理选择以获得理想的致密度。烧结时间的选择将直接影响最终制件的密度，所以确保致密化过程充分进行至关重要。

（3）成形压力和加压持续时间。在烧结过程中施加成形压力可以增强粉末颗粒之间的接触，增加烧结面积，提高制件的强度、密度和表面光洁度。成型压力的大小需要根据烧结粉末的压缩性以及要求的制件性能来确定。加压持续时间对烧结材料的密度也有一定的影响。一般来说，为了获得最高密度的烧结材料，加压持续时间应与放电时间相当或略大。这样才能够确保烧结材料达到最佳的致密度。

（4）烧结温度。在 SPS 过程中，通过利用这一技术可以显著降低烧结温度，一般比传统的烧结方法低 130℃ ~ 200℃。这是由于 SPS 过程中的快速加热和烧结能力，以及每个粉末颗粒和孔隙都能成为发热源的特性所致。另外，SPS 过程中的传热时间可以忽略不计。

（5）升温速率。与传统的烧结方法相比，SPS 技术不仅能够降低能耗，还能够减少材料的损伤。其快速加热和烧结过程能够迅速将粉末加热至所需温度，避免了长时间的等待和能量的浪费。这样的快速升温过程对于粉末的烧结非常有益处。它可以抑制非致密化机制的发生，同时激活致密化机制，从而提高样品的致密化程度。这种过程可以使最终烧结体具有更好的密度和结晶度。需要注意的是，不同材料体系对于 SPS 可能会产生不同甚至相反的结果。因此，在进行 SPS 时，需要根据具体材料的性质来选择适当的升温速率。这样可以确保最好的烧结效果，并避免出现材料的不稳定性或不理想的结构。

（二）电火花烧结技术的应用及发展态势

电火花烧结技术快速发展的主要原因是它成功填补了传统粉末冶金烧结技术的不足，并且能够成功制备出性能优异的材料。这一技术在国内外引起了广泛的关注和关注度。

目前，电火花烧结技术的主要应用领域是在制备传统工艺难以实现的材料和新型材料方面。这些材料包括纳米材料、功能梯度材料、精细陶瓷材料、生物材料、氧化物超导材料等。通过电火花烧结技术，研究人员成功地制备出了具有优异性能的纳米材料，这些材料在电子、光电子、能源和生物医学等领域具有广泛的应用潜力。此外，电火花烧结技术还可以制备金属基复合材料、纤维增强复合材料、磁性材料以及其他具有特殊用途的材料和制件。

1. 电火花烧结技术在材料制备中的应用

（1）纳米材料的制备。目前，纳米晶块体材料的制备方法仍处于研究阶段。科研人员们正致力于寻找一种可行的方法来制备这种材料。在众多的制备技术中，SPS 技术显示出了强大的潜力。SPS 技术是一种烧结方法，可以有效地制备致密的纳米材料，并有可能保留和展现非平衡制备方法带来的材料特性。相比于传统的制备方法，SPS 技术能够更好地发挥纳米粉末的性能，为纳米材料的制备和应用提供了新的途径。通过 SPS 技术，纳米材料的晶粒尺寸可以被控制在纳米级别，从而赋予材料独特的物理和化学性质。此外，SPS 技术还可以实现材料的快速烧结，从而减少了制备过程中的氧化和晶粒长大。

在实际应用中，SPS 技术已经成功地应用于制备多种纳米复合材料和非晶合金。纳米复合材料由两种或更多种不同的材料组成，通过 SPS 技术，不同材料之间的界面接触得到优化，从而提高了材料的力学性能和耐热性能。非晶合金具有非晶态结构，具备优异的力学强度和耐腐蚀性能，在 SPS 技术的帮助下，非晶合金的制备过程变得更加简单和可控。结合机械合金化方法和 SPS 技术，科研人员们找到了一种有效制备纳米复合材料和非晶合金的方法。通过机械合金化方法，不同金属粉末被混合在一起，形成均匀的混合粉末。然后，利用 SPS 技术对混合粉末进行烧结，形成具有期望性能的纳米复合材料和非晶合金。

（2）梯度功能材料的烧结。梯度功能材料（FGMs）是一种复合材料，具有在某个方向上成分分布的梯度性质。这种梯度性质可以通过 SPS 方法实现烧结温度的梯度分布，从而克服金属与陶瓷黏结产生的热应力挑战。

SPS 技术的优势在于其能够实现快速、均匀的加热，使得材料在较短时间内完成烧结过程。通过调节 SPS 过程中的加热参数，可以实现烧结温度在材料体内的梯度分布，从而制备出梯度功能材料。对于金属与陶瓷的黏结，SPS 技术的应用可以减少热应力产生的可能性，使得二者更好地结合在一起，从而得到性能优异且稳定的梯度功能材料。

通过在 SPS 装置上设计温度梯度场和调整模具形状，可以一次性烧结复杂形状和成分配比的梯度材料。此外，SPS 方法还能够制作轴向层状和径向圆筒状的梯度材料，提供了制备各种形状和类型的梯度材料的灵活方法。

利用 SPS 技术，可以快速制备高密度的梯度材料，这是一项非常重要的优势。研究人员已经成功制备了多种具有梯度性质的材料，例如不锈钢/ZrO_2系、Ni/ZrO_2系、Al/高聚物系、Al/植物纤维、PSZ/Ti和TiN/Al_2O_3系梯度材料。

随着SPS技术的广泛应用，预计会涌现出更多新型的梯度功能材料。这些材料的特殊结构和性能使它们在多个领域具有巨大潜力，例如材料科学、能源存储、电子器件等。可以预见，随着技术的不断发展和研究的深入，梯度功能材料将为我们带来更多的创新和应用机会。

（3）氧化物陶瓷超导材料的制备。Y-Ba-Cu-O、Bi-Sr-Ca-Cu-O和Ti-Ba-Ca-Cu-O是氧化物陶瓷超导材料，它们在超导转变温度方面具有相对较高的性能。然而，这些材料的应用受到晶粒连接和低密度等问题的限制，导致它们的电流容量密度较低，机械性能也较差。

传统的合成方法通常需要经过长时间的烧结和再结晶处理才能获得高温超导相。而在Bi-Pb-Sr-Ca-Cu-O陶瓷材料中，存在着三种超导相，即2201相、2212相和2223相。尽管最理想的情况是获得更多的2223相而没有2212相的存在，但由于在2212相内部的生长，材料密度会降低。

此外，在再结晶处理期间，由于热膨胀的各向异性，还容易导致非晶陶瓷体产生裂纹。为了克服这个问题，一种方法是通过晶化处理非晶粉末，这可以提高缺氧超导材料中2223相的形成率。通过这种方法，可以改善材料的性能，提高其电流容量密度，并减轻机械性能方面的问题。

通过SPS技术处理后，2223相几乎未受到影响，并且从使用Sol-Gel法获得的粉末中，我们还观察到SPS技术处理可以提高2223相的形成速度。这表明，将粉末技术与SPS技术相结合，可以在短短10分钟内制备出具有任意形状和高致密度的超导材料。这种组合的优势在于为制备高性能的超导材料提供了有力支持。

（4）磁性材料的制备。

第一，关于Mn_2Zn铁氧体。Mn_2Zn铁氧体是一种被广泛应用于高频领域的软磁材料。高频涡损是其中一个重要的性能指标，因此需要采取措施来减小涡损。为了实现这一目标，研究人员采用了晶粒细化的方法。通过使用共沉淀和SPS技术，研究人员成功地制备了$Mn_{0.55}Zn_{0.40}O_4$粉体，并在1000℃进行煅烧处理，得到了晶粒尺寸约为1μm的致密材料。这种晶粒细化的过程带来了许多显著的改进：①磁矫顽力Hc得到了增加，这意味着材料更能抵抗外界磁场的干扰；②涡损降低到了传统方法的1/3，这使得Mn_2Zn铁氧体在高频应用中表现出更好的性能。

第二，关于 Fe–M–B（M=Zr、Nb、Pr）软磁合金。Fe–M–B（M=Zr、Nb、Pr）软磁合金是一种具有混合组织的材料，其中包含非晶基体和几十纳米级别的细小晶粒。为了制备这种混合组织的合金材料，研究人员采用了快速凝固法和 SPS 技术。快速凝固法可以制备出薄带、细丝等一维或二维的材料，但无法制备大块体积的合金材料。因此，研究人员采用了 SPS 技术来制备块体材料，并成功地实现了与薄带材料相近的软磁性能。

从材料性能来看，在烧结时保持非晶相，并在 923K 进行热处理，可获得 20 ~ 30nm 的细晶组织，此时材料的软磁性能最好；所制备烧结体的软磁性能可达到 μ_m=298000，μ_e=3430，H_c=12A/m，这种软磁性能与薄带的软磁性能相当。

（5）SPS 技术为高致密度细晶粒陶瓷的制备提供了一种有效途径。SPS 过程是一种高效的烧结技术，通过利用粉末和孔隙作为发热源，能够显著缩短传热时间，从而实现快速烧结和低温操作。这种方法在烧结过程中可以降低烧结温度并加快烧结速度。相比传统方法，SPS 技术具有许多优势：①适用于低温高压和低压高温的烧结，使材料的结晶过程得以优化；②利用 SPS 技术，可以制备出高致密度的细晶或纳米晶陶瓷材料，这些材料具有优异的性能表现；③ SPS 技术能够缩短烧结时间，大大提高制备效率。

SPS 方法已成功应用于多种陶瓷材料和复合材料的制备。通过使用 SPS 技术，这些材料的强度和韧性得到了显著提高。此外，SPS 技术还在金属间化合物、金属基复合材料、超导材料、磁性材料、压电陶瓷等领域得到广泛应用，为相关研究和制备工作提供了强有力的支持。

随着时间的推移，SPS 技术在材料科学研究领域中的应用不断扩展。科学家们不断探索和发展新的 SPS 方法和材料组合，以应对不同领域的需求和挑战。SPS 技术的引入为材料制备和研究带来了突破和新的可能性，为未来的材料科学做出了重要贡献。

2. 电火花烧结技术的前景与展望

电火花烧结技术是一项利用高能量和短脉冲时间的工艺，通过快速加热和烧结金属粉末实现高密度烧结。该技术具有多个潜在的前景和展望，对于制备复杂形状和高密度的零件有着重要作用。

（1）电火花烧结技术能够降低生产成本，并提高生产效率。传统的制

造方法可能需要多道工序和复杂的加工步骤，而电火花烧结技术可以减少加工时间和人工介入，从而提升效率并降低生产成本。

（2）电火花烧结技术适用于多种材料，包括金属、陶瓷和复合材料，能够满足不同应用领域对于材料性能的要求。电火花烧结技术的灵活性使制造复杂形状的零件变得更加容易，同时实现高密度烧结，增强材料的强度和耐久性。

（3）电火花烧结技术可以在高温条件下进行烧结，可以精确控制晶粒尺寸，从而改善材料的性能。晶粒尺寸的控制对于材料的力学性能、热导率以及化学性质都有重要影响，因此，电火花烧结技术在材料研究和开发中扮演着关键角色。

（4）电火花烧结技术可以提高关键性能指标。通过精确控制加工参数和优化烧结过程，可以改善材料的密实性、硬度和耐磨性等关键性能指标，进一步提升材料的品质和应用领域的可靠性。

（5）为了实现更广泛的商业化和工业化应用，还需要进一步地研究和发展努力。深入研究和优化加工参数，以达到最佳的加工效果和材料性能。综合考虑生产成本、可靠性和环境友好性等方面的因素，以确保技术的可持续性和市场竞争力。

（6）电火花烧结技术具有巨大的潜力，可以为制备高性能、多功能的材料开辟新的可能性。通过进一步的研究和发展，该技术有望在未来的材料科学和工程领域发挥更重要的作用，并为各行各业带来更多的创新和突破。

二、织构技术

（一）金属材料的织构及其形成

金属材料由晶体组成，这些晶体具有各向异性，也就是说，它们的特性在不同方向上有所差异。材料的织构指的是晶粒的取向偏离随机分布，从而呈现出材料的各向异性。在金属材料中，常见的织构类型包括铸造织构、形变织构、再结晶织构、晶粒长大织构和相变织构。

形变织构可以根据不同的变形方式来进行分类。丝织构是指在拉伸过程中形成的纤维状晶粒取向偏好；挤压织构是指通过挤压操作形成的晶粒取向偏好；锻造织构是指通过锻造操作形成的晶粒取向偏好；轧制织构则是指通过轧制操作形成的晶粒取向偏好。每种形变织构都包含多个织构组分，这些组分对材料的性能和特性产生影响。形变织构受到多个因素的影响和控制。这些因素包括合金元素的性质和含量、晶粒的大小和形状、晶界和相界的特性，以及变形程度、变形速率和变形温度等。当材料经历塑性变形时，晶粒的取向会发生变化，从而形成形变织构。形变织构对于材料的性能和特性具有重要的影响，因此，在材料的加工和应用过程中，需要对其进行考虑和控制。

在结构模型中，Sachs 模型和 Taylor 模型对形变织构的形成进行了阐述，其他模型大多是由这两个模型衍生而来。Sachs 模型认为，在多晶体的塑性变形时，晶粒会选择具有最大取向因子的滑移系进行塑性变形，这导致晶粒取向的变化，同时晶界上也会出现形变的不连续性。这些模型的研究有助于我们更好地理解形变织构的形成机制，进而为材料的加工和应用提供指导。

Taylor 模型认为，在多晶体的塑性变形中，各个晶粒的应变张量与宏观应变张量相同。为了实现塑性变形，通常需要五个独立的滑移系。这个模型比较接近实际情况，但是没有考虑到晶界应力的不连续性。当金属经历冷变形之后，可能会发生再结晶，并形成再结晶织构。再结晶织构有可能与形变织构相同，也可能不同。多种内部因素和环境因素都会对再结晶织构的类型、强度和漫散程度产生影响。

定向形核理论认为，在金属的塑性变形过程中，某些晶块会在形变过程中沿着特定的空间取向流动，形成细小的亚晶。这些亚晶经过退火恢复作用，逐渐长大并最终形成再结晶晶核，从而形成再结晶织构。

定向长大理论则认为，形变基体中不同取向的晶核在退火过程中都有可能长大。当晶核与基体之间存在确定的取向关系时，晶界迁移速度最大，晶核可以长大并最终形成再结晶织构。

“定向成核 - 选择长大”理论则综合了定向形核和定向长大理论，解释了再结晶织构的形成。根据这个理论，再结晶织构是定向成核和选择性长大的结果，它方便地解释了再结晶织构的形成机制。

（二）陶瓷材料的织构

在高技术陶瓷材料研究中，织构分析越来越受到科技人员的广泛关注和研究。在高温超导体、高温结构陶瓷和硬磁材料等领域，织构对材料性能具有重大影响。因此，科学家们纷纷将注意力转向了织构研究。以熔融织构生长、高取向 c 轴织构和高 T_c 超导薄膜的织构为例，这些方面已成为当前研究的主要方向。

通过深入研究材料织构，我们可以更好地理解材料的各向异性，揭示材料性能背后的机制，并通过调控织构来改善材料的力学性能和物理性能。这将为材料科学和工程领域的发展带来重要的启示和应用前景。

1. 高 T_c 超导体的织构

陶瓷材料织构研究是材料科学中的重要分支之一。在这个领域中，研究人员致力于理解和控制材料的内部结构和组织，以改善其性能和功能。其中一种重要的陶瓷材料是 $YBa_2Cu_3O_{7-x}$，它是一种超导体陶瓷，并具有临界磁场各向异性。具体而言，在 $YBa_2Cu_3O_{7-x}$ 中，沿着 a-b 基面方向的临界电流密度最大，尤其是在单晶材料中表现得更加显著。研究人员发现，通过熔融织构生长的高温超导体以及在适当的基底上沉积的单晶薄膜或高度 c 轴取向的准单晶薄膜，可以实现在 a-b 面上获得最高的临界电流密度。这意味着材料在该方向上具有出色的超导性能。

令人鼓舞的是，中国已经成功制备出具有大面积高临界电流密度的钇系高温超导薄膜，并成功将其应用于微波器件。实际上，这些超导薄膜的性能指标已经达到甚至超过了全球最高水平，标志着中国在这一领域的重大突破。这项成就将为超导材料的应用开辟新的可能性，包括能源输送、磁共振成像以及电子器件的改进。这也进一步证明了陶瓷材料织构研究的重要性，以及对于提高材料性能和推动科学进步的意义。

2. 磁性陶瓷材料的织构

磁性陶瓷材料的性能受其织构的影响至关重要，因此需要进行深入的研究。特别是针对钡铁氧体磁性材料而言，其织构与烧结温度之间存在密切的关联。随着烧结温度的提升，该材料的织构完整性也会增强，这对于优化其磁性性能非常有利。

当然，织构受到多种因素的影响，包括加工条件、微观结构以及化学成分等。因此，就算是在相同的材料中，不同的制备过程可能会导致织构的差异，从而影响到材料的性能。因此，对于磁性陶瓷材料而言，研究其织构对于优化制备过程和提高性能具有重要的意义。

磁性陶瓷材料被广泛应用在电子设备中，而其性能与织构之间存在着密切的关联。织构的优化可以显著提升磁性材料的性能，进而增强电子设备的功能。因此，深入研究织构与性能之间的关系，可以为技术的发展提供宝贵的指导和支持。通过了解不同织构对材料性能的影响，科学家和工程师们可以设计出更好的高性能的磁性陶瓷材料，以满足日益增长的电子设备需求。

磁性陶瓷材料的织构对其性能具有重要影响，特别是钡铁氧体磁性材料。织构的完整性随着烧结温度的提升而增强，这有助于优化材料的磁性性能。另外，织构还受加工条件、微观结构和化学成分等因素的影响。织构研究对于优化制备过程和提高性能非常重要，尤其在电子设备中被广泛使用的磁性陶瓷材料领域。通过深入研究织构与性能之间的关系，可以为技术的发展提供指导和支持，推动磁性陶瓷材料的进一步创新。

3. 铁电陶瓷织构

铁电陶瓷材料是一类具有铁电性质的材料，其性能在多晶形态下与织构密切相关。织构是指多晶材料中晶粒取向的优势分布，对铁电性能产生重要影响。因此，控制织构可以显著改善铁电陶瓷材料的性能，提高其极化效率和稳定性。

在工程应用中，铁电陶瓷材料被广泛使用，而织构的控制则是确保其性能可重复和稳定的关键。为了引入有意义的织构并影响材料的性能和功能，可以采用不同的加工方法和烧结条件。此外，适当控制晶粒生长也是实现理想织构的关键因素。

铁电陶瓷材料的织构研究面临一些挑战。不同的材料系统和处理过程具有复杂性，导致织构控制的难度增加。此外，织构的表征和建模也是一个复杂的问题。随着对材料科学和加工技术的深入了解，未来可以实现更精确和高效的织构控制，从而促进铁电陶瓷材料性能和功能的提升。

通过控制织构可以改善铁电陶瓷材料的性能，提高极化效率和稳定性。未来的研究和技术发展将使织构控制变得更加精确和高效，推动铁电陶瓷材料性能和功能的不断提升。

4. 氧化锆高温结构陶瓷的织构

氧化锆（ZrO_2）高温结构陶瓷是一种极其重要的高技术陶瓷材料，其显著的特点之一是高韧性。这种高韧性来源于氧化锆在相变过程中从四方相到单斜相的转变。相变过程会产生多个对称等价的相变变体，并引起与这些变体相关的形状变化。正是相变和形变的结合让氧化锆在高温环境下拥有出色的性能，广泛应用于高技术领域。而氧化锆陶瓷的织构在其中起着至关重要的作用，它影响相变过程中晶粒的取向和材料的性能。

通过合理的织构设计，可以实现更卓越的韧性和性能。这可以通过控制制备和烧结条件来实现选择性的晶粒取向。因此，织构调控在氧化锆陶瓷的制备过程中显得至关重要。

氧化锆高温结构陶瓷广泛应用于高温环境下的结构和功能部件。具体而言，它在航空航天、能源、化工等领域中扮演着重要的角色。

织构调控并不是一个简单的过程，它具有一定的复杂性。但通过持续的研究和发展，有望实现更精确和可控的织构设计，从而拓展氧化锆陶瓷在各个领域的应用潜力。这将为未来的高技术领域提供更多可能性，并推动材料科学取得更大突破。

5. 陶瓷涂层织构

近年来，研究人员对金属或陶瓷材料表面的涂层织构进行了广泛而活跃的探索。其中，一种常见的涂层是钛碳化物（TiC）涂层。这种涂层展现出强烈的纤维织构，其晶粒取向在涂层中呈现高度有序。然而，随着涂层厚度的增加，织构锋锐度可能会降低。

涂层的织构对其力学性能产生显著影响。织构特别良好的涂层能够提高附着力、硬度和耐磨性。此外，涂层的织构还可以调节应力分布，从而改善其力学性能并延长疲劳寿命。

在研究涂层时，需要考虑金属基底表面上氧化物层的生长。氧化物层与金属的织构密切相关，并会对涂层的性能产生影响。氧化物层的形成通常通过氧的扩散实现，并与涂层的织构相匹配或相关联。这一过程会影响涂层的热稳定性和氧化行为。

陶瓷涂层织构的研究对于提高涂层性能、改善附着力和稳定性至关重要。通过深入研究织构形成的机制和控制方法，可以优化涂层的设计和制备过程。这有助于扩展涂层在高技术领域的应用，推动涂层技术在工业领域的发展。

6. 氧化铝陶瓷材料的织构

Cu/Al_2O_3 黏结衬底的金属陶瓷连接在力学性能上呈现强烈的各向异性，可能在热循环中导致沿衬底表面的断裂。这意味着在应用中，Cu/Al_2O_3 黏结衬底连接的强度和稳定性会受到限制。这种各向异性的现象可能是橄榄石晶体结构的非均匀性所导致的。因此，在设计金属陶瓷连接时，需要考虑到这种各向异性的影响，并采取相应的措施来提高连接的强度和稳定性。

Al_2O_3 衬底由于低的结构因子，其基面（0001）反射强度很弱。然而，通过 ODF 分析可以发现，Al_2O_3 衬底具有强烈的基面织构。这意味着 Al_2O_3

衬底的结晶在某个特定方向上具有较高的密度。这种织构化的特征可能会对衬底的力学性能和耐热性产生重大影响。因此，在设计金属陶瓷连接时，需要考虑衬底的织构取向密度，并确保它们与连接性能和耐热性的要求相匹配。

高度织构化的衬底可能会导致耐热性的下降。这是因为在高温环境下，织构化的衬底会更容易发生断裂或破损。因此，在设计金属陶瓷连接时，需要平衡衬底的织构取向密度与连接性能和耐热性之间的关系。可能需要进一步研究和优化衬底的制备工艺，以及织构控制方法，以提高连接性能并保证足够的耐热性。这可能包括调整制备工艺参数、改变材料配比或采用新的制备工艺，以提高衬底的力学性能和耐热性。

（三）织构技术的研究方法

第一，确定织构的实验和计算技术。研究人员使用多种方法来确定材料的织构信息，包括腐蚀坑法、磁转矩法、电子衍射法、中子衍射法、偏光法和 X 射线衍射法等。这些技术能够提供丰富的织构数据，帮助研究人员理解材料的内部结构。

第二，研究织构与成分、组织结构以及工艺参数之间的关系。研究人员致力于探索不同织构对材料性能的影响，比如力学性能、电磁学性能、深冲性能和腐蚀性能等。同时，他们还研究织构与材料的成分、组织结构和工艺参数之间的相互关系，以寻找最佳的材料组合和工艺条件。

第三，研究形变织构、再结晶织构、相变织构和薄膜织构等特殊织构。这些特殊织构对材料性能和性质有着重要影响，因此，研究人员致力于深入探索它们的机制和影响。通过理解特殊织构的形成和演变过程，可以为材料设计和制备提供重要的指导。

第四，研究人员还在探索如何将织构理论应用于工业领域，并进行计算机模拟来预测和优化材料的织构。他们希望利用织构理论和计算模拟方法，为工业应用提供可行的解决方案，并推动材料性能的进一步提升和优化。

第五，一些特定方法用于织构分析，如极图法和 $2\theta-\theta$ 扫描法，这些方法可用于定量描述和分析材料的织构。对于纤维织构和层状结构的陶瓷材料，极图法尤其有利。织构研究还涉及非晶体材料，并且对材料科学与工程以及相关学科的发展具有重要意义，有望带来巨大的经济效益。在未来，织构研究将继续推动材料科学的发展，为各个领域的创新和进步做出贡献。

（四）材料织构研究的价值

近年来，对于材料织构的研究变得越来越活跃。人们逐渐认识到材料的织构对其性能的影响是不可忽视的。例如，在挤压效应和冷轧板材的生产过程中，材料的织构可以导致其各向异性，进而影响其性能差异。因此，通过采用专门的生产技术和工艺，赋予材料特定的组态，可以提高其性能潜力。一个经典的例子是硅钢，通过冷轧和再结晶退火工艺，可以获得特定的织构，以提高其软磁性能。这种织构控制的方法使硅钢在电力传输和电动车辆等领域发挥了重要作用。除了硅钢，定向凝固技术也是一个非常有意义的研究方向。通过控制铸件的定向结晶，可以提高其力学性能和冲击韧性。这一技术对于航空航天领域的高性能合金以及其他重要材料的制备具有重要意义。

织构对于不同领域的其他材料也具有重要影响。例如，对于高压电容器用铝箔、深冲板材和功能陶瓷等材料来说，织构的研究可以显著影响其性能和应用。

织构研究不仅可以深入了解塑性形变和再结晶过程中的晶体取向变化机制，还对工业生产和学科建设具有重要性。因此，织构研究吸引了许多科学家从事相关研究工作，并为工程和材料学科提供了丰富的发展动力。通过深入理解和应用织构，可以为材料的设计和制备提供更多可能性，推动技术不断进步。

三、微波烧结技术

正确选择烧结方法是获得高技术陶瓷材料理想性能和结构的关键。烧结技术一直在不断改进，旨在实现无气孔和高强度的陶瓷材料制备。其中，微波烧结作为一种新兴的烧结技术，在20世纪80年代中期迅速发展起来。“微波烧结作为一种新型烧结技术，在粉末材料成型制造领域日渐受到关注，与传统烧结方法相比，微波烧结具有快速高效、改善材料微观组织、提高材料综合力学性能和节能环保等优点。”①

微波是一种具有波长在1mm ~ 1m的电磁波，其频率为0.3 ~ 300GHz。它已广泛应用于家用微波炉中，能够有效加热有机物质。

① 谢蒙优，石建军，陈国平，等．微波烧结技术的研究进展及展望［J］．粉末冶金工业，2019，29（3）：66.

（一）微波与材料的关系

根据材料对微波的反射和吸收情况的不同，可将其分成四种情况，即绝缘体、良导体、磁性化合物和微波介质四种材料。

1. 绝缘体

绝缘体对微波呈现透明状态，微波可以穿透绝缘体。在正常情况下，绝缘体对微波的吸收非常小，可以忽略不计。这种特性类似于光线与玻璃的相互作用，就像玻璃会使光的一部分反射，但大部分光线会透过一样。绝缘体吸收微波的能力很弱，因此它们通常不会对微波产生明显的影响。一些常见的绝缘体材料包括玻璃、云母、聚四氟乙烯以及某些陶瓷材料。

微波在与绝缘体相互作用时，通常会经历透射、反射和折射等过程，类似于光在玻璃中的传播。这种特性使得绝缘体在微波通信、微波加热以及微波传感等应用中具有重要的地位。

绝缘体的这种特性还使得它们在微波器件的设计中扮演着关键角色。例如，在微波电路中，一些绝缘材料常用于隔离不同部分，防止电磁干扰。此外，绝缘体还可以用于制造微波天线的支架、外壳等部件。

2. 良导体

良导体是指能够高效地导电并对微波产生较强反射的材料，典型的例子包括金属物质，如银、铜等。与绝缘体不同，良导体对微波的反射效应类似于可见光在镜面上的反射，因此良导体被广泛应用于微波屏蔽和传输微波能量中。

（1）反射微波。良导体对微波的反射率非常高，这是由于金属内部的自由电子能够在微波电场的作用下迅速振荡，并产生反向传播的电磁波。这种反射效应使得金属在微波领域有着重要的应用，例如在微波通信中，金属反射板可以用来引导和聚焦微波信号，以实现远距离通信。

（2）微波屏蔽。由于良导体对微波的反射特性，金属材料也广泛应用于微波屏蔽。在电子设备、通信设施和电磁兼容性（EMC）测试中，金属外壳或屏蔽罩可以用来防止微波信号的干扰和泄漏，保护设备免受外部电磁辐射的影响。

（3）微波传输。良导体也可以用于传输微波的能量。例如，微波波导管常常由黄铜或铝制成，这些金属具有良好的导电性能和高反射率，使得微波能够在波导管内通过长距离地传输。

需要注意的是，虽然良导体对微波的反射效应有着显著的应用，但它们同时也会引起能量的吸收。当微波与金属表面发生反射时，也会有一部分微波能量被吸收并转化为热能。这在一些应用中可能是不希望的，因为它可能导致材料的加热和能量损耗。因此，在一些需要控制能量吸收的情况下，可能会采取表面涂层或其他技术来减少反射和吸收。

综上所述，良导体对微波的高反射率和导电特性使其成为微波技术中不可或缺的材料。通过合理应用和设计，可以充分利用良导体的特性，实现微波通信、屏蔽和传输等各种应用。

3. 磁性化合物

微波加热是一种将介质材料暴露在交变电磁场中，从而导致穿透和吸收效应的方法。材料的可极化因子是影响微波加热效果的重要因素，它包括电子极化、原子极化、分子极化以及晶格极化等。

在微波加热中，常用的频率是 915 ~ 2450MHz，并且输出功率通常在 500 ~ 5000 瓦特。材料的介电常数和介电损耗对其吸收微波的能力有着重要影响。介电常数越高，材料对微波的吸收能力也越强。而介电损耗越大，材料在微波中的吸收效果越显著。

当材料的介电损耗较大时，它更容易被微波加热。因此，在微波加热过程中，材料的选择至关重要。另外，随着温度的升高，一些材料的介电损耗也会增加，这使得它们能够更好地吸收微波并加热。这种升温效果使微波加热在许多应用领域中变得极为有用。

4. 微波介质

微波介质是一类介于金属和绝缘体之间的材料。与良导体不同，微波介质对微波的反射效应较弱，但与绝缘体不同，它能够吸收微波能量并被加热。微波介质的这种特性使其在许多应用中具有重要的地位，特别是涉及含水和脂肪等物质的加热和升温过程。

（1）吸收微波能量。微波介质的吸波特性使其能够有效地吸收微波能量，而不是完全反射。当微波通过微波介质时，材料中的分子会与微波电场相互作用，导致分子的振动和转动。这些分子的运动转化为热能，从而导致微波介质的温度升高。因此，微波介质对微波的吸收能力是其在加热和烹饪等应用中的基础。

（2）加热效应。由于微波介质吸收微波能量并转化为热能，因此在含水和脂肪等物质中的应用效果明显。在微波烹饪中，食物中的水分和脂肪会吸收微波能量并加热，使食物迅速加热熟化。这种快速加热的特性使微波炉已成为现代家庭厨房中不可或缺的设备之一。

（3）医疗应用。微波介质的吸波特性也在医疗领域得到应用。例如，微波治疗可用于治疗肿瘤和癌细胞，因为肿瘤组织通常具有较高的含水量，能更有效地吸收微波能量并产生热能，从而有助于杀灭癌细胞。

需要注意的是，微波介质的加热效应不仅有利于许多应用，也可能会引起一些问题。在使用微波炉时，要注意避免过度加热食物，以免烫伤或引起其他安全问题。此外，在医疗应用中，对微波能量的控制和精准定位是确保安全和有效治疗的重要因素。

微波介质的特性使其在加热、烹饪和医疗等领域发挥着重要作用。通过合理利用微波介质的吸波特性，可以实现高效能量转换和温度升高，从而满足不同应用的需求。

（二）微波烧结的优势

微波烧结是一种先进的材料加工技术，具有多项显著优点，具体如下。

第一，微波烧结利用材料自身的介电损耗产生热能，无须额外加热元件或绝热材料，从而简化了设备结构，使制造和维修更加方便。这种自主加热的特性使微波烧结能够以高温加热试件，同时保持炉体冷态，有效提高了能源利用率。

第二，微波烧结具有快速加热烧结的优势。相比传统的常规烧结方法，微波烧结可以在短时间内实现高密度烧结，尤其对于一些材料如 Al_2O_3、ErO_2，仅需 15min 即可烧结致密。这种高效的加热速度大大提高了生产效率，缩短了制造周期。

第三，微波烧结的体积性加热使温场分布更加均匀，从而降低了热应力的产生。与常规烧结相比，微波烧结能够更好地适应复杂形状和大尺寸的部件，减少了在烧结过程中可能出现的开裂和形变问题。这种优势为材料加工提供了更稳定和可靠的选择。

第四，微波烧结在节能方面表现出色，其热效率可达 80% 以上。由于利用材料自身的介电损耗产生热能，微波烧结能够最大限度地减少能源的浪费，提高能源利用效率。这不仅符合可持续发展的理念，也能降低生产成本。

第五，微波烧结作为一种体积性加热方法，无须额外热源，避免了烧结过程中可能产生的热源污染。这种优势使得微波烧结特别适用于制备高纯度的陶瓷材料。由于无须引入外部热源，微波烧结避免了可能引入的杂质和污染物，能够实现高纯度材料的制备。这种无热源污染的特性使得微波烧结成为一种环保、高效的陶瓷材料制备方法。

第六，通过微波烧结技术，可以改善材料的微观结构并提升其宏观性能。微波烧结的加热方式能够使陶瓷材料在短时间内达到高温，促进晶粒的均匀生长和晶界的致密化。与传统烧结过程相比，微波烧结能够避免晶粒长大不均匀和晶界不致密的问题，从而获得细小且致密的晶粒结构。这种细晶结构使得材料具备更高的韧性和强度，提高了其抗裂纹扩展和抗冲击性能，因此，在微波烧结条件下制备的陶瓷材料通常表现出更出色的性能。

微波烧结技术是一种应用广泛的制备方法，适用于结构陶瓷、电子陶瓷和超导材料的制备，同时也可以用于金刚石薄膜的沉积和光导纤维棒的气相沉积。通过微波烧结，可以降低烧结温度，缩短烧结时间，并同时提高样品的性能。这是因为微波烧结利用高频电磁波与材料之间的相互作用，实现了快速加热和能量吸收。这种独特的加热方式不仅节省了能源，还提高了生产效率。

与传统的烧结方法相比，微波烧结制备的样品在晶粒尺寸、晶界致密性和晶体取向等方面都显示出明显的差异。微波烧结能够促进晶粒的均匀生长，形成更细小、均匀分布的晶粒结构，从而提高了材料的力学性能和耐磨性。此外，微波烧结也适用于导电金属与陶瓷颗粒的复合材料制备，进一步拓展了材料的应用领域。

微波加热具有加热选择性、整体变热和强化材料内部扩散等特点，因此还可以应用于陶瓷材料的焊接和烧结过程，以加快高温化学反应。微波烧结技术包括适用于多种材料的制备、降低温度和缩短时间、提高性能、促进晶粒生长、适用于复合材料制备以及加快高温化学反应等。通过掌握这些关键点，可以更好地理解和应用微波烧结技术。

（三）材料研究中微波烧结的应用

1. 陶瓷材料的低温快速烧结与微波合成

除陶瓷烧结和陶瓷焊接外，利用微波合成陶瓷材料粉料的研究也日益增多。在材料合成过程中使用微波加热可以产生多种优势，使得微波合成成为一个具有潜力的领域。

（1）改变反应动力学。微波加热可以加快化学反应速率，使反应远离平衡态。这意味着微波合成可以实现许多在常规高温条件下难以获得的反应产物。微波能量的直接作用可以激发材料粉料中的分子振动和转动，从而促进反应的进行。

（2）有利于反应进行得更完全。传统的高温加热方法可能会导致局部温度梯度，导致反应不均匀或未完全进行。而微波加热则可以在材料中产生均匀的加热，从而确保反应在整个体系中得到充分的发展。

（3）快速合成。微波加热具有快速加热和升温速率的特点，这使得合成过程可以更加高效和快速。相比传统的合成方法，微波合成可以大大缩短合成时间，从而提高材料的生产效率。

在微波合成陶瓷材料粉料方面的研究不断发展，因为它提供了一种新颖且高效的方法来制备具有特殊性能和结构的陶瓷材料。通过合理设计和优化微波加热条件，可以实现更多种类、更复杂的陶瓷材料的合成，从而推动陶瓷材料领域的创新和发展。

2. 利用微波加热处理进行复合材料微观结构设计

针对微波加热的特点，可以设计和制造特殊的复合材料，以便在微波热处理中获得更好的效果。在组分上，各种材料，如良导体、介质和绝缘体可以进行复合。将不同的材料组合在一起，以实现特定的加热效果。

从结构上看，通过微波技术，可以制造从零维到三维的复合材料。这种方法可以通过控制微波的频率和能量分布，以及材料的形态和排列方式，实现特定结构的制备。

根据材料的不同吸收特性，可以组合不同“起动温度”的吸收相，实现在不同温度范围内的加热。这使得微波热处理在控制加热过程中更加灵活，满足不同材料的需求。

可以利用刚性相与柔性相的复合，以及大晶粒与小晶粒的结合，或者晶粒与玻璃相的组合等方式，制备具有可控微观结构的新型陶瓷材料。这种方法可以通过控制复合材料中各组分的比例和排列方式，实现材料性能的调节和优化。还可以将树脂与陶瓷进行复合，进一步拓宽材料的应用范围。树脂的灵活性和陶瓷的硬度可以相互补充，从而获得具有更好性能和更广泛应用的复合材料。

（四）微波烧结工程陶瓷的应用前景

微波烧结工程陶瓷是一种有助于提高烧结速率和改善性能的创新技术，而且还具有巨大的节能潜力。然而，微波烧结陶瓷在实际应用中面临着一些技术问题。其中之一是如何测量和调控材料的介电特性，这是保证微波加热效果的关键。另外，设计高均匀度、高电场强度和大容积的微波烧结系统也是一个挑战。

微波加热作为一种新型的加热方法，具有快速升温和降温的能力，并且能够高效地转换能量，从而实现节能和非接触加热。这种加热方式既具有热效应，又具有场效应，这使得它在高温扩散、相变和微观结构设计方面具有特殊的优势。通过精确设计材料的微观结构，利用微波电磁场的特性，可以为新型材料的研究带来全新的可能性。

在利用微波加热进行材料研究时，必须注意微波泄漏防护的问题。只要在微波泄漏防护的前提下进行研究，就可以充分利用微波电磁场的特性，精确地设计材料的微观结构。这将为材料科学和工程领域带来巨大的创新机遇，推动新型材料的研究和发展。

第二节　纳米材料制备技术

一、量子点结构材料生长技术

（一）量子结构材料的界定及特征

半导体低维结构正成为研究热点，因受到量子限制效应的影响，它展现出许多独特的光电特性。其中一种特殊结构是量子点，它由有限数目的原子组成的三维团簇，具有类似原子的分立能级结构。这种团簇的物理性质主要包括库仑电荷效应和分立能级结构。与量子线相比，量子点更容易实现粒子反转，因此更适用于制作激光器。

制作激光器时，使用量子点材料能够带来许多优势：①量子点材料可以降低阈值电流密度，这意味着在激活激光器时所需的电流更低，从而减少了功耗。②量子点材料的直接调制速度更高，这使得激光器的调制过程更加快速和高效。③与其他材料相比，量子点材料对阈值电流的温度敏感性较低，这意味着激光器的性能在不同温度下能够保持相对稳定。

除了制作激光器，量子点材料还可以应用于制作单电子晶体管和光存储器等其他领域。量子点材料在光电子学领域具有广阔的应用前景，其独特的光电特性为光学和电子器件的发展提供了新的可能性。研究人员将继续探索和开发量子点材料的潜力，以推动光电子学的进一步发展，并为现代科技的不断创新提供支持。

（二）量子结构材料生长技术

自上而下的方法和自下而上的方法是制备量子点和量子线的两种常用方法。自上而下的方法通过结合微结构材料生长和微细加工技术，可以精确地控制量子点和线的尺寸、形状和密度。然而，这种方法存在一些问题，例如界面损伤和杂质污染，这些问题导致器件的性能与理论预测值之间的较大差异。

相反，自下而上的方法采用了一种称为应变自组装的新技术，它在晶格失配较大但界面能不大的异质结材料体系中使用。这种方法通过层状生长和三维岛状生长形成量子点，从而可以重复生长获得量子点超晶格结构。在自下而上的方法中，量子点的形成可以通过反射高能电子衍射仪直接控制。然而，由于成核过程难以控制，量子点的形状、尺寸、分布均匀性和密度往往难以精确控制。

薄膜层的生长可以采用不同的模式，例如 Frank-vanderMerve 模式和 S-K 模式。

第一，Frank-vanderMerve 模式适用于气相外延和分子束外延等薄层与超薄层的生长。

第二，S-K 模式则适用于晶格失配度较大的薄膜材料，在厚度超过临界值后呈现非均匀的三维生长。

第三，Volmer-Weber 模式是一种三维岛状生长模式，容易导致结构缺陷和表面粗糙度。而 S-K 模式的生长涉及复杂的热力学过程，受应变能、表面自由能以及生长工艺条件等因素的影响。

薄膜层的二维平面生长受到应变能的变化限制。在 S-K 模式的薄层生长中，浸润层的形成是关键步骤，只有完成浸润层生长后才能进行三维岛状生长。岛状生长结构有利于三维岛状材料的生长，但表面仍然存在台阶和缺陷。

量子点的自组织生长是应变能和表面能的动态平衡过程。在量子点结构的生长中，复杂的热力学过程受到应变能、表面自由能以及生长工艺条件的综合影响，导致量子点的形成和演化。这一过程是动态平衡的，量子点的大小和分布取决于这些影响因素之间的相互作用。

二、碳纳米管及阵列的制备技术

（一）碳纳米管的合成技术

碳纳米管是所谓的“分子纤维”，其结构是由单层或两层以上、极细小的圆筒状石墨片而形成的中空碳笼管。碳纳米管可定义为将石墨六角网平面（石墨烯片）卷成无缝筒状时形成无缺陷的单层管状物质或将其包裹在内，层层套叠而成的多层管状物质。单壁碳纳米管（SWNT）比较细，其直径大多在数纳米，但多数集中分布在 0.8 ~ 2nm 附近；多壁碳纳米管（MWNT）由几层到几十层的同心管套叠而成，直径多在 4nm 以上，有的相当粗，甚至达数十纳米。碳纳米管的长度可达几微米，长的甚至达数毫米，其长径比一般都在 1000 以上，被认为是典型的一维物质。“碳纳米管由于其表面的化学惰性，通常状态下有着良好的热和化学稳定性，但是由于制备复合材料的需要，希望获得一定的活性表面来增强其与导电高分子链更强的相互作用。”①

碳纳米管的合成分为单壁碳纳米管的合成和多壁碳纳米管的合成，其方法主要有电弧法、激光蒸发法、有机物气相催化热解法。单壁碳纳米管的产量只有克量级，而且要控制得到所需结构的单壁碳纳米管仍比较困难。多壁碳纳米管的制备技术则较为成熟，产量可达每小时公斤级，并可对产物直径和定向性等进行控制。

1. 单壁碳纳米管的合成技术

单壁碳纳米管具有独特的性能，在一维纳米材料中展现出了非凡的潜力。制备单壁碳纳米管的方法有几种，其中包括石墨电弧法、化学气相沉积法和激光蒸发法。单壁碳纳米管的制备要求更加苛刻，因为生长条件对单壁碳纳米管的影响比多壁碳纳米管更为重要。

（1）氦气保护石墨电弧法。制备单壁碳纳米管的电弧法和制备多壁碳

① 付海，李航，尹晓刚，等．碳纳米管 / 导电高分子功能复合材料的合成与应用［J］．功能材料，2019，50（8）：8076.

纳米管的方法非常相似，但是制备单壁碳纳米管需要借助催化剂。为了制备大量高纯度的单壁碳纳米管，可以使用氦气保护的石墨电弧法。制备单壁碳纳米管的设备和传统的石墨电弧法设备基本一样，包括阳极和阴极的石墨棒。首先，在阳极的一端钻孔，并填充金属混合物和石墨粉末，或者使用含有金属镍和钇的复合电极。

在确保真空状态后，将氦气注入系统，并通过调整电极之间的距离来产生电弧放电。电流通常被控制在100A，两极间的电压为30V。经过几分钟的放电后，制备过程完成。在完成放电后，需要充分进行水冷，并收集不同的产物。这些产物包括类似橡胶的炭灰生成物、悬挂在壁和阴极之间的网状物，以及堆积在阴极端部的圆柱状沉积物。

（2）氢气保护石墨电弧法。氢气保护石墨电弧法是一种高效制备单壁碳纳米管的方法，相比传统电弧法，它具有更高的产量和质量。在这种方法中，阳极的尺寸更大，而阴极则更小，它们的排列呈斜角（30° ~ 50° ），而非垂直排列。阳极由均匀包裹石墨粉和催化剂的材料构成，而阴极则是一根石墨棒。

使用氢气代替氦气作为介质气体，不仅可以降低成本，还能提高单壁碳纳米管的质量和产量。氢气具有刻蚀无定形碳等杂质的能力，它还可以促进催化剂的蒸发。因此，氢气保护石墨电弧法具有许多的特点：①阳极采用大直径圆盘状结构，以提供充足的反应原料。②斜角排列的阳极和阴极形成等离子流，避免单壁碳纳米管产物的烧结现象。③阴极和阳极的位置是可以调整的，这使得部分原料反应后可以继续合成单壁碳纳米管。

（3）激光蒸发法。激光蒸发法是一种用于制备单壁碳纳米管的先进方法。在这个过程中，研究人员使用一根带有金属催化剂的石墨靶，将其放置在一根长形石英管内，并将整个装置放入加热炉中。当炉温升至1473K时，他们会向石墨靶所在的石英管内充入一种惰性气体。接下来，他们使用激光聚焦技术将激光聚焦于石墨靶的表面上，从而使石墨靶产生气态碳。

气态碳分子和悬浮在其中的金属催化剂粒子会被气流从高温区带向低温区。在这个过程中，通过催化剂的作用，气态碳分子会逐渐生长成为单壁碳纳米管。这种方法的优势在于能够在较高的温度下实现纳米管的生长，并且能够控制纳米管的直径和长度。

为了进一步提高产量，研究人员进行了一些改进。一种改进方法是使用纯过渡金属或者过渡金属合金和纯石墨两个靶，同时使用激光照射。这样做的目的是消除石墨挥发所导致的金属富集问题，从而提高产量。通过使用纯过渡金属或者过渡金属合金靶，研究人员可以避免金属富集现象的发生，因为纯金属靶或者合金靶不会产生石墨挥发。同时，使用纯石墨靶可以保持稳定的碳源供应，从而进一步提高产量。这些改进方法的应用使得激光蒸发法在单壁碳纳米管制备领域更加具有潜力。科学家和工程师们正在不断努力，推动这一方法的发展，以满足碳纳米管在材料科学、纳米技术和电子器件等领域中广泛应用的需求。

（4）化学气相沉积法。化学气相沉积法是一种用于制备气相生长碳纤维的方法。它主要包括基种法和浮动法两种形式。

第一，基种法中，催化剂颗粒事先被分散在基体上，然后在基体上进行碳纤维的生长。在这种方法中，一个石英管或陶瓷管被用作反应室，通过在一定的温度范围内将碳氢化合物和载气送入反应室，从而使碳纤维在催化剂颗粒上生长。催化剂的活化处理、混合气体的流量、碳氢化合物的分压、反应温度以及催化剂颗粒的状态等因素对碳纤维的生长具有重要影响。常用的催化剂包括过渡金属元素，如铁、钴、镍及其化合物。这些催化剂能够提供有利于气相生长碳纤维的基本动力学条件。

第二，浮动法则是利用铁的有机金属化合物作为催化剂原料，通过在一定温度范围内使有机金属化合物分解，释放出铁原子形成催化剂颗粒，从而实现碳纤维的生长。浮动法通过立式反应室实现了连续进料和气相生长碳纤维产物的连续引出，从而实现了气相生长碳纤维的连续制备。

2. 多壁碳纳米管的制备技术

多壁碳纳米管相对于单壁碳纳米管而言，在合成过程中受到的影响因素较少，容易进行控制。目前，制备多壁碳纳米管的主要技术包括电弧法、催化裂解法（也称为化学气相沉积法）和激光蒸发法。其中，电弧法和催化裂解法的制备技术较为成熟可靠。

电弧法是一种在高温（3000 ~ 4000℃）条件下，通过固体碳源蒸发和结构重排来制备多壁碳纳米管的方法。虽然电弧法的制备装置相对复杂，但工艺参数相对容易控制。催化裂解法则利用易分解的有机物作为碳源，在过渡金属元素催化剂的作用下，在 500 ~ 1200℃的温度范围内使碳源分解形成碳原子。相对而言，催化裂解法被认为是最有潜力实现大规模高质量多壁碳纳米管制备的方法。

（1）石墨电弧法。石墨电弧法是碳纳米管制备的早期方法之一。在这种方法中，石墨棒被用作阴极和阳极，放置在真空反应室中。为了制备含碳纳米管的产物，惰性气体或氢气会被注入反应室中。

通过改进，电弧法能够连续制备多壁碳纳米管。这项改进的关键是在反应室中插入石墨阳极，并将其与含有液氮的装置接触。在反应过程中，碳纳米管会沉积在装置底部形成的漏斗状反应室中。该装置使用液氮作为保护气氛和缓冲气源。液氮不仅提供产生电弧所需的温度，还能通过传感器和液氮进料管自动调节液氮的含量。

与其他碳纳米管制备方法相比，石墨电弧法不需要复杂的真空密封。这使得产物更容易保存和运输。此外，通过这种方法制备的产品质量较好，富含碳纳米管。这些碳纳米管通常由 4 ~ 8 层构成，层与层之间平行排列，并且表面非常纯净。

（2）催化裂解法（化学气相沉积法）。催化裂解法是一种用于制备碳纳米管的有效方法。它具有多个优点，如低成本、高产量以及易于控制实验条件。通过调节催化剂的模式，可以实现定向阵列的碳纳米管生长。然而，在制备过程中存在一些挑战，主要表现为结晶缺陷。这些缺陷导致碳纳米管倾向于发生弯曲和变形，并且其石墨化程度较低。为改善石墨化程度，后续处理措施是必要的，其中包括高温退火等方法。

催化裂解法包括基种法、喷淋法和浮动催化法等不同的方法。常用的催化剂有过渡金属元素铁、钴、镍以及它们的组合。此外，还可以添加其他元素和化合物来调控碳纳米管的特性。通过选择不同的催化剂和优化工艺条件，可以获得纯度高且尺寸分布均匀的多壁碳纳米管。

第一，基种法。基种法是一种用于制备高纯度碳纳米管的方法。它通过在石墨或陶瓷基体上附着催化剂颗粒作为种子，利用高温条件下的热分解反应来生成碳纳米管。然而，基种法也面临着一些挑战。首先，制备超细的催化剂颗粒很困难，其在基体上的均匀分布也十分复杂，这导致了产量的限制。为了能够大规模地制备碳纳米管，需要解决催化剂连续供给和碳纳米管即时导出的问题。

为了解决这些问题，科学家们提出了一种封闭的移动床催化裂解反应器的方法。纳米级催化剂经过还原处理后，会被均匀地泼洒在移动床上。移动床以一定的速度进行移动，从而在催化剂的表面上进行碳气体的裂解反应，生成碳纳米管。在催化剂停留在移动床上的设定时间达到后，催化剂与碳纳米管会一起脱落并被收集起来，而尾气则会通过排气口排出。这个方法的优势在于它能够连续地制造出设计尺寸的碳纳米管，而且还能够降低生产成本，为将碳纳米管广泛应用于工业领域提供了可行性。

在碳纳米管制备中，最重要的工艺参数是裂解温度。裂解温度通过影响碳纳米管的有效生长时间来影响产量、平均生长速率和原料气中碳的转化率。过长的裂解时间将导致原料气的浪费，而在有效的生长时间内，较大的原料气流量将提高碳纳米管的产量和催化剂的利用率，但可能稍微降低碳的转化率。因此，在优化制备工艺时，首先要确定适宜的碳纳米管合成温度以及对应的碳纳米管有效生长时间。

第二，喷淋法。喷淋法作为一种制备碳纳米管的方法，是将催化剂溶解在液体碳源中，并将其喷洒到反应炉内。这种方法的优势在于能够大量制备碳纳米管，但也存在一些问题需要解决，比如催化剂分布不均匀以及产生大量炭黑等。

为了克服这些问题，当前的研究重点放在了改进喷淋法上，以提高产量和纯度。研究人员们正在努力优化催化剂与碳源的比例，通过调整它们之间的配比关系来改善制备过程。此外，他们还在探索改进喷洒过程的方法，以保证催化剂能够均匀地分布在反应炉中。通过精确控制温度，有助于提高纯度和产量。

第三，浮动催化法。在这种方法中，先将催化剂前驱体直接加热，使其以气体形式与烃类气体一起引入反应室。在不同温区，催化剂和烃类气体分解，催化剂原子逐渐聚集成纳米级颗粒，并漂浮在反应空间中，因此称为浮动催化法或浮动法。

通常，在该方法中以苯为碳源，同时添加含硫有机化合物噻吩作为生长促进剂。反应溶液随着载气（通常是氢气）以蒸气形式一同引入反应室中。在反应室入口处，温度相对较低且气体导热性较差，因此催化剂（通常是二茂铁）逐渐被加热分解。二茂铁在 473K 的温度下开始蒸发，在高于 673K 时开始分解。随着氢气和烃类气体同时进入高温反应区，催化剂被分解成单质铁，然后单质铁相互碰撞并逐渐聚集成超细铁颗粒，在适宜的条件下，多壁碳纳米管开始生长。

浮动催化法是一种有希望实现大量制备高质量多壁碳纳米管的方法。通过精确控制催化剂前驱体的加热和分解过程，以及反应室中的温度和气氛，可以实现对碳纳米管生长过程的精确控制。这种方法的优势在于可以实现多壁碳纳米管的连续生长，并且可以调节反应条件以获得所需的碳纳米管特性。然而，该方法仍然需要进一步优化，以提高碳纳米管的产量和纯度，同时减少产生其他副产物的数量。通过持续的研究和改进，浮动催化法有望成为一种更加高效和可行的碳纳米管制备方法。

（3）激光蒸发法。激光蒸发法是一种用于制备多壁碳纳米管的方法，它是通过激光蒸发过渡金属与石墨的复合材料来实现的。多壁碳纳米管的生长需要特定的外部条件，如强电场、催化剂金属颗粒、氢原子或低温表面。

激光蒸发法被广泛应用于多壁碳纳米管的制备，但为了获得高质量的产物，需要精确控制激光和反应条件。实验室中已经成功地利用这一方法制备了多壁碳纳米管，然而，为了提高生产效率并对多壁碳纳米管的结构和尺寸进行控制，还需要进一步地研究和改进。

在未来的研究中，科学家们将继续探索优化激光蒸发法的参数，以实现更高的产量和更好的产品质量。同时，他们还将致力于发展新的催化剂和蒸发材料，以提高多壁碳纳米管的生长效率和控制能力。

多壁碳纳米管具有广泛的应用前景，如电子器件、储能材料和生物传感器等领域。因此，对激光蒸发法的进一步研究和改进将有助于推动碳纳米管技术的发展，并在各个领域中产生重要的影响。

（4）其他制备方法。

第一，热解聚合物法。碳纳米管的制备方法之一是热解聚合物法。该方法利用高温处理某些聚合物或有机金属化合物，产生碳悬键并形成碳纳米管的过程。热处理温度在这个过程中是一个关键因素，因为聚合物的分解会生成碳原料，并导致碳的重组形成碳纳米管。

在热解聚合物法中，常选择一些含碳量较高的聚合物或有机金属化合物作为原料。这些原料在高温下进行热解时，会分解为碳化合物，并产生碳纳米管的碳源。研究表明，热解温度对于控制碳纳米管的结构和性质至关重要，不同温度条件下形成的碳纳米管可能具有不同的直径和壁厚。

特别是当使用二茂基金属化合物（如二茂铁、二茂镍、二茂钴）进行热解时，这些金属化合物不仅提供碳源，还充当催化剂颗粒。催化剂颗粒在碳纳米管的生长过程中起着关键作用。其生长机制与催化裂解法类似，即通过催化剂的作用，碳原料在催化剂表面发生化学反应，促使碳纳米管的生长。

热解聚合物法是一种简单高效地制备碳纳米管的方法，具有成本较低且易于控制的优势。通过调整不同的原料和热解条件，可以实现对碳纳米管结构和性质的调控，以满足不同应用领域的需求。这种方法在碳纳米管的大规模制备和工业化生产中具有潜力，为碳纳米管技术的应用开辟了更多可能性。

第二，扩散火焰法。该方法利用金属茂（如二茂铁、二茂镍等）生成金属纳米催化剂颗粒，以降低碳纳米管形成时的表面束缚能。在这个过程中，金属纳米催化剂颗粒不仅充当气相反应剂，还作为固体碳沉积的有效界面，促进碳纳米管的形成。

在扩散火焰法中，金属茂被加热，产生金属纳米颗粒。这些金属纳米颗粒在火焰中扩散，并与碳源气体相互作用。金属纳米颗粒降低碳纳米管形成时的表面束缚能，有助于碳原料的扩散和碳纳米管的生长。同时，火焰中的惰性气体稀释也是成功合成的关键。惰性气体的加入可以调节火焰的性质和温度，有利于形成多壁碳纳米管。

通过扩散火焰法合成的多壁碳纳米管直径通常在 20 ~ 30nm，最外层由无定型碳覆盖。此外，碳管的长度也相对较短。不同的火焰和原料气体对碳纳米管的产率和性质产生明显影响。例如，用氮气稀释甲烷合成气体时，无法检测到产物中的碳纳米管。然而，使用乙炔作为原料气体时，碳纳米管的产量是使用乙烯时的 10 倍。

扩散火焰法是一种可控性较高的合成碳纳米管的方法。通过调整不同的合成条件，可以实现对碳纳米管结构和性质的调控。这使得该方法在碳纳米管的制备和应用方面具有重要的意义，为碳纳米管技术的发展和应用提供了更多可能性。

第三，离子（电子束）辐射法。离子（电子束）辐射法是一种合成碳纳米管的方法，其通过电子束或离子束的辐射作用，在硅基体上的石墨表面蒸发合成直径为 1 ~ 20nm 的排列整齐的碳纳米管。在高真空条件下，氩离子束对非晶碳进行辐照，从而制备了厚 10 ~ 15 层的碳纳米管。

离子（电子束）辐射法合成的碳纳米管具有多个优势。首先，该方法可以实现对碳纳米管尺寸和排列方向的精确控制，使得碳纳米管的结构更加均匀和有序。其次，在合成过程中无须额外添加催化剂，因为辐射本身会促进碳原料的重新排列。此外，使用离子束或电子束时，可以实时监测和调节合成过程，提高制备过程的可控性。

然而，离子（电子束）辐射法也面临一些挑战和限制。其中一个挑战是必须维持高真空环境，增加了设备和操作的复杂性。另外，辐射过程可能会引起一定程度的样品损伤，因此需要优化辐射参数，以平衡碳纳米管的合成效率和样品质量。

尽管存在一些挑战，离子（电子束）辐射法作为一种有潜力的碳纳米管合成方法，在通过精确控制辐射条件的基础上，能够实现高质量、有序排列的碳纳米管制备。这种方法为碳纳米管在纳米器件和纳米技术应用方面的发展提供了新的途径。

第四，电解法。电解法是使用石墨阴极浸泡在融化的无机盐溶液中，通过电流的作用进行氧化还原反应，从而生成碳纳米管。电解系统的阴极采用石墨烯，而阳极则是高纯碳棒。氯化锂被装入舟内，在空气或氩气气氛下加热到熔点（604℃）。接着，阴极浸入熔化的溶液中，并施加 1 ~ 30A 的电流，至少保持 1 分钟。在此过程中，阴极表面开始被腐蚀，形成小的腐蚀坑。产品中含有碳纳米管、洋葱状结构和包裹的碳粒。碳纳米管具有两种形貌：螺旋形和卷曲形，直径在 2 ~ 20nm，由 5 ~ 20 层同轴组成。

第五，球磨法。球磨法是利用石墨粉经过球磨和退火处理制备碳纳米管，这是一种较为简单且具有工业化前景的方法。首先，在氩气气氛下对高纯石墨粉进行 150 小时的球磨；其次在氮气或氩气气氛下进行 1200℃的热处理，持续 6 小时，从中获得大量多壁碳纳米管。在球磨过程中，石墨粉中会出现铁，这些铁来源于球磨过程中使用的不锈钢小球。随着球磨时间的增加，石墨粉末中的铁含量也增加。因此，认为在球磨过程中由不锈钢球脱落的微量铁颗粒是热处理条件下多壁碳纳米管生长的催化剂。

另外，还有一种使用“模板碳化”技术的方法，它利用具有分布均匀且平整纳米级沟槽的氧化铝膜作为模板。在 800℃下热解丙烯，使热解碳沉积在沟槽壁上，然后使用氢氟酸除去氧化铝，从而得到两端开口的碳纳米管。

（二）碳纳米管阵列的制备技术

1. 多壁碳纳米管阵列的制备技术

多壁碳纳米管是一种在场发射和催化剂模板领域广泛应用的材料。研究人员通过一种简便的方法，成功地获得了定向排列的碳纳米管。他们将多壁碳纳米管分散在乙醇中，然后通过过滤器将其压印到聚酯薄膜上。这种方法可以使碳纳米管呈现出有序的排列，为后续研究提供了有力支持。

另一种制备定向碳纳米管的方法是使用溶胶 - 凝胶法将纳米铁颗粒嵌入二氧化硅基体中作为催化剂。在 700℃下，催化剂能够促使乙炔分解，从而制备出垂直生长的碳纳米管阵列。这种方法在制备定向碳纳米管方面具有较

高的效率和可行性。

采用等离子体增强热丝化学气相沉积法也能够在低温下制备定向多壁碳纳米管。研究人员通过将含有催化剂的玻璃基体置于反应炉中，然后通入烃类，成功地得到了垂直于基体表面的碳纳米管阵列。这种方法使得定向碳纳米管的制备更加简单和高效。

以上方法制备的定向碳纳米管直径较大。为了制备直径更小的碳纳米管，研究人员采用了电化学刻蚀技术。通过对硅基片进行刻蚀，制备孔径为3nm的陶瓷基片。然后，在基片表面覆盖铁催化剂，并经过氧化形成氧化物膜。最后，在700℃的条件下，利用甲烷热解的方法成功制备直径更小的碳纳米管。

通过模板法也可以制备大面积、高密度和离散分布的定向碳纳米管阵列。研究人员首先制备了含有 Fe-SiO_2 纳米催化剂的 SiO_2 基底，这是通过将正硅酸乙酯与硝酸铁溶液反应得到的。然后，在600℃的条件下，利用乙炔作为碳源进行催化热解，成功制备具有高密度和离散分布的定向碳纳米管阵列。这种方法为制备大规模定向碳纳米管提供了一种可行途径。

2. 单壁碳纳米管阵列的制备技术

与多壁碳纳米管相比，单壁碳纳米管的生长条件更为苛刻，其定向生长也更为困难。由于单壁碳纳米管的生长过程在气相中完成，而且与催化剂颗粒尺寸无关，因此基种法不适用于制备定向单壁碳纳米管。人们试图用后期处理的方法来实现单壁碳纳米管的定向化，例如，使用电泳工艺可以将单壁碳纳米管按一定取向组成一根纤维，在较高的磁场作用下，干燥单壁碳纳米管的悬浮液，可以得到定向性良好的薄膜。

将单壁碳纳米管束放在极性溶液中，经超声振荡，得到长 5 ~ 10μm、直径 0.4 ~ 1.0μm、具有一定取向性的“超级管束”，这些管束在局部具有一定的取向性；若将单壁碳纳米管在表面活性剂溶液中分散，然后将其沉淀在高聚物的溶液中形成碳纳米管网，再将这些网拉成纤维状时，碳纳米管择优取向，沿纤维轴向排列。

三、纳米粉、线、块和阵列的制备技术

（一）低维纳米材料的制备技术

1. 固相法

固相法是一种制造粉体的方法，其特点是没有像气相法和液相法那样伴随着气相—固相和液相—固相的状态（相）变化。在气相或液相中，分子（原子）具有高度的动力性，导致集合状态趋向均匀，并对外界条件非常敏感。相比之下，固相中分子（原子）的扩散速度较慢，集合状态多样性较高。固相法的原料本身是固体，与液体和气体相比有很大的差异。固相法得到的粉体可能与最初的固相原料相同，也可能不同。

微粉处理是对通过气相法和液相法制备的微粉进行进一步加工的过程。通常，这些微粉需要经过一系列步骤来转变其性质，以便更容易进行烧结。

构筑过程涉及一系列方法，包括热分解法、固相反应法、火花放电法、球磨法和模板法。在热分解法中，通过加热微粉材料，使其发生分解反应从而得到所需产品。固相反应法是利用高温下材料之间的反应产生所需化合物。而火花放电法则是通过电弧放电使材料在空气中发生氧化反应，从而形成相应化合物。

（1）热分解法。热分解法是一种广泛应用于固态、气态和液态材料的方法，其特点是通过高温处理原料，从中获得所需的反应产物。然而，这种方法在生成两种固态产物时可能会导致反应不均匀的问题。因此，在使用热分解法时，需要对原料进行精细的处理，以确保反应的均匀性。

有机酸盐是一种适用于热分解反应的原料。它具有易于提纯的特点，并且其分解温度相对较低。这使得有机酸盐成为制备纳米棒材料的理想选择。通过热分解反应，可以有效地将有机酸盐转化为纳米尺寸的棒状结构。

（2）固相反应法。固相反应法是另一种常用的制备材料的方法。这种方法在获得单一金属氧化物方面表现出色，但对于制备其他化合物，需要混合不同的原料，并通过高温反应来实现。在使用固相反应法时，重要的是确保原料的莫尔比量以及混合的均匀性。只有这样，才能获得所需的化合物。

原料的烧结和颗粒生长可能会降低反应性能。这是因为较大的颗粒粒径会降低反应表面积，从而降低反应速率。为了克服这个问题，可以采取措施来降低颗粒粒径，并确保原料的充分混合。这可以通过机械球磨和溶胶－凝

胶法等方法来实现。

与颗粒粒径和烧结问题相伴随的是团聚问题。当颗粒之间存在相互作用力时，它们往往会团聚在一起，降低反应的效率。为了解决这个问题，可以采用适当的溶剂来使颗粒分散开来。这样可以有效地减小颗粒之间的相互作用力，提高反应的均匀性和效率。

（3）火花放电法。火花放电法是一种利用电极和绝缘体之间产生的高能火花放电进行加工的创新方法。该方法通过在极短的时间内释放出巨大的电能，激发出高温和机械能的效应。这种高能放电能够迅速将液体介质（如煤油）中的分子和原子激发达到高能量状态，从而实现加工和制造微粉的目的。这一技术广泛应用在材料科学、化工和制造行业中，具有突出的特点和潜力。

通过火花放电法进行加工和制造微粉，能够实现精确控制和调节颗粒尺寸和形状的优势。因为在放电的瞬间，由于极高能量的释放，液体介质迅速蒸发、分解和离化，形成瞬态的高温、高压和高能量区域。在这一过程中，介质中的分子和原子迅速扩散、燃烧、碰撞和再结合，最终形成微小的粉末颗粒。通过控制放电的参数，如放电电压、电流、频率和时间等，可以精确地控制颗粒粒度和颗粒形状，满足不同产业对材料特性的要求。

（4）球磨法。球磨法是另一种常见的加工方法，主要应用于矿物加工、陶瓷工业和粉末冶金工业。球磨法的主要目的是减小材料的粒子尺寸，实现固态合金化、混合或融合，并改变粒子的形状。

在球磨过程中，将硬钢球或碳化钨球与粉末放置在密封容器中，然后进行碰撞和摩擦。这种碰撞和摩擦作用会导致材料的粒子逐渐减小，但同时也会引入一些杂质。因此，在制备纳米材料时，防止表面和界面的污染变得至关重要。为了解决这个问题，可以通过缩短球磨时间并使用纯净金属粉末来降低污染的程度。这样可以确保所得到的纳米材料具有较高的纯度和质量。

（5）模板法。模板法是一种用于合成纳米结构的先进方法，利用限制性介质中的纳米孔洞或网络结构来进行材料沉积。这种方法可以根据需要选择不同类型的模板材料，主要分为硬模板和软模板两种。

硬模板常用的材料之一是阳极氧化铝，它能制备金属或半导体纳米线阵列。将所需的材料沉积到阳极氧化铝孔洞中，然后通过溶解模板来获得纳米线结构。

而软模板的一种常见形式是液晶，它可以限制材料生长和取向。通过控制液晶的性质和结构，可以制备纳米颗粒、纳米线等纳米结构。此外，表面活性剂也可以形成有序结构，作为软模板来制备纳米材料。

碳纳米管模板转换法是一种特殊的模板法，可以制备碳纳米管包裹的一维纳米材料。通过使用不同的模板材料，如氧化镓纳米线、BN 纳米管、SiC 纳米线等，可以获得不同种类的纳米结构。

除了以上提到的方法，还有其他一些模板法可以用于纳米结构的合成。例如，轨迹蚀刻聚合物膜可以通过轰击材料薄片来产生破坏性轨迹，然后通过化学蚀刻形成孔洞。聚碳酸酯膜模板可以制备 NiCo 纳米线和氧化物纳米线等。此外，表面活性剂在不同浓度下会形成不同的结构，低浓度时可用于制备纳米颗粒，高浓度时可用于制备纳米线。

2. 液相法

（1）共沉淀法。共沉淀法是一种用于处理含有多种阳离子的溶液的方法，其目的是使所有的离子都得以沉淀下来。这种方法可以分为两种形式：单相共沉淀和混合物共沉淀。

在单相共沉淀中，溶液中的金属离子以与其化学计量组成相等的化合物形式沉淀下来。这意味着每种金属离子都会与适当的沉淀剂反应，形成稳定的沉淀。这种方法可以用于去除溶液中的特定金属离子，从而实现分离和纯化的目的。

混合物共沉淀是指沉淀产物为混合物，其沉淀顺序与溶液的 pH 密切相关。当溶液的 pH 发生变化时，不同的金属离子会在不同的 pH 范围内沉淀下来。这种方法可以用于根据需求选择性地沉淀特定的金属离子，从而实现混合物的分离和纯化。

对于由两种以上金属元素组成的化合物，确保其组成的均匀性通常是一个困难的问题。这是因为在制备这种化合物时，不同金属元素的比例很难精确控制。然而，可以利用形成固溶体的方法来提高均匀性。通过向溶液中加入微量的成分，可以帮助实现金属元素的均匀分散。

在利用混合物共沉淀方法时，不同金属离子的沉淀会在不同的 pH 范围内发生。因此，通过调节溶液的 pH，可以选择性地沉淀出所需的金属离子。这种方法对于处理复杂溶液中的多种金属离子非常有用，并能够有效地进行分离和提纯过程。

（2）均相沉淀法。均相沉淀法是一种用于合成材料的方法，通过控制溶液中沉淀剂的缓慢增加，使沉淀处于平衡状态，并确保沉淀能够在整个溶液中均匀地出现。这种方法利用溶液中的化学反应逐渐生成沉淀剂，以克服传统沉淀法由外部向溶液中加入沉淀剂所导致的局部不均匀性问题，从而保证沉淀能够在整个溶液中均匀地沉淀。

在一般的沉淀过程中，往往是不平衡的。当从外部向溶液中加入沉淀剂时，会导致沉淀剂在溶液中局部聚集，出现不均匀的沉淀现象。这种局部不均匀性可能导致产物的质量不稳定，颗粒分布不均匀或不理想。

为了解决这个问题，均相沉淀法采用缓慢增加沉淀剂浓度的方式进行。通过控制反应速率，沉淀剂在溶液中逐渐生成，使得沉淀能够均匀地沉淀在整个溶液中，避免了局部不均匀性。

均相沉淀法在合成材料时具有一定的优势。首先，它可以实现产品的均匀性和稳定性，确保产品质量的一致性。其次，通过调控反应条件，可以控制产物的颗粒大小和形状，以满足不同应用领域的需求。此外，均相沉淀法相对简单，操作相对容易，适用于大规模生产。

然而，均相沉淀法也存在一些限制。例如，需要仔细调节反应速率，以避免过快或过慢的反应导致产物质量下降。此外，溶液中的其他条件，如温度、pH 等，也可能对反应过程产生影响，需要仔细优化。

（3）水解法。水解法是一种用于合成超微粉的方法，通过让化合物在水中发生水解反应并生成沉淀。这种方法常用于制备高纯度的微粉，通常产物为氢氧化物或水合物。原料主要是金属盐和水，因此，通过对金属盐进行高度精制，可以得到高纯度的微粉。

在水解法中，一些化合物可以在水中发生水解反应，产生不溶于水的沉淀，这些沉淀成为超微粉的主要组成部分。常见的化合物包括氯化物、硫酸盐、硝酸盐、铵盐等无机盐。此外，还有一类与无机盐同样引人注目的金属醇盐，也可用作合成超微粉的原料。

水解法具有一些优点。首先，它相对简单，操作容易，不需要复杂的仪器和条件。其次，通过控制反应条件和原料的纯度，可以实现高纯度的超微粉制备。水解反应是一种相对温和的化学反应，不会引起高温或高压条件，因此，对反应产物的结构和形貌也有一定的控制能力。

总体而言，水解法是一种有效的合成超微粉的方法，通过合理控制反应条件和原料的纯度，可以实现高纯度、高质量的微粉制备。它在材料科学、纳米技术等领域具有广泛的应用前景。

（4）无机盐水解法。无机盐水解法是一种常见的合成超微粉的方法，它利用金属的氯化物、硫酸盐、硝酸盐等溶液，在胶体化的手段下合成金属氧化物或水合金属氧化物的超微粉。通过控制水解的条件，可以实现单分散球形微粉的合成，这种方法被广泛应用于新材料的合成领域。

以氧化锆纳米粉的制备为例，该方法是将四氯化锆和锆的含氧氯化物溶解在开水中，然后通过循环加水使其发生水解反应。在水解反应过程中，生成的沉淀是含水氧化锆，其粒径、形状和晶型等特性可以通过控制溶液初期浓度和 pH 等条件来调控。随后，经过焙烧处理，可以得到一次颗粒粒径 20nm 左右的氧化锆微粉。

无机盐水解法具有一些优势。首先，这种方法相对简单，操作容易，不需要昂贵的设备和复杂的工艺。其次，通过调控水解条件，可以实现对产物的形貌和粒径的精确控制，从而获得单分散球形微粉。此外，该方法适用于多种金属和氧化物的合成，具有较强的适用性。

（5）金属醇盐水解法。金属醇盐水解法是一种制备粉料的先进方法。在这种方法中，有机试剂被用作金属醇盐的溶剂，以获得高纯度的氧化物粉体。这种方法的关键特点之一，是可以制备具有相同组成的化学计量的复合金属氧化物微粒。这意味着可以通过调整金属醇盐的配比，获得多种不同组分的复合氧化物微粒。

金属醇盐与水迅速反应，生成氧化物、氢氧化物和水合氧化物沉淀。其中，氧化物可以直接通过干燥的方式得到，而氢氧化物和水合物则需要在煅烧后转变成氧化物粉末。这种方法的反应速度快，可以高效地制备所需的氧化物粉体。

金属醇盐水解法的应用范围主要是固溶物系，但也可用于非固溶物系。这为制造材料提供了一种新技术，并具有吸引力，尤其在开发新型功能陶瓷方面。通过调整金属醇盐的配比和反应条件，可以制备具有特定性能和功能的陶瓷材料，为材料科学领域的发展提供了新的可能性。

（6）喷雾法。喷雾法是一种化学与物理相结合的方法，通过将溶液雾化获得超微粒子。它包括多个基本过程：①溶液的制备，确保溶液的成分和浓度符合要求；②溶液经过喷雾器被雾化成微小的液滴，这些液滴具有较大的表面积，方便在后续的干燥过程中快速蒸发；③干燥阶段，通过控制温度和湿度，使液滴中的溶质迅速干燥，形成超微粒子；④干燥后的超微粒子需要进行收集和后续处理，收集方法可以是离心、过滤或电沉积等；

⑤根据需求，可以对收集到的超微粒子进行热处理，以进一步改变其性质和结构。

（7）溶剂热法。溶剂热法是一种在高温高压的条件下，在溶剂中进行化学反应的方法。其中，水热合成是溶剂热法的一种变体，其原理是将氢氧化物溶解在水中，与溶解度较小的氧化物发生反应，生成所需的氧化物产物。

相比其他方法，水热法具有明显的优势。水热法在反应中直接形成氧化物产物，避免了煅烧转化的步骤。这有助于减少硬团聚等问题的发生，提高了产物的纯度和结晶度。水热法具备精确调控氧化物粉体晶粒粒度的能力。通过合适的操作条件，可以合成具有确定晶粒粒度的氧化物材料。甚至一维纳米材料也可以通过水热法制备。

水热法利用高压釜中的水热条件实现化学反应，促进从原子级到微粒构筑和晶体生长的过程。这使得水热法可以制备高纯度、晶型良好、单分散、形态和大小可控的纳米结构材料。除了常见的氧化物材料，水热法还可以用于合成碳纳米管、硅纳米管、硫化铜纳米线等不同材料，扩展了其应用范围。

基于水热法的基础，通过使用有机溶剂代替水，可以进一步设计出新颖的合成路线，获得一些特殊的亚稳相和形貌。这为材料合成和研究提供了更多可能性和探索空间。

（8）蒸发溶剂热解法。蒸发溶剂热解法是一种制备混合氧化物粉料的方法。其原理是利用可溶性盐或在酸作用下能完全溶解的化合物作为原料，将其溶解在水中形成均匀的溶液。然后通过加热蒸发、喷雾干燥、火焰干燥或冷冻干燥等方法，将溶剂蒸发掉，最终得到混合氧化物的粉末。

具体的蒸发溶剂热解法步骤如下。

第一，原料准备。选择可溶性盐或在酸作用下可溶解的化合物作为原料。将原料溶解在水中，形成均匀的溶液。

第二，蒸发。将溶液进行加热，使其蒸发，从而逐渐去除水或其他溶剂。这个步骤可以通过不同的方法进行，如喷雾干燥、火焰干燥或冷冻干燥等。

第三，热分解。蒸发后，残留下来的固体物质是混合氧化物的前体。将这些物质进行热处理，通过热分解反应，得到混合氧化物的粉末。

蒸发溶剂热解法的优点在于它能够通过溶液形式进行反应，使原料更加均匀地分布在整个反应体系中。这有助于得到均一性较好的混合氧化物粉末。此外，该方法操作相对简单，也适用于大规模生产。

蒸发溶剂热解法是一种有效的制备混合氧化物粉末的方法，它在材料科学、纳米技术等领域具有广泛的应用前景。通过精确控制原料和反应条件，可以实现高质量的混合氧化物粉末制备。

（9）氧化还原法。在氧化还原法中，可以直接在液体或接近液体状态下通过氧化和还原的过程制备金属和金属氧化物粉末。在水溶液法中，可以使用不同 pH 的金属盐溶液还原的方法来制备超细粉末。还可以使用气体或液体作为还原剂，在水溶液中将金属离子还原成金属粉末。几乎所有金属盐都可以通过氢还原得到，除非它们生成稳定的氢化物。传统的水溶液法制备的粉末粒子尺寸一般在微米范围，这是由于纳米粒子的团聚所致。在传统的制备非晶粉体的方法中，高温熔融快速淬制是常用的方法。然而，通过水溶液法也可以制备非晶纳米粒子，前提是反应温度低于产物的玻璃转变点。例如，可以在水溶液中使用钠和钾的硼氢化物还原来制备纳米尺寸的铁磁粒子。使用水溶液法制备的优点是，可以在较低的温度下制备非晶纳米铁磁粒子。

（10）微乳液法。微乳液法是一项借助表面活性剂在互不相溶的溶剂中形成均匀乳液从而析出固相材料的高效方法。这种乳液由表面活性剂、助表面活性剂、油和水组成，形成了一个热力学稳定的体系，微小的水池被表面活性剂和助表面活性剂包围。微乳液中的微乳颗粒随着布朗运动不断变化位置，颗粒之间的物质交换为化学反应提供了可能。

通过调节反应物的浓度、反应时间以及水与表面活性剂的比例，研究人员可以精确控制纳米材料的大小和形状。这种精确的控制能够满足不同应用领域对纳米材料性质的需求，进一步推动纳米科技的发展。

微乳液法已成功应用于合成各种纳米材料。例如，利用微乳液法可以通过合适的控制条件，制备氟化物纳米线、银纳米线阵列、硅纳米管、$Ti_3(PO_4)_2$ 纳米管、聚吡咯纳米管和 SnO_2 纳米棒等。这些纳米材料在能源存储、传感器、光电器件和催化剂等领域具有重要的应用价值。

（11）辐射化学合成法。辐射化学合成法是一种有效的制备纳米微粒的方法，其特点是在常温下利用 γ 射线辐照金属盐溶液。通过这种方法，可以制备各种金属纳米粉体和复合材料，如 Cu、Ag、Au、Pt、Pd、Co、Ni、Cd、Sn、Pb、Ag-Cu、Au-Cu、Cu_2O 纳米粉体以及纳米 Ag/ 非晶 SiO_2 复合材料。

想要制备纯金属纳米粉体，首先需要使用蒸馏水和分析纯试剂来配制金属盐溶液，还需添加一定量的表面活性剂和 OH 自由基消除剂。此外，根据需要，还可以通过添加金属离子络合剂或其他添加剂来调节溶液的 pH，以满足不同的制备需求。在制备过程中，为了消除溶液中的氧气，需要通入氮气。

这是因为氧气的存在可能对纳米粉体的制备产生不利影响。因此，通过通入氮气，可以有效地保持溶液中的无氧环境，有利于纳米粉体的形成。制备的产物需要经过分离、洗涤和干燥等步骤进行处理。这些步骤旨在去除产物中的杂质和溶剂，以获得纯净的金属纳米粉体或复合材料。通过适当的处理，可以保证产品的质量和性能，并满足不同应用领域的需求。

（12）溶胶－凝胶法。溶胶－凝胶法是一种用于制备固态材料的方法，无论是氧化物还是其他化合物。在这个方法中，金属有机或无机化合物首先被溶解，其次通过溶胶和凝胶的过程进行固化，最后进行热处理。这种方法在材料制备的早期阶段就可以对微观结构进行控制，实现亚微米级、纳米级甚至分子级水平的均匀性。

溶胶－凝胶法可以用来制备多种形式的材料，如微粉、薄膜、纤维、体材和复合材料。这种方法有许多优点，包括高纯度、良好的化学均匀性、细小的颗粒大小、能够容纳不溶性组分、均匀的掺杂分布、低合成温度以及高粉末活性。此外，溶胶－凝胶法的工艺和设备都相对简单。

通过溶胶－凝胶法制备材料的过程主要分为三个阶段：①溶胶阶段，金属有机或无机化合物被溶解在适当的溶剂中，形成一个均匀的溶胶。②凝胶阶段，通过控制溶胶的条件，使其开始凝胶化并形成凝胶体。凝胶体是由三维网状结构组成的，其中溶胶分子或离子聚集在一起形成固体颗粒。③热处理阶段，凝胶体被加热处理，以去除残留的溶剂，并进行晶化、烧结或其他表面处理。

溶胶－凝胶法在材料科学和工程领域具有广泛的应用。它可以用于制备各种功能材料，如催化剂、光学材料、电子器件材料和生物材料。此外，该方法还可以实现多组分材料的掺杂和复合。

（二）多维纳米材料的制备技术

1. 二维纳米薄膜材料的制备技术

纳米薄膜是一种特殊结构的薄膜，具有纳米材料的特点。它可以以纳米粒子或原子团簇作为基质，也可以通过控制薄膜的厚度使其达到纳米尺寸。由于尺寸效应的存在，纳米薄膜展现出引人注目的量子特性。纳米薄膜可以分为两类：纳米复合功能薄膜和纳米复合结构薄膜。纳米复合功能薄膜利用纳米粒子的特殊功能，赋予基体全新的性能和功能。通过控制纳米粒子的成分、性质及工艺条件，可以精确地调控纳米复合薄膜的特性。这使得这种薄膜在各种领域中得以广泛应用，如电子学、光电子学和催化反应等。而纳米复合结构薄膜则主要通过纳米粒子的复合来提高薄膜的机械性能。通过在基材中引入纳米粒子，可以增强薄膜的硬度、强度和耐磨性，使其具备更好的性能和应用潜力。因此，纳米复合结构薄膜在材料科学、涂层工程和表面加工等领域起着重要的作用。

（1）溶胶－凝胶法。溶胶－凝胶法是一种用于制备纳米晶薄膜的方法。这个过程包括几个关键步骤：首先，通过溶胶制备，将所需材料以溶胶的形式悬浮在适当的溶液中。其次，将溶液吸附到衬底表面，形成一个凝胶层。最后，通过温度处理，将凝胶转变为所需的纳米晶薄膜。溶胶－凝胶法的优点之一是可以用于制备多种纳米镶嵌复合薄膜，如 Co（Fe，Ni，Mn）/ SiO_2。这种方法提供了一种简单而灵活的途径，可以在薄膜中嵌入不同的纳米颗粒，从而实现多种功能。

（2）LB 法。这种方法涉及在水－气界面上排列不溶解分子，形成单分子膜，然后将单分子膜转移到固体表面上。LB 膜的材料通常是具有两亲性的分子，它们拥有亲水基团和疏水基团。要得到单分子膜，固态材料需要溶解到适合的溶剂中。溶剂的作用是扩展单分子层，并保证单分子层的均匀性。这种溶剂在使用后要能够蒸发掉，并且不会引发化学反应。一些常用的溶剂包括三氯甲烷、正己烷等。

（3）电沉积法。电沉积法是一种常用于制备半导体薄膜的方法，特别适用于制备硫化镉（CdS）或硒化镉（CdSe）等半导体材料。该方法利用 Cd 盐和硫（S）或硒（Se）等作为原料，制成非电解液的溶液。在通电的条件下，通过电沉积过程，在电极表面沉积 CdS 或 CdSe 的透明纳米微粒薄膜，其粒径为 5nm 左右。

电沉积法是一种简单而有效的制备半导体薄膜的方法。它通常在室温下进行，不需要复杂的设备和高温条件，因此适用于大规模生产。此外，通过调整电流密度和沉积时间等参数，可以实现对薄膜的厚度和结构进行精确控制，从而获得不同性质的薄膜。

对于 CdS 或 CdSe 的制备，电沉积法具有以下特点。

第一，原料选择。采用 Cd 盐和硫或硒等作为原料，它们通常易于制备和处理，且成本相对较低。

第二，透明性。制备得到的 CdS 或 CdSe 薄膜通常呈现高透明性，这使其在光学和光电器件中有着广泛的应用，如光伏电池、薄膜太阳能电池等。

第三，纳米微粒膜。通过电沉积，可以制备具有纳米尺寸的 CdS 或 CdSe 微粒膜，其粒径一般在 5nm 左右。纳米尺寸的薄膜通常具有特殊的光电性能，有助于提高器件的效率和性能。

薄膜的均匀性和质量可能受到电流密度和沉积时间等条件的影响，需要进行优化和调控。此外，电沉积法通常需要使用特定的电极和电解液，所以在制备过程中需要对材料的选择和适应性进行考虑。

电沉积法是一种简单且有效的制备半导体薄膜的方法，特别适用于制备 CdS 或 CdSe 等半导体材料的透明纳米微粒膜。通过优化参数，可以实现薄膜的精确控制，为光电器件和光学材料等领域提供了一种重要的制备途径。

（4）高速超微粒子沉积法。高速超微粒子沉积法，也称为气体沉积法，是一种用于制备薄膜的技术。它的基本原理是通过蒸发或溅射等方法得到超微粒子，然后使用一定气压的惰性气体作为载流气体，在基板上将超微粒子沉积成膜。

在高速超微粒子沉积法中，超微粒子可以通过不同的方式获得。其中，蒸发是一种常见的方法，通过加热材料使其蒸发，产生超微粒子。另一种方式是溅射，它是将材料靶片置于高能量离子轰击下，使材料溅射出来并形成超微粒子。

随后，这些超微粒子与惰性气体混合，并通过喷嘴或喷雾装置，以一定气压和速度喷洒到基板表面。在基板表面，超微粒子逐渐堆积并形成薄膜。

高速超微粒子沉积法具有一些优点：①制备非常薄的膜，因为超微粒子本身已经很小，形成的薄膜也具有较小的厚度。②适用于多种材料的薄膜制备，包括金属、半导体、氧化物等。③在相对较低的温度下进行，有利于材料的选择和薄膜的性能。

高速超微粒子沉积法是一种有效的制备薄膜的技术，它通过将超微粒子沉积在基板上，可以实现薄膜的快速制备和较小厚度的薄膜形成。这种方法在材料科学和纳米技术等领域有着广泛的应用前景。

（5）等离子体化学气相沉积技术。等离子体化学气相沉积技术（PCVD）是一种先进的方法，它利用等离子体在基板上进行化学反应，并形成薄膜。PCVD 主要通过反应气体放电的方式，利用非平衡等离子体的独特反应特性，来制备高质量的薄膜结构。相比传统的化学气相沉积技术，PCVD 具有许多优势：① PCVD 技术可以在较低的温度下实现薄膜的制备。② PCVD 广泛应用于纳米镶嵌复合膜和多层复合膜的制备。纳米镶嵌复合膜是由纳米晶颗粒嵌入在基体中形成的复合结构，它们具有许多优异的性能，如高硬度、优异的热稳定性和特殊的光学性能。而多层复合膜则由多个不同材料的薄膜层堆积而成，可以实现不同功能的组合，如光学透明性、导电性和阻隔性。③特别是在硅系纳米复合薄膜的制备中，PCVD 技术发挥了重要作用。硅系纳米复合薄膜广泛应用于微电子、光电和光伏领域，具有优异的光学、电学和机械性能。通过 PCVD 技术，可以实现对硅系纳米复合薄膜的准确控制，包括薄膜厚度、晶粒尺寸和晶体结构等，从而满足不同应用领域对薄膜性能的需求。

（6）溅射镀膜法。溅射镀膜法是一种广泛应用于薄膜制备的技术，它以电离所产生的等离子体为基础，通过高速轰击靶材，使得其中的原子或分子溅射出来，并最终在基板上沉积形成薄膜。首先，在真空或惰性气体中，生成等离子体。惰性气体如氩气，常被用来维持等离子体的纯度。其次，靶材表面将受到高速轰击，以使原子或分子从靶材上溅射出来。这种轰击过程通常由粒子加速器或离子束发生器来控制。最后，溅射物被沉积在所选的基板上，形成一层薄膜。基板常常选用玻璃、硅片或金属等材料，具体根据所需的应用来确定。

通过控制溅射时间和溅射条件，可以调整薄膜的厚度和组成，从而满足不同的需求。溅射镀膜法具有广泛的应用领域，如光学镀膜、电子器件制备、太阳能电池等。它不仅可以在细微尺度上改变材料性质，同时还具备较高的均匀性和附着力。因此，溅射镀膜法被认为是一种重要的薄膜制备技术，为各种领域的研究和应用提供了关键的基础。

通过控制电场、气压、靶材材料和基板位置等参数，可以调节溅射镀膜法的过程，从而实现对薄膜的厚度、成分和结构等特性进行精确控制。这使得溅射镀膜法成为一种非常灵活和可控的制备薄膜的方法。

溅射镀膜法具有一些优点：①它适用于多种材料的薄膜制备，包括金属、半导体、氧化物等。②由于制备过程在真空或惰性气体中进行，薄膜的纯度较高，且不会受到氧化或其他气体的污染。③溅射镀膜法适用于大面积的薄膜制备，有利于工业化生产。

（7）脉冲激光法（PLD）。脉冲激光法（PLD）是一种在 20 世纪 80 年代后期发展起来的新型薄膜制备技术。它利用激光的特性来实现对薄膜材料的沉积。PLD 的原理是将一束激光经过透镜聚焦后投射到靶材上，使被照射区的物质烧蚀。被烧蚀的物质会择优地沿着靶材的法线方向传输，形成一个羽毛状的发光团，称为羽辉。最后，烧蚀物会淀积到前方的衬底上，形成一层薄膜。

在 PLD 过程中，通常在真空腔中充入一定压强的某种气体，例如淀积氧化物时，会充入氧气。这样做的目的是改善薄膜的性能，增强其特定的功能和特性。气体的选择可以影响薄膜的化学组成和结构，因此对于特定应用，合适的气体选择至关重要。

PLD 技术的独特之处在于能够制备多种材料的薄膜，包括金属、氧化物、硫化物等。通过调节激光的能量、脉冲宽度和频率等参数，可以实现对薄膜的厚度、成分和结构进行精确控制。这使得 PLD 在材料科学、光学、电子器件和传感器等领域具有广泛的应用。

（8）化学气相沉积法。化学气相沉积法（CVD）主要是利用含有薄膜元素的一种或几种气相化合物或单质在衬底表面上进行化学反应生成薄膜的方法。其薄膜形成的基本过程包括气体扩散、反应气体在衬底表面的吸附、表面反应、成核和生长以及气体解吸、扩散挥发等步骤。CVD 内的输运性质（包括热量、质量及动量输运）、气流的性质（包括运动速度、压力分布、气体加热和激活方式等）、基板种类、表面状态、温度分布状态等都影响薄膜的组成、结构、形态与性能。利用该方法可以制备氧化物、氟化物、碳化物等纳米复合薄膜。

2. 三维块体纳米材料的制备技术

（1）高能球磨法结合加压成块法。高能球磨是一种用来制备具有可控微结构的金属基或陶瓷基复合粉末的技术。即在干燥的球型装料机内，在高真空 Ar 气保护下，通过机械研磨过程中高速运行的硬质钢球与研磨体之间相互碰撞，对粉末粒子反复进行熔结、断裂、再熔结的过程使晶粒不断细化，达到纳米尺寸，纳米粉再采用热挤压、热等静压等技术加压制得块状纳米材料。研究表明，非晶、准晶、纳米晶、超导材料、稀土永磁合金、超塑性合金、金属间化合物、轻金属高比强合金均可通过这一方法合成。该方法合金基体成分不受限制、成本低、产量大、工艺简单，特别是在难熔金属的合金化、非平衡相的生成及开发特殊使用合金等方面显示出较强的活力。

（2）高压高温固相淬火法。高压高温固相淬火法是一种用于制备纳米晶材料的高级技术。在这种方法中，首先将通过真空电弧炉熔炼得到的样品放入高压腔体中，并施加高压。其次，样品被升温，在高压条件下进行处理。

高压高温固相淬火法的关键在于高压的应用。通过高压的作用，原子的长程扩散被抑制，晶体的生长速率减缓，从而导致晶粒的尺寸减小到纳米级别。在高温下进行处理，确保晶粒可以在纳米尺寸下稳定存在，并保留高温高压下形成的组织结构。

这种方法可以制备具有纳米晶结构的材料，其晶粒尺寸通常在几纳米到数十纳米的范围内。由于晶粒尺寸减小，纳米晶材料表现出许多特殊的性质和优势，如优异的力学性能、高硬度、优良的导电性和热导率等。

高压高温固相淬火法在材料科学和工程领域有着广泛的应用。通过调节高压、温度和处理时间等参数，可以实现对纳米晶材料的精确控制，从而定制具有特定性能和应用的纳米结构材料。这种方法在制备先进材料、提高材料性能和应用于纳米器件等领域具有重要的潜力。

（3）非晶晶化法。非晶晶化法是一种极具潜力的新兴工艺，其专注于调控非晶态固体的晶化动力学，以生成纳米晶粒。为了制备非晶态固体，科学家们采用了各种不同的技术，其中包括熔体急冷、高速直流溅射以及等离子流雾化等。然而，单辊或双辊旋淬法是一种常用的方法。一旦获得了这些低维材料，科研人员需要通过热模压实、热挤压或高温高压烧结等方法将其制备成块状样品。

通过精心调节晶化条件，如温度、时间和压力等因素，研究人员可以精确地控制晶粒的尺寸和结构，从而使得纳米晶材料具备了高强度、导电性、光学性能等出色特性。正是基于这些卓越的特性，纳米晶材料在电子器件、传感器、催化剂以及储能材料等领域拥有着巨大的应用前景。

可以说，非晶晶化法的发展对材料科学和先进技术的影响是深远而广泛的。它提供了一种有力的工具，能够理解和掌握材料的微观结构与性能之间的内在关系。通过这种工艺，得以制备并改善如金属、合金和陶瓷等材料的性能，不仅进一步推动了材料科学的发展，还为现代技术的进步做出了巨大贡献。

第三节　薄膜制备技术

一、LB 膜制备技术

两亲性分子利用分子活性在气 - 液界面上（垂直于固体基体表面）形成凝结膜，将该膜逐次叠积在基片上形成规整有序的多层分子层（或称膜）的技术称为 Langmuir–Blodgtt（LB）技术。应用这一技术可以生长高质量、有序单原子层或多原子层，其介电强度较高。这些 LB 膜可以应用到电子仪器和太阳能转换系统上。LB 膜研究领域如今已有长足发展，大量材料如脂肪酸或其他长链脂肪族材料、用很短的脂肪链替代的芳香族以及其他相似材料可以形成高质量的 LB 膜。

（一）LB 膜制备的一般原理

如果要形成起始的单层或多层，待沉积的分子一定要小心平衡其亲水性和不亲水性区，也就是说，两亲分子有一个极性的亲水端基和一个非极性的疏水端基，长链一端应为亲水性（如 COOH），而另一端为不亲水（如 CH_3）。脂肪酸分子结构适合于 LB 膜沉积，例如 $CH_3(CH_2)_6COOH$ 有 16 个 CH_2 基团在一端形成 CH_2 链体，而在另一端形成 COOH 链体。

在原始方法中，一清洁亲水基片在待沉积单层扩散前浸入水中，然后单层扩散并保持在一定的表面压力状态下，基片沿着水表面缓慢抽出，则在基片上形成一单层膜。这项沉积技术原理简单。基片在易挥发溶剂中溶解，其溶液在水表面上扩散，称为亚相，溶剂挥发，当不溶性两亲分子在空气 - 水界面时，它会垂直地立在水平面上，亲水基团朝向水，疏水基团朝向空气，不溶分子漂浮在表面上，且无序分布。通过加上合适的恒定表面压力，分子被压紧，分子的长轴水平面垂直而有序排列，在水面形成一层层密排列的不溶性单体分子膜。由于 LB 膜较脆，压缩时一定要小心，以避免膜在亚相表面的崩塌，从而保持膜原来的均匀性，整个系统应该避免振动。在 LB 膜技术中，也可以将金属引入到水中得到金属盐，所形成膜分为 X、Y 和 Z 型。

如果沉积层只在基片下降时得到，这样沉积或制造的膜称为 X 型；当基片下降或抽取时实现膜的沉积，则此膜为 Y 型；只有当基片抽取时发生膜沉积，此时获得的膜称为 Z 型。

制备 Y 型膜的过程包括：首先将不亲水的基片通过分子单层插入到水中，单分子层在基片运动的方向上折起，然后平铺在基片上，当抽取基片时，分子层沿基片运动方向卷起，形成第二层，基片下一个向下运动沉积到第三层，等等。最后得到的分子层为偶数层。膜的上下表面由不亲水的甲基团组成。LB 膜是一种有序的超薄膜。现在已能对这种分子水平的超薄膜的结构和物理、化学性能加以控制，从而实现了分子的排列和装配，组建了超分子结构以及超微复合材料，从而可以观察到一般环境下无法进行的化学反应和物理现象，并制造出具有特殊功能和生物活性的膜材。

当亲水基片浸入到水中时会完全润湿，形成弯液面，当沉积发生时，弯液面在与基片运动的同一方向上卷曲。故此，在基片最初的浸润时，将不会形成沉积。在抽取基片时，薄膜将沉积在基片上，弯月形曲线 - 分子层沿基片运动方向折起。分子亲水点附在基片表面的亲水点处，可见基片表面变成非亲水性。在第二个浸入过程中，发生薄膜沉积，导致表面变成亲水性。重复这一过程，最终形成由奇数层构成的多层膜而结束。这里可见到薄膜不是在第一次浸润时形成，而是在抽取时和随后的沉积时形成，但所获得的膜仍为 Y 型。

在决定沉积膜的质量时亚相起着十分重要的作用。最好的液体为超纯水，因为它具有非常高的表面张力。所沉积薄膜的性质也取决于 pH 和亚相温度、基片表面质量和化学组分，浸入速度和漂浮单层的寿命也很重要。涉及制备 LB 膜的许多参数提供了多样性优点。不过，大部分的努力用于在可控制的方式下变化不同因素或保持各因素不变以制备可重复薄膜。

在制备高质量 LB 膜时表面压力是关键因素。为沉积 LB 膜，人们使用了单移动阻挡层、旋转阻挡层、恒定周长阻挡层和其他系统。近来 LB 膜的研究热点集中于电子和线性光学方面的应用，由此导致高度复杂 LB 沉积系统的研制。

小分子有机化合物 LB 膜的耐热性和力学强度都不高，限制了它的应用，因此，高分子 LB 膜发展很快。它的制备途径有三种：①沉积单分子 LB 膜后再进行聚合。②先制备聚合物的单分子膜，再累积成 LB 膜。③单分子层聚合后沉积成聚合物的 LB 膜。高分子 LB 膜在生物膜模型、分离膜、化学传感器、微电子学和非线性光学元件等领域得到广泛应用。

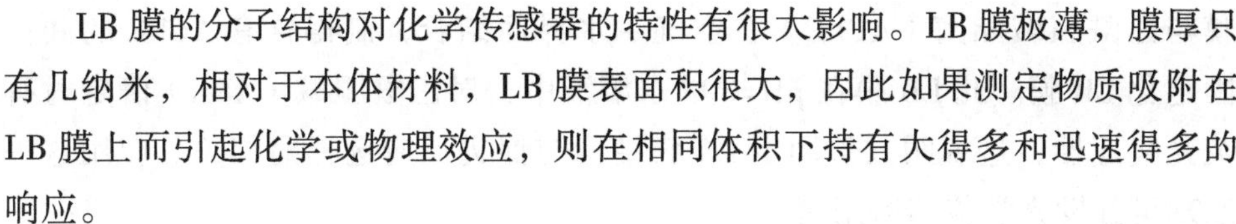

LB 膜的分子结构对化学传感器的特性有很大影响。LB 膜极薄，膜厚只有几纳米，相对于本体材料，LB 膜表面积很大，因此如果测定物质吸附在 LB 膜上而引起化学或物理效应，则在相同体积下持有大得多和迅速得多的响应。

（二）LB 膜制备技术及其发展

1. 不对称性识别能力的高分子 LB 膜材

组成具有不对称性识别能力的高分子 LB 膜的小分子有机化合物本身不对称，才可能有这种功能，这里所说的不对称，既可以是小分子基团不对称，也可以是小分子在膜中的微观排列不对称。利用共聚法在含有羟基的高分子 LB 膜上引入不对称的 1，1- 二萘基，并沉积在电极板上。这种不对称性二萘基的高度有序排列，大大提高了 LB 膜的选择性。“高分子 LB 膜可用于制造非线性光学材料、光电子器件、传感器单元、电极修饰膜，也可作为研究催化反应、电子转移、仿生模拟的理想模型。”① 目前已利用这种轴不对称性二萘基的 LB 膜识别化合物的顺式与反式异构体。

2. 选择吸附蛋白质用的稳定支撑膜材

选择吸附蛋白质用的稳定支撑膜材的表面由长链两性分子的单分子层组成，结构类似于细胞膜，它是将脂肪酸和脂质单分子层浸渍 - 流延形成 LB 膜，并将共价键和固定于石英基片和光学纤维上制成的。此 LB 膜用硝基苯恶二唑二棕榈酰基磷脂酰乙醇胺（NBD-PE）为荧光探针掺杂，当蛋白质选择性地与 NBD-PE 掺杂脂肪酸膜反应时，由于结构变化产生了荧光信号，将荧光信号转变为电信号，此 LB 膜便成为敏感的生物受体。这种荧光探针提供了分子水平的结构信息，即微环境的极性、pH、温度、微黏度或分子取向的变化，可通过平均荧光强度、荧光波长的时效或极化进行检测。

为提高上述两亲性 LB 膜的稳定性，可以通过硅烷端基与烃基化表面反应，形成甲硅烷醚。沉积于固体表面的甲硅烷醚再用 11 碳酸基共价键合。这种含有 NBD-PE 的稳定单分子层膜的荧光强度也响应 pH 的变化。用荧光探针与共价键合的单分子层膜传感 pH 的变化，具有足够的灵活性。这种共价键合的 LB 膜稳定性好，置于水中长达 6 个月其结构也不变化。将上述 LB

① 何方，李瑞霞，吴大诚．高分子 Langmuir-Blodgett 膜的研究进展 [J]．高分子通报，2009（9）：1.

膜与乙酰胆碱酯酶（AChE）在空气－水界面结合，制得含有 AChE 的共价固定化 LB 膜。此 LB 膜在 pH=3 的水溶液中，对乙酰胆碱（ACh）滴定时有荧光响应性，这说明共价固定 LB 膜结构与促进反应选择酶相关。应用这一原理可开发光学传感器用膜。

3. LB 膜技术与人工视网膜

光电智能材料极有应用前景，现在正从仿生出发，应用 LB 膜技术进行研究与开发。可利用含视紫质（BR）的 LB 膜制成了图像传感器。由于视紫质和视物质相同，能吸收波长 450 ~ 650nm 的可见光，适用于视觉信息的传感。视网膜细胞是具有光检测功能和信息处理功能的智能传感器。若利用与视网膜中视紫质同族的含视黄醛感光性蛋白质的视紫质（BR）细菌作为视物质，可开发人工视网膜。BR 存在于好盐菌细胞膜中，其结构呈二维结晶状，分离出来的膜片称为紫膜，紫膜中存在取向圆盘形二元结晶，7 根柱状肽链（248 种氨基酸）呈螺旋状，其中含有视黄醛。

视黄醛的反－顺光异构化可引起光循环，约在 10ms 内，经 1 次循环反式的 BR 再生（量子效率约为 0.7），反转途径中有显著的光致变色。

视紫质的光物理效应是因为光异构化引起分子偶极矩变化所致。这种电荷分布的变化能对电极诱发静电响应，故 BR 可用于光电变换装置中。例如，用 LB 膜技术将含有视紫质的薄膜固定于电极－电解质溶液界面，可制成湿式电池，电极基为氧化锡 / 氧化铟。为了尽可能减小电解质层的电阻，选用合适浓度 KCl 的甲壳质衍生物水凝胶膜。这种组装式电池，辐照的光量可瞬间变化，响应时间为微分，响应的方向（+/–）对应于光量的强弱。

视紫质还具有信息压缩功能，可制成相应的智能传感器，它对信息处理和通信的高速化极其重要。人们期望这种人工视网膜可用于人体、生物计算机及高性能图像处理单元。

二、MBE 分子束外延技术

分子束外延（MBE）技术是一项先进的制备超薄层薄膜的技术，在原子尺度上具有精确控制外延厚度、掺杂和界面平整度的能力。它的起源可以追溯到 20 世纪 50 年代，当时科学家们开始用真空沉积Ⅲ –V 族化合物的三温度法进行研究，并在 1968 年研究了镓和砷原子与镓砷表面相互作用的反应动力学。MBE 技术经常被应用于生长异质结化合物半导体薄膜，例如镓铝砷

（GaAIAs）、铟镓砷（InGaAs）、磷化镓砷（GaAsP）、锑化镓砷（GaSbAs）等。利用 MBE 技术制备的半导体超晶格和量子阱材料展现了许多新现象，并在技术上具有重要意义。MBE 技术在固态微波器件、光电器件、超大规模集成电路、光通信以及制备超晶格结构新材料和纳米材料等领域得到了广泛应用。它的精确度和可靠性使其成为制造先进电子元件和材料的理想选择。通过 MBE 技术制备的高质量薄膜能够实现低损耗的微波器件和高效率的光电器件，为通信和信息技术领域带来了巨大的进展。

（一）MBE 的基本概念

近年来，多种外延薄膜的制备技术得到了长足的发展。其中，气相外延、液相外延和分子束外延是主要的制膜方法。分子束外延则是一种新兴的技术，它利用超高真空环境下的精确控制，将原材料的分子束强度定向地射入加热的底片上进行生长。

分子束外延系统采用高性能的蒸发源、原位监测和分析系统，并拥有超高真空环境。这种系统能够保证在理想条件下生长出高质量的单晶薄膜，因此相较于液相外延和气相外延有着更多的优势。从本质上看，分子束外延是一种新型薄膜生长方法，它建立在真空蒸镀的基础之上。在这种方法中，原材料的分子被蒸发源加热并形成分子束，随后通过精确的控制被定向射入底片表面。在底片表面的热化过程中，分子束会逐渐形成晶体结构，从而实现外延生长过程。

（二）MBE 生长原理及方法

MBE 的生长是按动力方式进行的。从分子束喷射出的分子到达衬底表面时，由于受到表面力场的作用而被吸附于衬底表面，经过在表面上的迁移、再排列等若干动力学过程，最后在适当的位置上释放出汽化热，形成晶核或嫁接到晶格结点上，形成外延薄膜。但是也有可能因其能量大而重新返回到气相中。因此，在一定的温度下，吸附与解吸处于动态平衡。当分子到达衬底的速率（分子到达率）小于衬底温度下的再蒸发速率时，衬底上就得不到外延沉积，只有分子到达衬底的速率大于衬底湿度下的再蒸发速率时才会有沉积。

MBE 装置由超高真空室（背景气压为 1.3×10^{-9}Pa）、基片加热块、分子束喷射源、反应气体进入管、交换样品的过渡室组成。此外，生长室包含许多其他分析设备用于原位监视和检测基片表面和膜，以便使连续制备高质量外延生长膜的条件最优化。MBE 装置需要使用高纯元素源以产生高纯外延层、原位检测系统以控制组分和结构。将制备薄膜所需要的物质如 A1、Ga 和掺杂剂等分别放入系统中若干喷射源的坩埚内，加热使物质熔化（升华）就能产生相应的分子束。

在 MBE 中，目前多采用克努曾（Knudsen）喷射源（即孔径远小于容器内蒸汽分子的平均自由程），而且从每个喷射源中出来的分子束流的中心部分与衬底相交，通过选择合适的喷射源的炉温和衬底的温度就可以得到所希望的化学组分和按晶格位置生长的结晶薄膜。为了控制外延的生长，在每个喷射源和衬底之间都单独装有挡板，可瞬间打开与关闭。在设计和制作喷射源时，许多因素如快速热反应、坩埚材料的低排气率、在分子束喷射源中待用的蒸发材料（即坩埚材料与蒸发材料几乎不发生反应）、均匀加热等都需要加以考虑。高纯石墨和热解 BN（PBN）可用作坩埚材料，低成本和易机械加工是石墨的优点。相对热解 BN，石墨具有更强的化学活性，但是尽管成本高，热解 BN 仍为普遍使用的坩埚材料。大多数坩埚采用电阻加热。分子束外延生长高质量的半导体膜需要坩埚与超高真空室的其他部分有较好的热分离，以使真空室壁的排气达到最小，为此，需要液氮对坩埚周围进行冷却。

为从分子束盒中蒸发低熔点材料，通过准确的温度控制可以获得稳定的分子束流。对于用电子枪蒸发装置蒸发高熔点材料，用恒定的电源来控制沉积率是不太合适的。

分子束外延中的分子束流控制是很重要的。在 GaAs 中，由于第Ⅲ族元素流决定了 GaAs 的生长速率，精确测量分子束流是必要的。同样，在 Ga_x-$Al_{1-x}As$ 生长过程中的 Ga/Al 束流比、$Ga_xIn_{1-x}As$ 生长过程中的 Ga/In 束流比都特别重要，因此小心控制第Ⅲ族元素的束流是获得令人满意的分子束外延膜所必需的。束流最终可以通过对膜厚和生长率的测量来标定，但这种标定必须经常重复进行，因为分子束盒的特性经常变动。另一种选择则是配备原位理化检测仪和质谱仪。为了控制分子束的种类和强度，在分子束经过的路径上装备四极质谱仪（QMS）。除 QMS 外，通常还装有高能电子衍射仪（RHEED）和俄歇电子能谱仪（AES）等原位检测仪器，用来观察薄膜晶格结构的变化及其组分等。

在分子束外延生长技术中，基片清洗是非常重要的。基片加热清洁表面也是常用的方法，加热的方式有电阻加热、直接辐照加热等。

自从利用分子束外延制备出 GaAs 和其他有关的Ⅲ－Ⅴ族化合物以后，分子束外延技术得到了迅速发展，并在制备其他材料包括Ⅱ－Ⅵ和Ⅳ－Ⅵ族化合物方面取得了巨大进展。分子束外延现已成为开发光电和微电子器件最重要的技术。

现在标准商业分子束外延系统可用于生长外延膜。分子束外延膜的研究在过去几十年中得到了迅速发展，可用于商业化生产化合物半导体薄膜（如 AlGaAs、GsAs）和器件及外延超导薄膜等。

传统固体源分子束外延的变体称为化学分子束外延（CBE），它已用来外延生长 GaAs、AlGaAs、InP 和 InGaAs。化学分子束外延具有分子束外延和金属有机物化学气相沉积外延技术的许多优点。不同于分子束外延，化学分子束外延技术中使用的分子源是气相Ⅲ族有机金属和Ⅴ族氢化物。在气相源分子束外延中，所用气相源是Ⅴ族氢化物，而固相元素Ⅲ族源是作为蒸发物。相对于分子束外延，化学分子束外延可自动保证组分均匀，可以获得高沉积率。与有机金属化学气相沉积相比，化学分子束外延有如下优点：可以得到界面明显的异质结和超薄层；生长环境非常干净；可以容易地配置原位表面诊断分析仪。

化学分子束外延的生长系统由气体处理系统组成。这些系统类似于金属有机物化学气相沉积所使用的系统，通过精确控制电子质量流量来调整进入真空室中各种气体的流量。为了传输低气压Ⅲ族材料，一般使用 H_2 作为载体，分立的气体入口用于有机金属和氢化物气体。

在化学分子束外延技术中，其生长运动学完全与分子束外延不同，在许多方面与金属有机化学气相沉积也有所不同，由于Ⅲ族烷基分子直接碰击基片，加热基片表面或获得足够热能使金属有机物分解，留下Ⅲ族原子在表面或重新蒸发未分解或部分分解的金属有机物，这要取决于基片温度和金属有机物的到达速率。在较高的基片温度下，生长速率取决于Ⅲ族烷基的到达速率；在较低的基片温度下，生长速率则受表面分解率的限制。

（三）MBE 生长的特点

第一，MBE 系统在真空高达 10^{-8}Pa 的环境下进行，薄膜的纯度极高，且由于少受污染，生长速率控制得很低。

第二，MBE 的衬底温度较低，这有助于降低晶格失配和杂质扩散，从而形成界面处超精细的结构。

第三，在喷射室内，可以安放多个喷射炉，这使得对生长层的厚度、组分和掺杂分布有精确控制，使其适用于二维和三维图形结构的薄膜或器件的生长。

第四，由于 MBE 生长是动力学过程，能够实现难以通过普通热平衡方法实现的薄膜生长。

第五，在超高真空环境中进行 MBE，也有利于实时观察生长面的成分、结晶结构和生长过程，从而实现实时监控和严格控制薄膜的生长及性质。

MBE 生长方法也存在一些问题：①设备本身昂贵，并且维护费用高昂，这对于一些实验室或企业可能构成经济负担。② MBE 生长过程需要较长的时间，这可能限制了大规模生产的可能性。尽管能够精确控制生长层的厚度和组分，但大规模的薄膜生产可能面临一定的挑战。

三、金属有机化学气相沉积

金属有机化学气相沉积（MOCVD）或金属有机气相外延（MOVPE）是一项新兴技术。它采用有机金属热分解的方法，实现气相外延生长。在这项技术中，Ⅱ族、Ⅲ族元素的有机化合物和Ⅴ族、Ⅵ族元素的氢化物等被用作生长原材料。MOCVD 主要用于化合物半导体（如Ⅲ－Ⅴ族和Ⅱ－Ⅵ族化合物）以及它们的多元固溶体的薄膜气相生长。这个过程可以生长出高质量、薄而均匀的膜。因此，该技术在微电子学和光电子学等领域具有广泛的应用。它能够制造复杂的半导体结构，如量子阱和超晶格，用于制造高性能的光电子器件。除了化合物半导体，MOCVD 还可用于高温超导陶瓷薄膜的制备。超导材料在低温下表现出零电阻和完全抗磁性，因此在电力输送和储存领域有着重要的潜在应用。

（一）MOCVD 技术的原理

MOCVD 技术是一种用于生长含有化合物半导体元素的薄膜的方法。其基本原理类似于硅外延生长技术，即利用热来分解化合物。在 MOCVD 过程中，金属有机物蒸气和气态非金属氢化物通过氢气被送入反应室。然后，这些化合物在热的作用下发生分解反应。这样，我们可以在基底上形成所需的化合物半导体薄膜。为了实现高质量的生长，原料化合物必须满足以下条件。

第一，在常温下必须相对稳定且容易处理。

第二，产生的副产物不能影响晶体生长，也不能污染生长层。

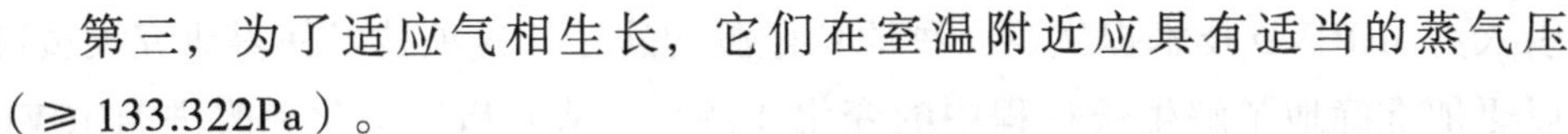

第三，为了适应气相生长，它们在室温附近应具有适当的蒸气压（≥ 133.322Pa）。

在 MOCVD 中，常用的原材料包括金属的烷基或芳烃基衍生物、乙酰基化合物和羟基化合物。对于生长Ⅲ－Ⅴ族化合物半导体薄膜，常采用金属有机物（如三甲基镓、三甲基铝）和砷烷、磷烷等化合物气相混合。

（二）MOCVD 技术的特点

MOCVD 技术（金属有机化学气相沉积技术）是一种多用途的生长技术，具备许多优点，使其成为无机功能材料制备领域的重要工具。

第一，MOCVD 具有高沉积速率的特点，这意味着它可以在相对较短的时间内生长出大面积的薄膜。这样的优势使得 MOCVD 非常适合用于批量生产，从而满足大规模产量的需求。

第二，MOCVD 能够合成按任意比例组成的薄膜，且能够实现对薄膜厚度的精确控制，甚至达到原子级的准确度。这种结构材料的精确控制对于满足特定应用的材料需求至关重要。无论是为了实现特定电子器件的性能要求，还是为了制造其他功能材料，MOCVD 都能够提供所需的精准材料。MOCVD 技术还能够制备均匀性好、重复性良好的大面积薄膜。这对于批量生产和大规模应用至关重要，因为均匀性和重复性保证了最终产品的质量稳定性和一致性。

第三，MOCVD 技术是一种纯净的材料生长技术。它利用金属有机物作为原始材料，这降低了沉积温度，从而提高了材料的纯度。高纯度的材料对于一些特殊应用尤为重要，例如半导体和光电子器件，因为杂质和缺陷可能会显著影响器件性能。

第四，MOCVD 技术采用灵活的气体源路控制技术，使得工艺参数可以独立控制，从而减少了人为因素对生长过程的影响。这种灵活性和控制性能使 MOCVD 技术成为高度可控的制备方法。

第五，低气压外延生长是 MOCVD 技术的另一个特色。通过采用低气压条件，可以提高薄层的控制精度，同时减少自掺杂和存储效应，从而改善材料的质量和性能。

MOCVD 技术也存在一些缺陷。其中，最显著的缺陷是缺乏实时原位监测生长过程的技术。这意味着在生长过程中无法实时监测和调整薄膜的生长状态，可能会导致一些不完美的生长结果。不过近年来，表面吸收谱技术的引入为 MOCVD 技术提供了一种原位监测的途径。这项技术使得研究人员可以更加准确地了解生长过程中的变化和特性，从而指导优化和改进 MOCVD 生长过程。

（三）MOCVD 技术的现状

MOCVD 技术是半导体物理、物理化学、光学、流体力学、热力学等学科交叉形成的一门新兴学科技术，但其关键之处还在于金属有机化合物（MO）和 MOCVD 设备的研制。

1. MOCVD 源材料

MOCVD 技术的发展带来了更多和更高质量的金属有机化合物。这项技术在半导体产业和其他领域中发挥着重要作用。随着 MOCVD 技术的不断发展，科学家们得以合成出更多种类的金属有机化合物，并提高了它们的质量，这对于电子器件和材料科学的进步至关重要。

MOCVD 的 MO 源要求易于合成与提纯，有适当的蒸气压，最好在室温下是液体，有较低的热分解温度，毒性低且价格可接受。为了成功地应用 MOCVD 技术，合适的金属有机化合物（MO 源）是不可或缺的。这些化合物必须具备易于合成和提纯的特点，以便在制备过程中获得稳定的蒸气。在理想情况下，这些化合物应该在室温下为液体，并且具有相对较低的热分解温度，这有助于在薄膜的制备过程中保持稳定性。此外，这些 MO 源的毒性应该尽可能地降低，以确保操作的安全，并且其价格应该在可接受的范围内，以维持制备成本的合理水平。

有机金属化合物通常是电子级纯度且多为液体，在提纯过程中使用了配位化学的新技术。为了满足半导体行业对高纯度材料的需求，有机金属化合物通常需要达到电子级纯度。在制备过程中，科学家们采用了配位化学的新技术，以提高化合物的纯度和稳定性。这些努力确保了制备出的薄膜或器件具有更好的性能和可靠性。

MOCVD 制备Ⅲ－Ⅴ族化合物需要使用剧毒气体如砷烷和磷烷，研究毒性较小的有机砷化合物来代替是必要的。然而，MOCVD 制备Ⅲ－Ⅴ族化合物的过程中涉及剧毒气体，如砷烷和磷烷，这增加了操作的风险。因此，科学家们正在积极研究代替这些剧毒气体的方法。寻找毒性较小的有机砷化合物，如叔丁基砷化氢（TBAs）和叔丁基磷化氢（TBP），被认为是更安全的选择，从而在 MOCVD 制备过程中降低了潜在的风险。

MOCVD 技术的应用广泛，原材料的纯度、稳定性和毒性减小方面进行了广泛的研究。MOCVD 技术的广泛应用带来了许多重要的科学研究和工程探索。科学家们不断努力改进原材料的纯度和稳定性，以获得更高质量的薄膜和器件。同时，针对 MO 源的毒性问题，研究人员也在积极寻找更安全的替代品，以确保工作环境的安全和可持续性。

2. MOCVD 生长系统

MOCVD 技术是相对于分子束外延系统而言的，它的设备相对简单，可以分为卧式和立式两种类型。在 MOCVD 生长系统中，包括气体处理系统、MOCVD 反应室、尾气处理系统和控制系统。

（1）气体处理系统，它负责向反应室输送各种反应剂，并对其浓度、送入时间、送入顺序以及总气体流速等参数进行精确控制。这些参数的精准控制是确保外延生长过程的重要保障。

（2）MOCVD 反应室，它对外延层的厚度、组分均匀性、异质结梯度、本底杂质浓度以及外延膜产量都有重要影响。在常见的反应室类型中，有垂直式和水平式两种。除此之外，还有桶式、高速旋转盘式和扁平旋转式反应室，这些不同类型的反应室可以满足不同规模和批量生产的需求。反应室的结构设计对于优质外延片的生长至关重要，因此各生产厂家和研究工作者都进行了不同结构的设计和改进。这些改进旨在提高生长过程的效率和稳定性，同时最大限度地减少可能影响外延片质量的因素。

（3）尾气处理系统。在 MOCVD 工艺中使用的 MO 源和副产物含有大量有毒和危险物质，这些物质需要在排放前进行处理，以确保环境和人员的安全。为了有效处理这些尾气，通常采用多种方法来净化排放物。一种常见的处理方法是使用物理吸附的活性炭过滤器。这些过滤器能够吸附并去除有毒物质，减少其释放到大气中的量。另外，化学反应吸收的干式或湿式过滤器也是一种有效的处理手段。这些过滤器能够通过化学反应将有害物质转化为较为稳定的物质，从而降低其毒性。此外，一些尾气处理系统还采用热分解或燃烧的方法将有害物质转化为粉尘，再通过过滤器进一步净化，以确保排放的安全性。

为了进一步提高安全性，MOCVD 设备通常配备有危险气体探测器，这些探测器能够实时监测环境中的气体浓度，并与控制系统相连，形成安全联锁装置。一旦探测到有毒气体超出安全标准，系统将自动触发安全连锁装置，停止工艺运行，并通知操作员进行处理和排除故障。这种安全联锁装置大大增加了 MOCVD 工艺的安全性，保护了操作人员和周围环境免受潜在的危害。

（4）控制系统。MOCVD 装置的运行可以通过集中安装在电控面板上的按钮来进行人工控制。这些按钮包括电子流量、压力、温度控制器和电磁－气动阀门，操作人员可以通过调整这些参数来控制工艺的进行。同时，为了防止误操作和确保操作人员的安全，控制系统配备了安全连锁装置。这些连锁装置能够自动进入保护状态，减轻潜在事故的危害，保障了操作人员的安全。

随着技术的进步，大多数 MOCVD 装置现在配备了先进的微计算机控制系统。这些微计算机控制系统在生长超晶格、量子阱和组分或掺杂梯度层等复杂工艺中尤为重要。通过微计算机控制系统，工艺的重现性得到了显著提高，因为它能够精确地控制关键参数，并消除了人为误动作对工艺的干扰。微计算机控制系统还增加了软件安全功能和事故处理与分析能力。它能够实时监测工艺的运行状态，并在出现异常情况时自动采取措施进行处理，从而最大限度地降低事故的发生概率。此外，先进的微计算机控制系统还具备数据分析和统计功能，能够对 MO 源的消耗情况进行实时监测和分析，实现 MOCVD 的全自动生长，提高了生产效率和产品质量。

3. MOCVD 技术应用

MOCVD 技术能够实现批量生产，并通过气相反应实现大面积均匀生长，从而消除了容器带来的污染问题。这一特点使得 MOCVD 技术适用于大规模生产，有助于解决高难度的生长技术与大规模生产低廉价格之间的矛盾。

MOCVD 技术采用精确的计算机编程控制和在线检测系统，实现了对原子层厚度和组分的精确控制。通过优化生长参数，可以节省有机源的用量，从而提高生产效率和利润。这种高度可控的生长过程是 MOCVD 技术在化合物半导体器件制造中的重要优势之一。

MOCVD 技术在化合物半导体器件制造方面应用广泛。它成功地解决了高难度的生长技术与大规模生产低廉价格之间的矛盾，为化合物半导体器件的商业化提供了有力支持。MOCVD 技术已经被广泛应用于 HBT（异质结双极晶体管）、HEMT（高电子迁移率晶体管）、MODFET（调制型场效应晶体管）、HFET（高频场效应晶体管）、太阳能电池、激光器、光探测器、FET（场效应晶体管）和 LED（发光二极管）等化合物半导体器件的制造过程中。

特别是在 LED 产业中，MOCVD 技术发挥了重要作用。它实现了大批量和高亮度的红、黄、蓝色 LED 的生产。MOCVD 技术的灵活性使得可以选择多种金属有机化合物作为原材料，用于生长多种组分化合物半导体。这使得 LED 的生产更加多样化，可以满足不同颜色和性能需求。高亮度 LED 在各个领域广泛应用，例如用于比赛场地、车站、码头、广场大屏幕显示、交通指示广告等。其在半导体光电器件领域的绝对优势使得 MOCVD 技术在 LED 产业的应用不断推进，为照明和显示技术的进步做出了重要贡献。

4. MOCVD 技术展望

新的反应器结构设计使大面积生产时外延层的组分和厚度均匀性得到显著提高。通过光诱导 MOCVD 技术，成功地将光引入外延过程，从而拓展了 MOCVD 技术的应用领域。同时，借助掩模技术或聚焦的激光束扫描，MOCVD 的选择生长也得以实现。为了提高外延系统的安全性，研究人员还采用了 V 族的烷基化合物，取代了剧毒气体。

MOCVD 技术的应用已经在微波器件和光电器件的研制上产生了巨大的影响。然而，该技术仍然面临一些挑战。目前缺乏实时在位监测生长过程技术，不过，研究人员已经找到了一种新的途径，即通过表面吸收谱来间接监测生长过程。此外，对于生长大面积器件，如超大面积太阳能电池和电致发光显示板等，MOCVD 技术面临一定的挑战。解决这些问题可能需要综合运用不同的技术，并可能导致与 MOCVD 相关的新生长技术的出现。

在半导体材料和器件制备方面，MOCVD 技术已经取得了巨大成功，为相关产业的发展奠定了坚实基础。尽管它已经取得了显著的成就，但 MOCVD 技术仍然是一个发展中的半导体超精细加工技术。

第四节　材料微细图形加工技术

一、光刻技术

光刻是一种高度精密的微细加工方法，广泛应用于半导体结构、器件和集成电路微图形结构的制造过程中。这个复杂的工艺包含着多个精准步骤，确保最终产品的质量和性能。

第一,制作原图。通过CAD等技术,工程师们可以设计出精确的加工图案,并生成数控（NC）文件，为后续的加工做好准备。

第二，在原图准备就绪后，光刻制母版的制作便开始进行。这一步骤中，利用激光光源对照相底片进行曝光，将原图纹样转移到底片上，并制成母版。

第三，为了保证光刻胶的黏附效果，需要对待加工的基底或材料表面进行处理。这包括净化和干燥表面，为后续的涂覆光刻胶做好准备。

第四，在表面涂覆一层适当厚度的光刻胶。光刻胶的质量和均匀性对于后续的加工步骤至关重要。

第五，前烘，通过使光刻胶膜干燥，不仅可以增加其附着性和耐磨性，还有助于保持加工过程的稳定性。

第六，曝光，是光刻过程中的核心步骤。借助紫外光透过掩模，对光刻胶进行选择性照射，从而改变胶的性质。这一步骤决定了最终图形的精度和质量。

第七，进行显影及检查。显影使光刻胶膜呈现与掩模相同或相反的图形，并进行严格检查以确保其符合要求。

第八，坚膜，是为了增强胶膜与硅片的紧密黏附，从而提高抗蚀能力。这一步骤确保了在后续腐蚀过程中，光刻胶能够有效地保护部分表面而不被腐蚀。

第九,腐蚀,是光刻加工的另一个关键步骤。通过利用光刻胶作为掩蔽层,进行干法或湿法腐蚀，实现期望的图形。

第十，用干法或湿法去除光刻胶膜，将不需要的胶去除，从而得到最终的微细加工产品。

（一）光刻掩模制作

在硅片微电子制造过程中，掩模起着关键的作用。掩模的基本功能是根据图形区和非图形区对光的吸收和透过能力的不同，在硅片上转印图形结构。这一过程是通过将掩模与硅片结合，使图形区的光透过掩模并被照射到硅片上，而非图形区则被掩模所遮挡。这种选择性曝光和遮挡使硅片上能够形成所需的图形结构。掩模有四种组合方式，可以用于掩模和硅片之间的结构，这些组合方式能够适应不同的微电子制造需求。制造掩模的技术起源于光刻技术，随着发展逐渐独立演变。整个掩模制造过程包括版图设计、掩模原版制造、主掩模制造和工作掩模制造四个阶段。

目前，先进的掩模制版技术采用计算机辅助设计和电子束曝光或光学图形发生器制版，以提高掩模的精度。步进重复光刻机是一种重要的设备，它能够缩小掩模原版图像并以每个小片的步距进行曝光，从而在制作掩模时提高效率和准确性。

掩模的制作过程十分复杂，涉及多个微细加工步骤。首先是基片前处理，它是为了保证掩模的质量和稳定性。接着进行涂抗蚀剂处理，该层涂层能够在后续步骤中形成图形。预烘是为了使涂层在掩模上牢固附着。曝光是关键步骤，光刻机会将版图上的图形转移到掩模上。接下来是显影步骤，它使得非固定的抗蚀剂被去除，显现出掩模图案。后烘的目的是稳定掩模的结构。刻蚀是为了去除掩模上多余的物质，使图形能够准确转移到硅片上。最后，进行去胶步骤，确保掩模的表面干净。

（二）涂胶工序

涂胶工序即在半导体基片表面的薄膜材料层上，根据曝光方式和芯片制造工艺的需要，涂覆相应的光致抗蚀剂或其他类型抗蚀剂。

1. 电致抗蚀剂

电致抗蚀剂是一种专门用于电子束曝光的抗蚀剂，电致抗蚀剂具有很高的分辨率（0.1 μm 甚至更高）、辐照灵敏度高、针孔少等优点；对白光和紫外光不敏感，可在白光下操作。以聚甲基丙烯酸甲酯为主体的是正性电致抗蚀剂，抗蚀剂中的高分子聚合物受到电子束轰击，化学键断裂，形成较短的分子段，其结果使电子辐照区域的分子量减少，变得容易被显影液溶解。常用的有 PMMA 胶和 PBS 胶。而以聚乙烯醇肉桂酸肉桂叉乙酸酯为主体的是负性电致抗蚀剂，它受到电子束的轰击后发生交联键合，使聚合物变成具有复杂三维结构的高分子材料，分子量比未受辐射区域的大得多，难被显影剂溶解。常用的有 COP 胶。与负性光致抗蚀剂一样，COP 在显影时也会膨胀，因而分辨率只能达 1 μm 左右，然而负性抗蚀剂 COP 的灵敏度却比正性抗蚀剂 PMMA 高得多。在硒化诸锗（GeSe）等无机薄膜材料上涂银，经辐照可生成反差比很大（ $\gamma=3.5$ ）的 GeSe 膜，也是一种负性抗蚀剂。

可以用电子束抗蚀剂作为 X 射线抗蚀剂，这是因为原子吸收 X 射线后处于受激态并发射电子，原子从受激态回到基态阶又发射不同于入射波长的 X 射线，它再次激发二次电子，如此反复，抗蚀剂相当于受到大量二次电子辐照，使其发生交联或断裂。DCOPA 胶因有很低的吸收能量阈值，所以是一种很受瞩目的 X 射线负性抗蚀剂。

2. 光致抗蚀剂

光致抗蚀剂（俗称光刻胶，又称为感光胶）是一种经光辐照后溶解特性起变化的感光材料，经光照后变得更容易被显影剂溶解的，称为正性光致抗蚀剂，相反，经光照后变得难于被显影剂溶解的，称为负性光致抗蚀剂，其敏感波长为 300 ~ 450nm 的紫外光。

正性光致抗蚀剂以重氮萘醌为主，其成膜载体为线性酚醛树脂。在基片表面涂覆正性光致抗蚀剂，通过光掩模板掩蔽曝光再经碱性显影液显影即可生成与掩模板一致的正性抗蚀掩蔽膜。正性光致抗蚀剂有很高的分辨率、较高的抗干法刻蚀能力和抗热处理能力，其缺点是黏附力差、抗湿法刻蚀能力差。

负性光致抗蚀剂大体分两类：一类是以 KPR 胶为代表的聚乙烯醇肉桂酸酯胶，感光树脂分子的侧链上带有肉桂酸基感光官能团，在紫外作用下，它们侧链上肉桂酰官能团里的 C—C 双键发生二聚反应，引起聚合物分子间的交联，转变为不溶于显影剂的物质，而没有被曝光的区域仍可溶于显影剂因而生成与光掩模相反的负图形抗蚀掩蔽膜；另一类是以 OMR 胶为代表的负性胶，它由聚烃类环化橡胶和双叠氯交联剂等成分组成。

负性胶具有与衬底材料及金属材料黏附性好、不易钻蚀、留膜率高、耐腐蚀、感光灵敏度高及加工宽容度大等优点，其缺点是显影时容易发生膨胀，影响尺寸精度，分辨率较低。

3. 深紫外抗蚀剂

深紫外抗蚀剂是指敏感波长达 300nm 以下的紫外抗蚀剂。常用的有聚苯乙烯类的负性深紫外抗蚀剂，其分辨率高、抗蚀性能好，在其结构上引进氯甲基基团后，可提高感光灵敏度，它也是较好的电子束和 X 射线抗蚀剂。而 PMMA 胶对 220nm 波长的深紫外光也有较高的吸收率，受光时主链断裂，分子量减少，溶解度增大，为改善灵敏度需加入增感剂。PMMA 胶分辨率高，反差大，透过性好，通常也可作为抗蚀剂。

（三）曝光技术

曝光技术可以从曝光能量束、掩模处于不同空间位置等来分类考察。

1. 不同能量束的曝光技术

从能量束角度来看，目前微机械光刻采用的主要技术有电子束曝光技术、离子束曝光技术、X射线曝光技术、远紫外曝光技术和紫外准分子激光曝光技术等。其中，离子束曝光技术具有高分辨率；电子束曝光技术代表了最成熟的亚微米级曝光技术；紫外准分子激光曝光技术则具有最佳的经济性，是近年来发展极快且实用性较强的曝光技术，已在大批量生产中处于主导地位。曝光技术的比较如表3-1所示①。

表3-1　几种曝光方式的比较

能量束指标	电子束	离子束	X射线	准分子激光
极限分辨率	0.1μm	0.04μm	0.2μm	0.2μm
目前达到的曝光尺寸	0.01μm（实验） 0.1μm（生产）	0.012μm（实验） 0.1μm（生产）	0.2μm（实验） 0.3μm（生产）	0.3μm（实验） 0.5μm（生产）
技术经济性比较	曝光较慢，设备昂贵，生产效益较差，用于产品研制和小批量生产	最高的分辨率，较高的曝光速度，掩模选材难，可用于生产	设备庞大，成本昂贵，掩模制造困难，生产应用受限制	曝光速度快，质量较好，可进行高效率加工，实用性强

（1）远紫外曝光技术。远紫外光的波长为200～300nm，与以往光刻曝光工艺中采用的400nm左右的紫外光相比，光的波长缩短一半左右，因此可以获得更高分辨率的光刻线条。远紫外曝光光源常用长弧形汞灯和氙–汞短弧光灯。这种曝光方式的光学系统原则上可以用接触式、接近式和投影式等结构。

远紫外曝光技术的价值取决于有无合适的抗蚀剂，曝光机构的输出光谱和抗蚀剂吸收光谱之间的匹配程度决定了这种曝光技术的生产能力。实际上，要得到直壁式的抗蚀剂图形轮廓，要求抗蚀剂只能吸收少量的入射光（一般低于20%）。另外，吸收太少的入射光会增加实际的曝光时间。

对于掩模，常用高质量的人造石英作掩模基底材料，它对远紫外光有良好的透射性；而用铝膜或铬膜作为对远紫外光的掩蔽膜。

① 周静．近代材料科学研究技术进展[M]．武汉：武汉理工大学出版社，2012：449.

（2）电子束曝光技术。电子束曝光技术自 20 世纪 60 年代起源，是一种用于直接绘制或复制微细图案的高级图形加工技术。它通过使用电子束在有机聚合物薄膜上进行曝光，旨在获得高分辨率的电子抗蚀剂图案，以便用于制造亚微米高分辨率微细图形。

这项技术独具多重优势，其中包括高分辨率、高生产效率和低成本。电子束曝光通常被用于制造亚微米尺寸的高分辨率微细图案，使其在微电子学和纳米技术领域得到广泛应用。

电子束曝光的主要突破在于克服了传统光刻技术中的衍射效应限制，因而能够获得亚微米级别的图形分辨率。目前，这项技术已经发展到可以实现 0.008 μ m 的惊人分辨率，为微电子学领域带来了新的可能性。而扫描电子束曝光技术是在扫描电镜基础上发展而来的，它不仅用于制造微细器件，还广泛应用于光刻掩模、磁泡存储器、集成光路、声表面波器件等不同线宽范围的器件制造。

在微电子学的发展中，电子束曝光技术被认为是一项重要的进步。它不仅能够生产出复杂的微细结构，还能在纳米级别上实现高度精确的制造。这使得该技术在半导体工业、信息技术、生物医学和其他领域得到广泛应用。尽管电子束曝光技术具有诸多优点，但也存在一些缺点。其中之一是设备成本较高，特别是在追求更高分辨率时。此外，曝光速度和覆盖面积仍然需要改进，以进一步提高生产效率。

在光学曝光和电子束投影曝光制作掩模中，扫描电子束曝光技术已经迅速发展。主要原因之一是这种制版方式只需要一次，同时具有较少的缺陷，因此得到了广泛的应用。

电子束曝光的优势在于可以通过 CAD/CAM 软件进行控制，使得整个过程灵活且方便。整个工艺包括电子枪发射电子束，经由偏转系统的作用，在涂有抗蚀剂的硅片上进行扫描曝光。在电子束曝光机中，最为关键的部件是电子光学柱系统。这种系统最常见的类型包括高斯圆形束、固定成形束和可变矩形束电子光学柱。这些光学柱的设计允许在不同需求下实现更加精确的曝光控制。

控制系统在电子束曝光机中主要负责光闸机构、偏转系统以及工作台的控制。通过这些控制系统的协作，可以实现对电子束的高度精确的定位和调整。

扫描电子束曝光机的扫描方式主要包括光栅扫描和矢量扫描。此外，还有一些机器采用光栅和矢量的混合扫描以及多束同时扫描的方式。这些不同的扫描方式可以满足不同应用场景的需求。

光栅扫描法是其中一种较为常见的方式，通过控制光闸的通断来实现曝光控制。在这种方式下，又可以分为分步重复光栅扫描和连续光栅扫描两种。虽然计算机需要对整个扫描场进行寻址，但实际图形曝光面积较少，因此系统设计相对较为简单。

在分步重复光栅扫描中，电子束以满场二维光栅扫描的方式在扫描场内移动，然后工作台会逐步进到下一个扫描场，接着再次进行光栅扫描。这个过程持续进行，直到整个基片的图形曝光完成。

与之不同，连续光栅扫描采用了不同的方法。在这种方式下，电子束会在一个方向上进行小距离的光栅扫描，而工作台则沿着垂直方向连续运动。通过这样的步骤，整个基片的图形曝光得以完成，需要多次重复这个过程。

光栅扫描法需要计算机对整个扫描场进行寻址。尽管如此，实际上需要曝光的图形面积通常只占基片总面积的 20% ~ 30%。这就导致大量的寻址时间没有用于进行实际的图形曝光，从而降低了效率。虽然光栅扫描法的系统设计相对简单，但在实际运行中，大多数时间都花费在寻址过程上，而并非用于图形曝光。这使得其曝光效率不如人们所期望的那么高。

相比之下，矢量扫描方式采用了不同的策略。它通过电子束沿着矢量从参考点偏转，然后依次对图形进行曝光。由于只需对占有图形的区域进行寻址和曝光，而无须对整个扫描场进行寻址，矢量扫描法的曝光效率更高。

（3）离子束及其曝光技术。离子束是一种带电原子或带电分子的束状流。它具有与电子相似的特性，如能被电磁透镜聚焦成细束、在高电压加速下具有很大的动能、能被电场或磁场偏转等。

从加工的角度来看，离子束在这些特性上更优于电子束：①在同一加速电压下，离子束的波长更短，如电子为 5.3×10^{-3}nm，离子则小于 10^{-4}nm，因此散射角小，加工精度高。②离子质量大，转换给物质的能量多，穿透深度比电子束小，反向散射能量比电子束小。因此完成同样的加工，离子束所需能量比电子束小，并且主要是无热加工，而电子束加工则主要是一种热过程。如切割铁板或在它上面打孔时，电子束所需功率密度为 10^{8}W/cm^{2}，离子束仅需 10^{6}W/cm^{2}。③离子束对物质的压力比电子束大，且热效应比电子束小，可以用于微量加工，特别适用于绝缘体或半导体的加工。

按离子束发射机制的不同，离子源可分为固体表面离子源、气体与蒸汽离子源（通常称为等离子体型离子源）和液态金属离子源（LMIS）三大类型。等离子体是由大量的电子和离子以及少量的原子或分子组成的电中性混合气体。获得等离子体的关键是气体电子系统被电离。产生气体电离的方法包括：热电离、光电离和碰撞电离。

离子束微细加工技术，如曝光、刻蚀、注入等，通常有掩模和聚焦两种方式，这与电子束曝光技术中的扫描曝光（聚焦方式）和投影曝光（掩模方式）相类似。聚焦方式无须掩模，但生产效率低；掩模方式存在掩模制造的困难和掩模与加工兼容性的矛盾，但生产效率高。聚焦离子束加工方式采用液态金属离子源，因为 LMIS 的优点是亮度高、束径小（近似点发射），但当采用掩模方式进行加工时，就必须采用平行离子束源。近似点发射的 LMIS 不可能产生平行离子束，但气体或固体离子源却有优势。事实上无论传统或现在的离子束加工都广泛使用气体源和固体源，这些离子源应用较早，比较成熟，并且掩模方式的离子束装置比聚焦方式的简单，生产效率也高。

（4）X 射线曝光技术。X 射线的波长极短，为数十纳米，它为发展高分辨率的图形加工工艺提供了可能性。

X 射线曝光技术的原理：高能电子束轰击靶材料，使靶释放出 X 射线作为照明光源。从靶辐射出的 X 射线先透过很薄的滤光窗（铍对 X 射线的吸收率最低，所以通常由 10 ~ 20μm 厚的铍材料做滤光窗），在常压 He 气氛下，经掩模对片子上的抗蚀剂进行曝光。滤光窗薄膜的作用是遮挡从靶反射的电子和从 X 射线源发出的热辐射。除用铍做窗口材料以外，也有用铝和硅等材料的。由于 X 射线的波长很短，因此接近式曝光可以忽略衍射效应。X 射线曝光用的掩模和抗蚀剂材料与传统的紫外曝光所用的材料和加工方法不同。

作为曝光用的 X 射线源，可以采用电子束或激光束来激发靶物质辐射出特征 X 射线，也可以采用同步加速器辐射的 X 射线。原理是激光使 Cu 或 Fe 等变成等离子体状态，然后从等离子体状态回到基态时发出 X 射线。主要问题是由于曝光时间短，掩模和晶片在曝光期间吸收的能量来不及消散，掩模、抗蚀剂膜和硅片可能受到损伤。

同步辐射源是目前亮度最高的软 X 射线源，其输出功率高、定向性好。同步辐射源是由同步加速器或存储环内的高能相对论性电子发射出来的。这种电子由电磁场进行加速，加速方向与它们的运动方向垂直。发射出来的辐射谱从微波波长区经过红外、可见光、紫外波长区，一直延伸到 X 射线波长区。从辐射安全角度上考虑，这种设备必须进行遥控试验，使用起来不方便，必然会提高成本。同步辐射源的主要缺点是价格昂贵。

因为任何材料对 X 射线均有吸收能力，所以现实中很难找到理想的掩模材料，只是吸收系数的大小有所不同。从实际情况和像的反差要求来考虑，通常采用低吸收系数的轻元素所做的低相对密度薄膜做透膜材料，它与掩蔽用的重元素吸收体相配合而构成掩模。底板透膜材料为厚 2 ~ 10 μm 的 Si、Si_3N_4、Al_2O_3 及聚酯等。吸收体常采用适于加工成图形、厚 0.2 ~ 0.5 μm 的 Au 蒸发沉积模。Au 对于 0.834nm 的 X 射线的吸收能力约为 Si 的 50 倍。透射膜需要在大于一个芯片面积的范围内没有扭曲变形。硅工艺现在已较成熟，比较容易得到均匀、平坦的硅晶片。因此，用硅材料做透射膜较为理想。但可见光无法穿过硅膜，因而在曝光时不可能用单一的一种光学方法进行掩模、晶片对准，这是硅透膜的不足之处。

光刻技术中所用的抗蚀剂分为光致抗蚀剂和电子抗蚀剂两种。光致抗蚀剂是对较长波长的照射光（如紫外光）比较敏感的抗蚀剂。电子抗蚀剂是对较短波长的照射光（如电子束、离子束、X 射线和远紫外光等）比较敏感的抗蚀剂。

目前 X 射线曝光技术中用得最多的是 PMMA 抗蚀剂，其优点是分辨率高，但灵敏度较低，约为 $500J/cm^3$。

在微细加工技术中，图形位置的对准是一个重要问题。无论何种曝光方式，只要不是一次或单视场曝光就可以完成，都存在对准问题。当一个视场与另一个视场精密拼接组成一幅大的完整图形时，存在着套刻精度控制问题。图形精度控制是指控制像差、临近效应等误差源，使视场内的曝光图形精度（线宽精度、图形变形精度等）处在误差允许的范围内。精度（拼接、套刻、图形）、分辨率和生产能力是衡量任何一个微细加工图形设备的基本指标，而对准方法是实现高精度 IC 图形加工的重要手段。一般要求图形位置的对准精度为图形主要线条尺寸的 10% 左右。在分步投影曝光中采用激光干涉仪精密定位以实现图形拼接。

通常为了实现精密对准，都要在掩模和晶片上制作对准标记，标记形状呈“十”字形、“V”形、“T”形等。

在曝光之前先要调整二者标记对准重合。不同的曝光手段有不同的对准方法。对于 X 射线曝光，掩模和晶片上的对准标记具有相反的掩模特性。对准标记重合时，透过标记的光或者 X 射线为零，当标记不重合时检测器会直接检测出标记处透射量的变化。另外，也可使用能引起荧光的 X 射线来进行检测。由于 X 射线难以偏转，一般只能用机械构件来实现位置调节对准。除要移动掩模和晶片的相对位置坐标 X、Y、Z 以外，还要适当转动，使二者相对平行。位置微调可采用电磁力、音圈马达及电致伸缩陶瓷 PZT 等驱动。由于它们的调节范围小，因此还需要同其他稳定的粗调机构结合使用。

X 射线的波长短，基本上可以忽略其衍射现象，因此 X 射线曝光能得到纵横比大且清晰的抗蚀剂图形。它是光学曝光中获得亚微米实用图形分辨率的主要手段。传统光刻可获得的最小实用线条尺寸为 2 μm（采用波长为 200nm 的远紫外光），很难满足 VLSI 的加工要求。

X 射线可穿透尘埃，用它曝光可消除因尘埃引起的图形缺陷，从而对环境的净化要求比较低。

X 射线曝光技术的缺点主要表现如下。

第一，X 射线发射效率低，即利用率低，曝光复制的速度受到影响。

第二，需要探寻反差大的掩模材料。掩模制造工艺复杂、困难，成本也高。掩模图形只能靠传统的光学图形发生器或电子束图形发生器来产生。

第三，对准问题需要进一步解决。X 射线难以偏转，只能靠机械结构来实现图形位置的高精度对准。

2. 不同空间位置的曝光技术

（1）接触式曝光与非接触式曝光。评价曝光方法或机构的性能主要有三个指标：①分辨率，它表示在大于 1 μm 厚的抗蚀剂上经过反复曝光和显影而得到的最小线宽或线条间隔的图形尺度。②套刻精度，它表示各层掩模之间的重叠精度。③生产加工效率。

接触式曝光就是将掩模与制作图形的抗蚀剂直接接触进行曝光。二者通过机械装置压紧或真空吸住压紧、喷气压紧等方式实现紧密接触。这种曝光方式的优点在于掩模与抗蚀剂薄膜紧密接触，像差小并提高了分辨率；缺点是紧密接触易损坏掩模与硅片，并会产生间距误差。一块掩模的造价很高，却只能用 10 ~ 20 次。接触式曝光用得最多的是在 20 世纪 60 年代，目前这种方法已不常用。

非接触式光学曝光技术是指掩模与衬底抗蚀剂不直接接触而实现图形复印曝光的方法。由于二者是分离的，这就会有许多种组合方式。但常用的只有接近式和投影式曝光两种方式。非接触式曝光虽然可以克服接触式曝光易损坏掩模和硅片的缺点，但是光线的衍射效应又会降低图形曝光的分辨率。

微细加工的特点之一就是各种图形线条靠得很近，因此衍射现象会使相互靠得很近的线条边缘的光条纹彼此重合起来，从而使图形变得模糊不清而影响分辨率。改善的途径主要有以下两个。

第一，适当选择波长 λ 和间距 s。但是 s 也不能取值太小，否则就难以控制，并且掩模和硅片的损坏也不易避免。

第二，优化设计光源与光学系统。

接近式曝光的优点是延长了掩模的使用寿命，与接触式曝光方式相比较，在相同的曝光次数下，掩模寿命要延长 10 倍以上。考虑到不同图形的制作要求，间距 s 是可调的。在大批量生产中，s 取 10 ~ 20 μm 时所能获得的线条极限宽度为 3 ~ 4 μm。

（2）投影式曝光。投影式曝光是通过光学系统将掩模图形反射或透射到硅片或其他涂覆感光材料的衬底上成像的方法。按照投影成像倍数的不同，投影式曝光可分为 1 ∶ 1 投影曝光和缩小投影曝光两种方式。

第一，1 ∶ 1 全反射曝光技术。这种方法的优点包括：①不出现像差。由于是全反射系统，因此没有色差。系统使物、像均位于垂直于光轴的平面内，其相对位置完全对称，也没有彗差及畸变。②由于在曝光及观察中可以使用连续波长，因此不受驻波干涉。③因为仅使用表面反射系统，所以不受在折射系统中存在的于透镜界面上产生弥散、反射等杂乱光的不良影响，也没有幻象及光斑等，从而可形成清晰的图像，1 ∶ 1 全反射投影曝光并非接触式或接近式那样的静止曝光，而是以动态扫描形式进行。

衍射效应也会影响投影曝光的分辨率。短波长的照射光与大数值孔径的镜头能提高图像的分辨率，从而获得细线条的图像尺寸。通常 1 ∶ 1 全反射投影透镜镜头的数值孔径在 0.16 左右。同时也应看到减小波长与提高数值孔径会减小焦深。当基片的表面不平度超过焦深时，就不易在起伏不平的片子上作出清晰的图形。所以，分辨率与焦深必须综合考虑。

视场与线宽之比也要受限制（实用上，视场宽度不大于线条宽度的 5000 倍），否则会影响曝光图形的质量。除分辨率之外，曝光系统还必须满足一定的精度要求。显然定位精度要高于图形分辨率。例如，对于 1 μm 的图形分辨率必须达到亚微米级的重合精度。

第二，缩小投影曝光技术。缩小投影曝光是在 1 ∶ 1 投影曝光结构原理的基础上，采用具有高分辨率的缩小透镜，把中间掩模图形加以缩小并投影到片子上进行曝光。通常缩小率有 1/10、1/7、1/4 等。

缩小投影曝光技术与 1 ∶ 1 全反射投影曝光技术在原理和结构上最大的不同在于前者采用分步重复缩小投影曝光，而后者是掩模和基片同步快速做均匀、连续地扫描运动。分步重复缩小投影曝光机，在国外简称 DSW 系统，即“在硅片上直接分步”形成图形。

随着集成度的提高、芯片面积的增大和电路图形宽度的缩小，使得一幅 IC 图形既复杂精细又占很大面积。照射光线没有如此大的视场，也不可能在大视场里处处精确、清晰地投影曝光出微细图形。因此，把大视场分割成很多小视场，精确定位的机械系统将中间掩模和片子同步逐个移到一个小视区，对每个小视场依次进行缩小投影曝光，直到中间掩模的图像全部一对一地复印到整个基片表面为止。

缩小投影曝光系统的优点包括：①把一块并不“十分平整”（如平整度允许偏差在微米级）的片子分割成很多小单元后，在每个小单元里，就可认为“比较平整”了。这样，在小视场内就可以用较大数值孔径的投影系统，在不影响曝光清晰度的前提下将图形的分辨率提高。现有的缩小投影曝光系统的数值孔径最高可达 0.4。光学分步重复投影曝光能够在衬底有形变和不十分平整的情况下，以较高的分辨率复印图形。②简化中间掩模的制造工艺，获得较好的掩模反差和尺寸精度。因为掩模的尺寸比曝光的片子的尺寸大很多倍，所以掩模尺寸及掩模图形线条可做得较大，这样制造方便，精度也高。

典型的分步重复曝光系统由高强度的汞灯源、进行准直和聚光的透镜系统（如蝇眼光积分器）、缩小透镜系统及片子分步重复和精确定位的机械系统（如激光干涉仪）等组成。

与 1 ∶ 1 全反射投影曝光系统相比较，DSW 系统的不足之处是设备比较昂贵（为前者的 2 ~ 3 倍），曝光效率比较低（为前者的 1/2 左右）。

（四）显影技术

显影是对经曝光溶解性发生变化的已“潜影”的抗蚀剂进行选择性溶解。正性抗蚀剂通常使用碱性显影液溶解掉被曝光的区域，而负性抗蚀剂的显影剂则溶解掉没被曝光的区域。显影液的主要成分是显影能力很强的二甲苯和缓冲剂，由于二甲苯的渗透力很强，会引起聚合物膨胀，在漂洗工序中，使用对二甲苯溶解力很强的醋酸丁酯，可改善膨胀引起的尺寸精度变化。

光刻胶曝光后内部吸收光能密度分布不均匀，和成像面的光强分布不完全吻合，一部分成像光束在进入胶层后被感光材料吸收而衰减，另一部分到达基片表面又被反射回来与入射光发生干涉产生驻波效应，还有一部分被散射到邻近区域，从而在抗蚀剂内部形成相当复杂的吸收能量分布，采用高性能的正性抗蚀剂、增加曝光后显影前的烘烤、选择最佳曝光显影条件，有可能以较差的成像光强分布获得质量较好的显影轮廓图形，一般来说，由于抗蚀剂具有高反差的特性，显影后抗蚀剂剖面的轮廓优于图像光强分布剖面。

为克服传统湿法显影中抗蚀剂膨胀和化学污染等问题，近年来，人们发展了干法显影抗蚀剂和干法显影技术。干法显影技术是利用抗蚀剂受电子束辐照后，受辐照区和未辐照区等离子刻蚀速度的差异性所形成抗蚀剂自显影特性和热显影特性，实现束致干法显影。干法显影技术促进了以电子束扫描成像技术、离子束扫描成像及扫描注入技术、干法刻蚀技术、无显影刻蚀技术及分子束外延技术等组成全干法加工工艺的发展。

二、刻蚀技术

刻蚀是一种微细加工技术，常常与光刻技术配对出现，主要分为湿法刻蚀和干法刻蚀两种方式。

湿法刻蚀采用化学异向刻蚀的方式，它具有横向欠刻蚀特性，也就是刻蚀速度会受到晶体取向的影响。这种方法通常用于金属、玻璃、塑料等材料的大批量加工，以及半导体材料和金属薄膜等的微细加工。在湿法刻蚀中，刻蚀液与金属材料发生氧化还原反应，因此刻蚀效果较好。然而，由于其各向同性的特点，容易产生塌边现象，即形成边缘不光滑的表面。

干法刻蚀，它利用高能束进行刻蚀，特别适用于硅微细加工。相较于湿法刻蚀，干法刻蚀具有更高的选择性，但也可能会导致较大的晶格损伤。

为了描述刻蚀过程中的性能，常常引入刻蚀系数 E 这一参数。刻蚀系数 E 反映了刻蚀纵向深入和侧向钻蚀情况，当侧向钻蚀越小，刻蚀系数越大，图形的分辨率也就越高。

化学刻蚀法并非没有缺陷。在进行化学刻蚀时，刻蚀液中可能会混入有害杂质，造成刻蚀不均匀性，从而影响产品质量。此外，刻蚀过程中产生的放热和放气反应也可能导致刻蚀的不稳定，需要仔细控制刻蚀条件。

在微机械加工中，常常使用刻蚀法来制造微型结构和器件，其中最常用的刻蚀方法有选择刻蚀法和各向异性刻蚀法。

第一，选择刻蚀法。硅中掺入高浓度的硼会对刻蚀速度产生显著影响。

在硅（110）面上使用乙胺、邻苯二酚和水的混合液（EDP）作为刻蚀剂时，当硼的浓度达到 $2.5\times10^{19}cm^{-3}$ 时，刻蚀速度会突然降低到接近于零。这种现象对于微电子器件的制造具有重要意义。浓硼掺杂层可以被用作腐蚀掺杂层，广泛应用于制造压力传感器、流量传感器以及 X 射线、电子束或光刻的掩模。

第二，各向异性刻蚀法。它与晶片的结晶取向密切相关，同时也受掩蔽图形与若干晶面间的对准角影响。这种刻蚀法特别适用于制造“V”形槽子、悬臂梁等微机械的基础结构，以及制造衍射光栅、X 射线反射镜、流量传感器、粒子检测器等微型结构。

各向同性刻蚀法则可以制造任意横向几何形状的微型结构，其高度一般仅为几微米。但当微机械加工需要较大深度时（达几十微米），通常会采用各向异性刻蚀法。

在刻蚀过程中，刻蚀剂起着至关重要的作用。常用的刻蚀剂包括乙胺、邻苯二酚和水的混合液（EDP）、氢氧化钾溶液（KOH 溶液）、氢氟酸（HF）、硝酸（HNO_3）和醋酸的混合液（HNA）。EDP 具有各向异性刻蚀和选择刻蚀性强等特点。KOH 溶液和水制成的刻蚀剂适用于在硅（110）面上开深槽。而 HNA 是一种较为复杂的刻蚀剂，但对于 SiO_2 的掩蔽效果相对较差。

除了传统的刻蚀法，还有一种电化刻蚀技术。电化刻蚀的刻蚀特性受电流和光效应影响，广泛用于去除重掺杂的衬底。通过调整电流密度，可以在硅中形成多孔结构，从而实现特定形状的加工。

第四章　材料科学检测技术基础

第一节　材料组成与结构分析技术

一、材料化学成分分析

（一）分光光度法

材料化学成分分析可以运用分光光度法通过测定未知物质在特定波长处或一定波长范围内的吸光度或发光强度，从而对物质进行定性和定量分析。该方法的实验基础是Lambert–Beer定律，即当一束平行的单色光通过溶液时，溶液的吸光度（A）与溶液的浓度（c）和厚度（b）的乘积成正比，其数学表达式为：

$$A=-\lg T=\lg\frac{I_0}{I}=\varepsilon bc \tag{4-1}$$

式中：A——吸光度；

T——透射比（透光度），是出射光强度（I）与入射光强度（I_0）之比；

ε——摩尔吸光系数，L/（mol · cm），它与吸收物质的性质及入射光的波长 λ 有关；

c——吸光物质的浓度，mol/L；

b——吸收层厚度，cm。

在分光光度计中，用不同波长的光连续照射一定浓度的样品溶液，可得到与波长相对应的光的吸收强度。如以波长（λ）为横坐标，吸光度（A）为纵坐标，就可绘出样品的吸收光谱曲线，从而对样品进行定性、定量分析。

分光光度法可用紫外光、可见光、红外光作为照明光源，邻二氮杂菲分光光度法测定铁为可见光光度法，测定时采用可见光作为光源。

分光光度法测定物质含量时应注意显色反应条件和测量吸光度条件。显色反应条件有显色剂用量、介质的酸度、显色时溶液的温度、显色时间及干扰物质的消除等；测量吸光度条件包括入射光波长、吸光度范围和参比溶液的选择等。

（二）邻二氮杂菲 - 亚铁络合物

邻二氮杂菲是测定微量铁的一种较好试剂，在 pH=2 ～ 9 的条件下，Fe^{2+} 离子与邻二氮杂菲生成橘红色络合物，反应式如下：

$$Fe^{2+} + 3\,phen \longrightarrow [Fe(phen)_3]^{2+}$$

此络合物的表观稳定常数 $\lg K_{稳} = 21.3$，极其稳定，摩尔吸光系数 $\varepsilon_{510}=1.1\times 10^4 L/(mol\cdot cm)$。在显色前，先用盐酸羟胺把 Fe^{3+} 离子还原为 Fe^{2+} 离子，其反应式如下：

$$2Fe^{3+} + 2NH_2OH\cdot HCl \longrightarrow 2Fe^{2+} + N_2 + 2H_2O + 4H^+ + 2Cl^-$$

测定时，溶液酸度控制在 pH=5 左右较为适宜。酸度过高，反应进行较慢；酸度太低，则 Fe^{2+} 离子水解，影响显色。

本方法选择性高，但 Bi^{3+}、Cd^{2+}、Hg^{2+}、Ag、Zn^{2+} 等离子会与显色剂生成沉淀，Ca^{2+}、Cu^{2+}、Ni^{2+} 等离子甚至会与显色剂形成有色络合物，因此当与这些离子共存时，应注意它们的干扰作用。

二、金相显微技术

（一）金属材料显微试样

用金相显微镜观察金属及合金的组织、内部缺陷的方法叫显微分析。显微分析包括显微试样的制作和利用显微镜研究金属及合金的组织与缺陷两个方面。用某种特殊方法制成的、可供在显微镜下观察的试样叫显微试样。制作显微试样时必须遵守操作规程，否则制出的试样不能正确显示金属的组织，

甚至可能带来假象。显微分析可用于：①观察及分析金属内部晶粒的大小、形状。②研究金属及合金经过冷、热加工后的组织变化。③评定检验金属质量，如非金属夹杂物的数量及分布等。

1. 取样

试样的截取应尽可能客观全面地代表被截取的材料，必须根据金属的制备方法、检验目的、相关标准等来决定试样截取的方向、部位和数量。对于常规试样，应在能代表材料特征的位置截取，应包含完整的加工处理及热影响区；对于失效分析试样，应尽可能在断裂或开始失效的位置截取；对于铸件等不均匀材料，由于偏析现象的存在，所以必须从表层到中心同时取样观察；对于经过轧制及锻造加工的各向异性材料，则应同时截取横向和纵向试样，以便分析表层缺陷和非金属夹杂物的分布情况；而对于经过热处理的均匀材料，可截取任一截面。

试样尺寸通常以直径为 12 ~ 15mm 的圆柱体或高度和边长均为 12 ~ 15mm 的方形体为宜。试样可用砂轮切割、电火花切割、机械加工（车、铣、刨、磨）、手锯及剪切等方法截取，必要时也可使用氧 – 乙炔火焰气割法截取，硬而脆的材料可使用锤击法。试样截取时应尽量避免对试样的组织造成影响，如变形、过热等；如果截取过程产生高温，则应在截取时使用冷却液等预防措施。对于出现的热影响层或变形层，必须在后续操作中使用砂轮磨削等方式去除。

2. 镶嵌

镶嵌的目的是便于后续的磨制、抛光或保护试样边缘。对于需要观察表面处理层或薄膜截面形貌的试样，可以防止试样在后续的磨制及抛光过程中出现边缘倒角而影响组织观察；对于细丝、薄片、小块体等不便于手持的异形试样，通过镶嵌或夹持以利于后续的磨抛等。以下情形，试样需要镶嵌：①试样尺寸较小，如薄板、丝带材、细管等。②试样过软、易碎、形状不规则。③检验边缘组织，如分析涂层、激光熔覆层的显微组织等。④用于自动化磨抛的标准化制样。

（1）树脂镶嵌法。最常用的镶嵌法是将试样镶嵌在树脂内。镶嵌时，可根据不同的检验目的选择不同的树脂。

冷镶法：将试样被检面向下，放在合适尺寸的冷镶模中。冷镶模下方放置一块玻璃板，并在其表面涂抹一薄层凡士林油，以防冷镶剂与玻璃板黏结在一起。将树脂与固化剂按一定比例混合在一起，并充分搅拌均匀（搅拌过程中尽量避免出现气泡，其过程为放热反应），然后将冷镶剂从试样四周注入（注入时谨防将试样冲倒），在室温下固化成形。冷镶法一般适用于不宜受压的软材料、组织结构对温度或压力变化敏感的材料或熔点较低的材料。常见的冷镶材料有环氧树脂、丙烯酸树脂、聚酯树脂，也可使用牙托粉和牙托水。其中，环氧树脂具有放热量小、固化收缩小、透明、固化缓慢等特点，应用较广；一般将环氧树脂和固化剂按 10 ∶ 1 的比例混合，注入后在室温下放置 24h 即可完成镶嵌。

热镶法：热镶法是指将试样和热镶嵌树脂放入镶嵌机模具内，然后加热（110 ~ 150℃）、加压、保温（8 ~ 10min），使试样与热镶嵌树脂紧密地结合在一起的方法。冷却后脱模即完成镶嵌，实验室常见的镶嵌机为 XQ–2B 型镶嵌机。使用该设备镶嵌时，先使底模上升至与模套口基本持平，将试样被检面向下放在底模上，随后使底模下降，加压至指示灯亮。当底模下降到一定深度（根据试样的大小和高低）时，加入镶嵌料，然后固定好上模和顶盖，开始加热；当温度达到 140℃时，保温 8 ~ 10min，停止加热；卸载压力冷却 15min 脱模即可完成试样的镶嵌过程。

常用的热镶嵌材料有两大类，即热固性树脂与热塑性树脂。热固性树脂是指树脂加热后产生化学变化而逐渐硬化成形，在受热时既不软化也不融化的树脂。聚酯树脂、环氧树脂、酚醛树脂、三聚氰胺甲醛树脂、糠醛苯酚树脂、聚丁二烯树脂等均属此类。实验室常用的镶嵌料电木粉（或称为胶木粉）是由酚醛树脂和木粉等填料混合制成，也属于热固性树脂。热塑性树脂具有受热软化、冷却硬化的性能，但不起化学反应；在反复受热过程中，分子结构基本不发生变化；但温度过高、时间过长时，则会发生降解或分解。常见热塑性树脂有聚酯丙烯酸、聚氯乙烯、聚苯乙烯等。

此外，还有一些具有特殊功能的镶嵌料，如导电树脂。用导电树脂镶嵌好的试样可直接进行电解抛光或用于扫描电镜观察。

（2）机械夹持法。机械夹持法是指用预先制作好的夹具将试样夹持固定的方法。常用夹具有平板夹具、环形夹具和专用夹具。夹具应选择与试样硬度、化学成分相近的材料来制作，这样不仅可以避免试样制备过程中出现的磨损程度不一，还可以避免形成原电池反应影响腐蚀效果。夹持软材料试样时，不要用力过大，以免试样变形。

3. 研磨

（1）粗磨 / 磨平。粗磨的目的是将截取下来的试样磨平，粗磨可用砂轮或锉刀来完成。用砂轮时，试样与砂轮的接触压力不宜过大，且应随时浸入水中冷却，以保证试样不会因发热而引起组织变化。对于一些软金属，如铝及铝合金、铜及铜合金等，应使用锉刀锉平，因为此类金属可黏结在砂轮上而使砂轮不能正常工作。对于不需要做表面层金相检验的样品，应磨倒角以防止在后续细磨抛光环节划伤砂纸或抛光织物。

（2）细磨 / 磨光。试样完成粗磨后要进行磨光，包括手工磨光和机械磨光。磨光过程中，固定在某种基底（如砂纸的纸基）上的磨料颗粒以高应力划过试样表面，以产生磨屑的形式去除材料，同时在试样表面留下磨痕并形成具有一定深度的变形损伤层。磨光的目的是使试样表面的变形损伤层逐渐减小直至完全消除，即达到试样表面无损伤的目的。在实际操作中，只要变形损伤不影响观察试样的真实组织即可。试样磨光后，磨面上通常还留有极细的磨痕，这些磨痕可在后续的抛光过程中加以消除。试样磨面在磨抛过程中的变化情况。

磨光所用材料主要为研磨盘和砂纸。研磨盘一般是使用酚醛树脂将金刚石微粉黏结于研磨盘内，这种磨盘具有很强的磨削力，适用于硬质、脆性材料的研磨。砂纸有干砂纸（金相砂纸）和水砂纸两种。这两种砂纸都是由纸基、黏结剂、磨料组合而成。磨料主要有 SiC 和 Al_2O_3 等。磨光过程应遵循由粗到细的原则。水砂纸通常用于机械磨光，磨光过程中需要加入水、汽油等润滑冷却剂进行冷却；干砂纸（金相砂纸）常用于手工磨光。

第一，手工磨光。将砂纸摆放在磨样工位上，在砂纸上将试样的磨制面朝下，用大拇指、食指和中指捏持试样，略加压力从后往前推，直至砂纸前部边缘，然后将试样提起并返回到起始位置，再进行第二次磨制。如此“单程单向”反复进行，直至磨制面平整且磨痕方向一致。磨制时对试样的压力要均匀适中，压力小磨削效率慢，压力过大则会增加磨粒与磨面之间的滚动产生过深的划痕，不易消除，而且会导致发热并使试样产生变形层。

待金相试样磨制面平整且磨痕方向一致后，用水冲、纸巾擦拭等方式清洁试样磨制面，以免把上道次的粗磨屑或颗粒带入下道次细的金相砂纸上。依次换上从粗到细的金相砂纸进行手工磨制。磨制过程中要注意的是，下一道次的磨制方向要与上一道次残留的磨痕垂直。每道次磨制程度以试样磨面平整、新磨痕方向一致且覆盖上一道次磨痕为准。

砂纸选择时不宜跳号太多，因为跳号太多，不仅会增加磨削时间，而且前面砂纸留下来的表面变形层和扰乱层也难以消除。砂纸一旦变钝，磨削作用降低，应及时更换新砂纸，否则也会增加表面扰乱层。换砂纸过程中务必将玻璃板和试样清洁干净，以免前面的粗砂粒留在玻璃板上而影响后续磨制；手工磨制结束后，清理工作台面。

第二，机械磨光。机械磨光是用水砂纸在预磨机上进行，磨制时砂纸选择应由粗到细。机械磨光的特点是效率高，同时由于磨制过程中不断有水冷却，热量及磨粒不断被带走，故不容易产生变形层，样品质量容易控制。预磨机的转速通常以 500 ~ 700r/min 为宜。

操作过程如下：先将砂纸用水浸湿，然后用预磨机的金属箍把水砂纸安装在转盘上。安装好砂纸后，打开预磨机电源，调节合适的冷却水流（水流不能太大，防止溅出）；当磨面平整、磨痕方向一致且完全消除上道次磨痕之后，本道次磨制结束。依次换上从粗到细的水砂纸进行下道次磨制。每换一道砂纸前，用冷却水冲洗预磨盘，以免遗留上一道砂纸颗粒而影响后续制样质量。每道次磨制时，磨制方向与上一道次的磨痕方向垂直。

4. 抛光

试样完成磨光后，要用水冲洗以除去磨粒，然后进行抛光。抛光的目的是去除试样磨光后留下的细微磨痕，使之成为平整无瑕的镜面。金相试样的最终质量是由抛光品质决定的，而试样磨面磨光及产生变形层的情况又直接影响抛光品质，因此，在抛光前应仔细检查磨面是否只留有单一方向均匀的细磨痕，否则应重新磨光。金相试样的抛光方法分为机械抛光、电解抛光、化学抛光、振动抛光等。

（1）机械抛光。对于机械抛光的机制，可参考萨默尔斯等人提出的观点，无论是在砂纸上磨光还是在抛光机上抛光，每颗磨粒均可看作一把具有一定迎角的单面刨刀，其中迎角大于临界角的磨粒，起切削作用，而迎角小于临界角的磨粒只能在试样表面压出沟槽。抛光微粉颗粒这两者都要挤压周围的金属，使试样变形，产生表面抛光织物纤维损伤层。损伤层的厚度随着磨粒尺寸的减小而减小，损伤层的存在会带来假象，因此在磨抛过程中，应遵循由粗到细的原则，直至去除损伤层。

抛光布多选用金丝绒布或呢布，抛光磨料可选用抛光膏剂或抛光粉末。膏剂为金刚石研磨膏，常用规格由粗到细有 W3.5、W2.5、W1.5、W1 等，其中的数字代表金刚石粒度，分别为 3.5 μm、2.5 μm、1.5 μm、1 μm。抛光粉末有 Al_2O_3、Cr_2O_3、MgO 等，抛光时加水制成悬浮液。试样进行抛光时，先将抛光布用水浸透，然后安装在抛光盘上（安装方法与前述的水砂纸相同），再将抛光剂均匀地涂抹在抛光布上（膏剂在抛光前直接涂在抛光布表面，而悬浮液则在抛光过程中不断滴注于抛光布上）。开动抛光机，把试样压在抛光盘上。抛光过程中，用力不宜过大。试样的磨痕方向应与转盘的转动方向垂直，同时要不时地往抛光转盘上加水以避免试样过热。加水要适量，加水太多容易冲走磨料而影响抛光效果；加水太少，试样在抛光过程中易过热。当试样的磨面抛得像镜面一样时，抛光工序完成。将试样用水冲洗，再用吹风机吹干。

（2）电解抛光。电解抛光是利用金属试样表面凹凸不平的区域在电解液中的溶解速度不同来实现的。把金属试样表面作为阳极，另一种金属作为阴极，将试样放入电解液中，接通直流电源。由于样品表面高低不平，在表面形成一层厚度不同的薄膜，凸起部分形成的薄膜电阻小，电流密度大，金属溶解速度快；而下凹部分形成的膜较厚，溶解速度慢，这种溶解速率的差异最终使样品表面逐渐平坦，形成光滑表面。

一种简单的电解抛光装置如图 4-1[①] 所示，玻璃电解槽的容量为 0.5 ~ 1L。其外侧配有一个水槽（内装冷水）以保证电解液的工作温度。抛光用的阴极为不锈钢板、铅板或铝板，其面积应大于 $50mm^2$ 以保证电解时电流均匀，阳极为试样。电解抛光大多采用直流电源，使用电压为 0 ~ 100V，电路中串联一个电阻（或变压器），用于改变施加于试样与阴极之间的电解电压。将试样夹持在阳极上并浸入电解液中，欲将抛光面对准阴极，随后接通抛光机直流电源，调整电压至额定值。达到规定时间后取出样品，迅速用水或酒精冲洗、吹干。

① 段辉平．材料科学与工程实验教程 [M]．北京：北京航空航天大学出版社，2019：10-26.

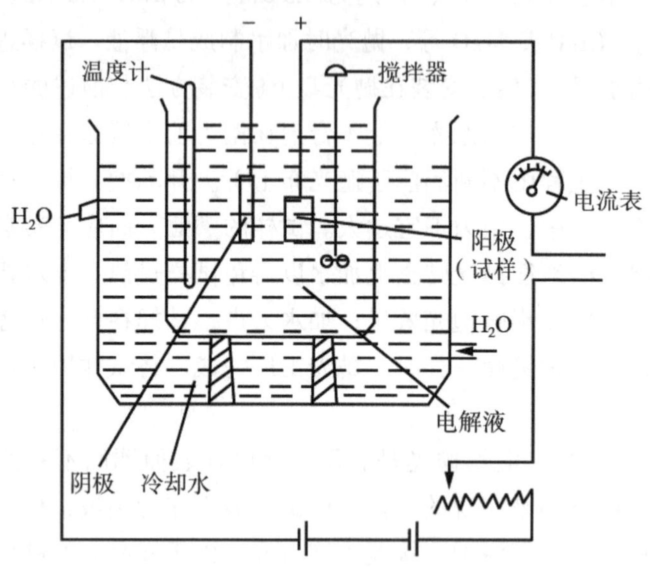

图 4-1　电解抛光装置示意

电解抛光时，不同材料选用的电解液不同，电解抛光规范也不同。可根据预抛光材料的成分及状态在有关的书籍或手册中查找对应的规范。

（3）化学抛光。化学抛光是利用金属试样表面各组成相的电化学电位不同，形成许多微电池，在化学试剂中产生不均匀溶解，逐渐得到光亮表面的方法。试样在溶解过程中会产生一层氧化膜，试样表面凸起部分由于黏膜薄，金属的溶解扩散速度比凹陷部分快，因而逐渐变得平整。化学抛光速度较慢，抛光后只能使表面光滑，不能达到表面平整的要求，但对于纯金属，如铁、铝、铜、银等具有较好的抛光作用。

（4）振动抛光。振动抛光是指在螺旋振动系统的作用下，磨盘上的研磨颗粒、研磨助剂等发生上下振动、由里向外翻转、螺旋式顺时针旋转，同时试样在磨盘上做圆周运动，从而达到抛光的目的。振动抛光常用于去除试样表面的应力或残余变形层，适用于透射电子显微镜（TEM）金属薄膜试样或扫描电镜背散射电子衍射（EBSD）分析样品的制备。

以上几种抛光方法各具特色，都有广泛的应用。对于某些特殊材料，如单独采用某种抛光方法难以达到抛光效果时，可以使用多种方法进行复合抛光。

5. 浸蚀

抛光后的金相试样，在金相显微镜下只能观察到白亮的基体。虽然有些抛光试样可以直接在金相显微镜下分析特定的显微组织，如铸铁中的石墨、钢中的非金属夹杂物等，但大部分金相试样需要通过一些物理或化学方法处理，才能用金相显微镜观察显微组织。物理方法包括光学法、干涉层法等；化学方法主要是浸蚀，包括化学浸蚀和电解浸蚀等。

（1）化学浸蚀。化学浸蚀是通过化学试剂对试样表面的溶解或电化学溶解作用，以显示金属显微组织的方法，也是应用最广泛的浸蚀方法。纯金属或单相合金的浸蚀是一个单纯的化学溶解过程。由于晶界处原子排列不规则，自由能较高，容易产生化学溶解而形成凹沟。在显微镜的垂直照明下，光线在晶界凹沟处被散射，不能全部进入物镜，因而显示为黑色。两相合金或多相合金的浸蚀主要是电化学溶解过程。以两相合金为例，如果合金中两个组成相的电位不同，则在浸蚀过程中，具有较高电位的相成为阴极不被溶解而依然保持光滑，另一相则很快被溶解而形成凹坑，这样就可以在金相显微镜下把两相区分开来。

试样浸蚀效果主要取决于浸蚀剂的种类和浸蚀时间。常见的化学浸蚀剂有酸类、碱类、盐类，其溶剂有水、酒精、甘油等。使用不同的浸蚀剂，同一种材料也会显示不同的效果，因此要根据检验目的选择浸蚀剂。对于浸蚀时间，一般以试样的抛光面失去金属光泽呈浅灰色为宜，时间从几秒到几十秒不等。需要注意的是，对于易氧化材料，浸蚀过程一定不能有水存在，如球墨铸铁浸蚀后，应用无水乙醇冲洗，避免氧化等。化学浸蚀常见的操作方法有浸蚀法、擦蚀法和滴蚀法。

（2）电解浸蚀。电解浸蚀的原理与电解抛光原理相同，所用设备也与电解抛光相同，只是工作电压和工作电流比电解抛光小。电解浸蚀既可以单独进行，也可以和电解抛光联合进行，即电解抛光后随即降低电压进行电解浸蚀。电解浸蚀主要用于化学稳定性较高的一些合金，即抗腐蚀能力好，难以用化学浸蚀方法浸蚀的材料，如不锈钢、耐热钢、镍基合金、经过强塑性变形后的金属等。

（二）金相显微镜的使用

金相显微镜是指用于研究金属显微组织的光学显微镜，是研究金属微观组织最基本的仪器之一。金相显微镜不同于生物显微镜，生物显微镜是利用透射光来观察透明的物体，而金相显微镜则是利用反射光将不透明物体放大后进行观察。

1．金相显微镜的成像原理

凸透镜可以使物体放大成像，但单个透镜或一组透镜构成的放大镜放大倍数有限，若利用另一组透镜将第一次放大的像再次放大，就可以获得更高的放大倍数。金相显微镜正是根据这一原理设计的，其原理如图 4-2 所示。金相显微镜由两组透镜组成，靠近金相试样的一组透镜称为物镜，靠近人眼的一组透镜称为目镜。

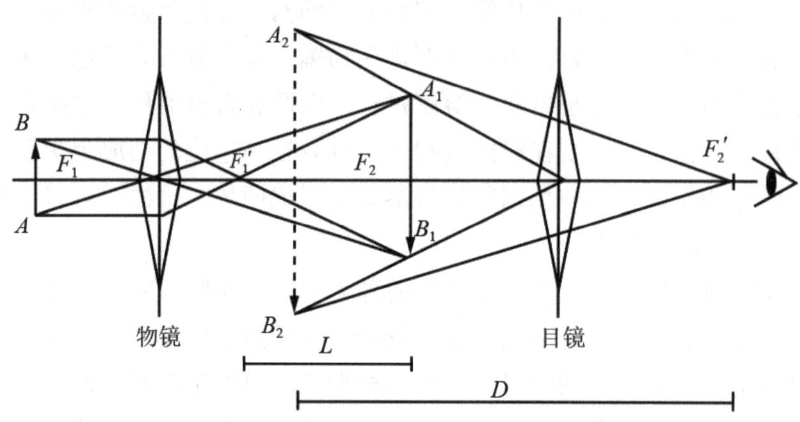

AB——物体；A_1B_1——物镜放大图像（实像）；A_2B_2——目镜放大图像（虚像）；
F_1——物镜的前焦点；F_1'——物镜的后焦点；F_2——目镜的前焦点；F_2'——目镜的后焦点；
L——显微镜的光学镜筒长度；D——人眼明视距离（250㎜）。

图 4-2 金相显微镜成像原理图

当物体 AB 位于物镜的前焦点 F_1 之外，经物镜放大后形成倒立的实像 A_1B_1，而 A_1B_1 落在目镜的前焦点 F_2 之内，经目镜放大后成为一个倒立的虚像 A_2B_2。显微镜的总放大倍数为物镜放大倍数乘以目镜放大倍数，即：

$$M_{总}=M_{物}\times M_{目}=\frac{A_1B_1}{AB}\times\frac{A_2B_2}{A_1B_1} \quad (4-2)$$

目前光学显微镜的最高有效放大倍数为 1500 ～ 2000。

2. 金相显微镜的基本分类

按光路形式及试样所放位置分类，可分为正置式和倒置式两大类。物镜在样品上方，由上向下观察试样的显微镜为正置式金相显微镜；反过来，物镜在样品下方，由下向上观察试样的显微镜为倒置式金相显微镜。

传统上按金相显微镜外形又可分为台式、立式和卧式三类。现代仪器的体积和外形都有所改进，除了便携式的简易显微镜，基本上都属于立式。

3. 金相显微镜的机械构造

金相显微镜的种类和样式很多，但其构造基本相同，通常由光学放大系统、照明系统和机械系统组成。有的显微镜还附有照相装置、偏振光附件、微分干涉附件等装置。照明系统一般包括光源灯箱、照明器等；光学放大系统包括物镜、目镜、中间镜等；机械系统包括显微镜的主体、载物台、镜筒、粗（细）准焦螺旋等。

4. 金相显微镜的光学器件

（1）物镜。物镜是由若干个透镜组成的透镜组，组合使用的目的是克服单个透镜的成像缺陷，提高物镜的成像质量。显微镜的放大作用主要取决于物镜，它是决定显微镜分辨率和成像清晰度的主要部件。根据对透镜色差的校正程度不同，可将物镜分为消色差物镜、复消色差物镜、半复消色差物镜。由于消色差物镜存在的场曲带来相面弯曲，因而在观察试样时，视场中间清晰，边缘模糊；按照像场的平面性，物镜又可分为平场消色差物镜、平场复消色差物镜、平场半复消色差物镜。平场复消色差物镜校正了像散和场曲，又校正了红、蓝、黄三条谱线的轴向色差，是显微镜物镜的最佳形式。

第一，物镜的放大倍数。物镜的放大倍数是物镜在线长度上放大实物倍数的能力指标，用$M_{物}$表示：

$$M_{物}=\frac{A_1B_1}{AB}=\frac{L}{f_1} \tag{4-3}$$

式中：f_1——物镜的焦距；

L——显微镜的光学镜筒长度（即物镜后焦点与倒立实像 A_1B_1 的距离）。金相显微镜常用的物镜放大倍数有 5×、10×、20×、50×、100×。对于低倍要求，可以配 1.25×、2.5× 的物镜，对于更高倍的要求，可以配“150×”物镜。

第二，物镜的数值孔径。数值孔径表征物镜的聚光能力，是物镜的重要性质之一，其大小决定了物镜的分辨能力及有效放大倍数，也决定了显微镜分辨率的高低，通常以“*NA*”表示。物镜的数值孔径越大，物镜的聚光能力越强，分辨率越高。其计算公式为：

$$NA = n\sin\varphi \tag{4-4}$$

式中：n——物镜与观察物之间的介质折射率；

φ——物镜的孔径半角。

一般物镜与物体之间的介质是空气，光线在空气中的折射率为 1，若某物镜的孔径角为 60°，则其数值孔径为：

$$NA = n\sin\varphi = 1\times\sin 30^{\circ} = 0.5 \tag{4-5}$$

若在物镜与试样之间滴入一种松柏油（n=1.52），则其数值孔径为：

$$NA = n\sin\varphi = 1.52\times\sin 30^{\circ} = 0.76 \tag{4-6}$$

物镜在设计和使用中，指定以空气为介质的物镜称为干系物镜（或干物镜），以油为介质的物镜称为油浸系物镜（或油物镜）。由上可知，油物镜具有较高的数值孔径。

第三，物镜的鉴别能力。显微镜的鉴别能力主要取决于物镜。物镜的鉴别能力可分为平面鉴别能力和垂直鉴别能力。平面鉴别能力即物镜的分辨率，是指物镜清晰区分两物点最小距离 d 的能力，用 d 的倒数表示，d 越小，分辨率越高。

第四，物镜的标记。在物镜的外壳上刻有不同的标记，表示物镜类型、放大倍数、数值孔径、镜筒长度、浸油记号、盖玻璃片等信息。

（2）目镜。目镜的主要作用是将物镜放大所得的实像再次放大，从而在明视距离处形成一个清晰的虚像。目镜的结构较物镜简单，一般由 2 ~ 5 片透镜分两组或三组组成。上端的一组透镜称为“接目镜”，下端的透镜称为“场镜”。在目镜的物方焦平面处装有称为“视场光阑”的金属光阑，它的作用是限定有效的视场范围，舍弃四周的模糊图像。物镜放大后的中间像

就落在视场光阑平面处，所以目镜的测微尺分划板也在这个位置上。

测微目镜是在焦平面上具有固定刻度的目镜。主要用于金相组织、渗层或涂镀层深度以及显微压痕长度的测量。使用测微目镜进行测量时，须借助物镜测微尺对该目镜在待测放大倍率下进行标定。标定方法为：物镜测微尺有一个长度为1mm的刻度线，被均匀地分为100格，每格代表0.01mm。将物镜测微尺放置在载物台上，在显微镜中成像，然后在待定的放大倍数下，将目镜测微尺与物镜测微尺的格数对应，则目镜测微尺中每一格代表的实际长度值θ计算公式如下：

$$\theta = \frac{\text{物镜测微尺的格数}N_{\text{物}}}{\text{目镜测微尺的格数}N_{\text{目}}} \times 0.01\text{mm} \tag{4-7}$$

式中，$N_{\text{物}}$为物镜测微尺的格数；$N_{\text{目}}$为目镜测微尺的格数。

例如，视野下，目镜测微尺22小格与物镜测微尺的55小格相当，则

$$\theta = \frac{55}{22} \times 0.01\text{mm} = 0.025\text{mm} \tag{4-8}$$

即该放大倍数下，目镜测微尺的单位刻度为0.025mm。

第一，目镜的放大倍数。目镜的放大倍数用$M_{\text{目}}$表示。公式如下：

$$M_{\text{目}} = \frac{A_2B_2}{A_1B_1} = \frac{D}{f_2} \tag{4-9}$$

式中，D——人眼的明视距离为250mm；

f_2——目镜的焦距。金相显微镜目镜的放大倍数为5×、10×、20×，常用的是10×。

第二，目镜的标记。目镜上一般刻有目镜类型、放大倍数和视场大小。如目镜标记为<PL10×/25>，表示平场目镜，放大倍率为10×，视场大小为25mm。

（3）光阑。金相显微镜的光阑包括孔径光阑和视场光阑。靠近光源的为孔径光阑，靠近目镜的为视场光阑。光阑的作用是改善图像质量，控制光路系统的光通量并拦截有害的杂散光。

孔径光阑是用来控制光路系统光通量的光阑，它控制物镜在成像过程中的实际孔径角。孔径光阑缩小时，可减小球面像差，使图像清晰，但进入

物镜的光束以及物镜实际数值孔径都会减小，使物镜的分辨能力降低。在实际操作中，利用目镜看到孔径光阑在物镜后焦面上的像达到物镜孔径的80% ~ 90%时，可以得到衬度良好的图像。

视场光阑的作用是调节视场（视域）大小。缩小视场光阑可以减少镜筒内的反射光和眩光，提高图像衬度。视场光阑的大小不影响物镜的鉴别率。观察时宜将视场光阑调节到与目镜内视阈同样的大小，显微照相时则以调节到画面尺寸为限。

5. 金相显微镜的性能指标

（1）分辨率。显微镜的分辨率，即显微镜鉴别能力，是显微镜最重要的特征，它是指显微镜对于试样上最细微部分所能获得清晰图像的能力，通常用可以辨别的物体上两点间的最小距离 d 来表示。显微镜的分辨率主要指物镜的分辨率。d 越小，代表显微镜的分辨率越高。金相显微镜的极限分辨率可由以下公式表示：

$$d = \frac{\lambda}{2\mathrm{NA}} \tag{4-10}$$

式中，λ 代表入射光的波长；NA 为物镜的数值孔径。可见，波长越短，分辨率越高；数值孔径越大，分辨率也越高。

（2）放大倍数。显微镜的总放大倍数为物镜与目镜放大倍数的乘积，即：

$$M_{总} = M_{物} \times M_{目} = \frac{L}{f_1} \times \frac{D}{f_2} \tag{4-11}$$

由公式可知，显微镜的放大倍数除与物镜、目镜的焦距有关外，还与显微镜的光学镜筒长度有关。显微镜一般是按机械镜筒长度设计的，即物镜螺纹端面到目镜支撑面间的距离，一般为160mm、170mm、190mm。因此，显微镜的放大倍数应按下式进行修正：

$$M = M_{物} \times M_{目} \times C \tag{4-12}$$

式中，C 为修正系数，数值为机械镜筒长度除以光学镜筒长度。在使用中如选用另一台显微镜的物镜，其机械镜筒长度必须相同，这时放大倍数才

有效，否则应借助物镜测微尺和目镜测微尺进行修正。

显微镜的分辨率取决于入射光的波长和物镜的数值孔径，因而显微镜的放大倍数是有限的。保证物镜的分辨率被充分利用时所对应的放大倍数，称为显微镜的有效放大倍数。人眼在明视距离处的分辨能力在 0.15 ~ 0.3mm，即显微镜的鉴别距离 d 经过有效放大倍数 $M_{有效}$ 放大后在 0.15 ~ 0.3mm 范围内方能被人眼分辨，则：

$$d \times M_{有效} = 0.15 \sim 0.3\text{mm} \tag{4-13}$$

对于常用波长 λ=550nm 的黄绿光来说，$M_{有效}$ =500 ~ 1000NA。如选用 NA 值为 0.65 的 32× 物镜，则 $M_{有效}$ =（325 ~ 650）×，因此应选择 10× 或 20× 目镜与之配合，如果目镜低于 10×，则不能充分发挥物镜的分辨能力；如果目镜高于 20×，会造成虚伪放大。

（3）景深。景深又称为焦深，表示物镜对高低不同的物体清晰成像的能力。显微镜景深 d_L 的计算公式为：

$$d_L = \frac{K \cdot n}{M \cdot NA} \tag{4-14}$$

式中：K——常数，约为 240μm；

n——介质的折射率；

M——总放大倍数；

NA——物镜的数值孔径。

由此可知，景深与放大倍数和数值孔径成反比；放大倍数越高，数值孔径越大，景深越小；分辨率变大，景深则变小。

6. 金相显微镜的观察方法

光学显微镜有明场、暗场、正交偏光、锥交偏光、相衬、微分干涉相衬、干涉和荧光等观察方法，之后又出现了共聚焦方法。其中，锥交偏光主要用于观察岩矿等晶体样品，荧光主要用于染料标记的生物样品以及可自发荧光的有机样品等。目前，金相显微镜常用的观察方法有明场、暗场、正交偏光、微分干涉相衬。

明场照相是金相显微镜最主要的照明方式和观察方法。明场照明时，光源光线通过垂直照明器转向 90° 进入物镜，垂直或以一个很小的角度照射在金相试样上，由样品表面反射的光线几乎全部进入物镜成像，试样的组织是在明亮的视场内成像的，故称为明场照明。纯金属或单相合金经过浸蚀后，在明场照明下，晶粒内部的光线直接反射进入物镜最终到达目镜成像，因而呈现白亮色；而晶界由于被浸蚀而呈现凹沟，光线在晶界凹沟处被散射，不能全部进入物镜而显示黑色。

暗场照明时，通过物镜的外周照明试样，照明光线不入射到物镜中，而得到试样表面绕射光形成的像。如果试样是一个镜面，入射光线发生反射不能进入物镜，因此视场漆黑一片，只有试样凹凸处才有光线反射进入物镜，试样上的组织以白亮映衬在漆黑的视场内，故称为暗场照明。采用暗场照明时，物相亮度较低，此时应将孔径光阑开到最大。暗场观察在鉴定非金属夹杂物时非常重要。

显微镜的偏振装置是在入射光路中加入一个起偏振片，在观察镜内加入一个检偏振片，实现偏振光照明的观察方式，主要用于各向异性材料组织的观察。

微分干涉相衬是利用偏振光干涉原理，在偏振光观察的基础上，加入沃拉斯顿棱镜，在目镜焦平面上形成干涉图像。由于试样表面产生附加光程差，因而出现立体感的浮雕像。主要用于一般明场像观察不到的组织细节，如相变浮凸、铸造合金枝晶偏析、表面变形组织等。

三、扫描电镜与能谱仪

（一）扫描电镜

1. 扫描电镜的主要结构

扫描电镜的结构可分为五部分，即电子光学系统、扫描系统、信号采集与输出系统、样品操控系统、电源及真空系统。其中，电子光学系统是主体，其他几个系统都是为它服务或围绕它工作的。其构造如图 4–3 所示。

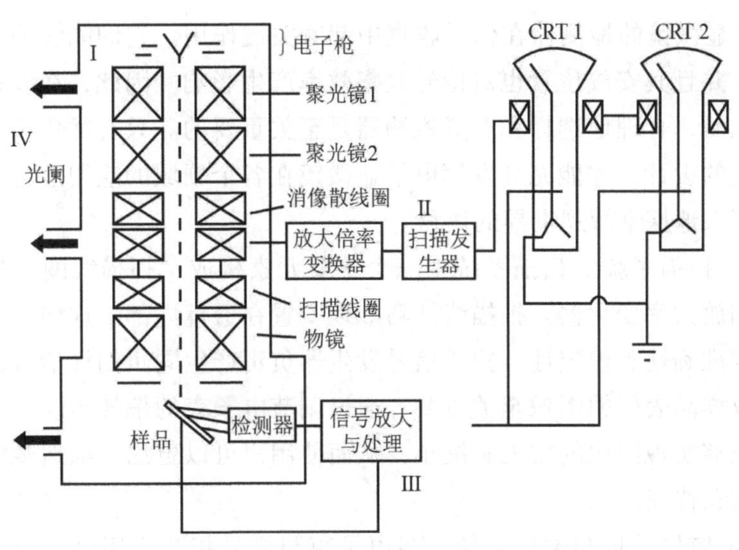

图 4-3 扫描电镜构造

（1）电子光学系统。在电子显微镜的应用中，电子光学系统起着至关重要的作用，它由电子枪、电磁透镜和样品室等部件组成。

电子枪的作用是产生高能量的电子束。这个束流的能量和分布直接影响显微镜的分辨率和束斑尺寸。在电子枪的选择上，主要有两种类型，即热阴极电子枪和场发射电子枪。这两种电子枪对分辨率和真空度有不同的要求，因此，根据具体的应用需求来选择合适的电子枪非常重要。

电磁透镜的作用是缩小电子束的斑尺寸，从而提高显微镜的分辨率。通常，电子显微镜中有三个聚光镜，它们分别是物镜、透镜 1 和透镜 2。这些透镜的组合能够精确地控制电子束的聚焦，使得样品上的微观结构清晰地展现。

样品室是电子显微镜中用来安置样品台和各种类型检测器的区域。样品室内的设计和结构会因应用需求的不同而有所变化。一些探测器可以直接安装在样品室的镜筒里，这样可以最大限度地减少信号损失，并提高信号收集效率。随着科技的不断进步，超大样品室的发展也日益受到重视，因为它能适应大零件分析的需要，拓展电子显微镜的应用领域。

在样品台的设计方面，为了满足不同样品的观测要求，通常具备三维空间移动、倾斜和转动的功能。样品台的不同类型可根据应用需求来选择，从而使得显微镜能够适应不同实验的需要。

电子显微镜的检测器在信号收集中起着关键作用。它们能够采集各种分析信号，并且其安放位置也对信号收集效率产生影响。因此，在设计电子显微镜系统时，合理地选择和放置检测器是至关重要的。只有优化了整个电子光学系统的设计，才能充分发挥电子显微镜在各个领域的应用潜力，帮助科学家更深入地探索微观世界的奥秘。

（2）扫描系统。扫描系统由三个主要元素构成：扫描线圈、扫描信号发生器和放大率变化器。扫描线圈巧妙地安置在透镜内部，这样可以确保扫描的高度准确性和稳定性。扫描信号发生器负责产生同步扫描信号，这对于正确获取样品表面的图像至关重要。通过调节电子束的偏转角度，放大倍率变化器能够实现图像的放大和缩小，从而使用户可以更加仔细地观察样品的微观结构和特征。

（3）信号采集与输出系统。当电子束与样品相互作用时，会产生多种信号，其中包括二次电子、背散射电子和 X 射线等。为了捕捉这些信号，设备采用了不同类型的探测器，其中最常用的是二次电子信号探测器。一旦信号被探测到，它会经过一系列处理步骤，然后通过调制液晶显示器的亮度来形成图像。这个图像将准确地反映出样品表面的各种特征和细节，帮助用户深入了解样品的性质和组成。

（4）样品操控系统。样品操控系统允许用户对试样进行平移、倾斜、旋转和更换操作，以便从不同角度观察样品的各个方面。样品操控系统的灵活性和准确性使得在 X、Y、Z 三个方向上对样品进行平移成为可能。此外，用户还可以倾斜和旋转样品，以获得更多的信息。当用户需要更换试样时，设备提供了一个便捷的解决方案。通过空气锁局部破坏设备真空，样品更换操作变得非常迅速和高效。

（5）电源及真空系统。扫描电镜的所有电能都来自电源控制柜。真空系统包括机械泵、扩散泵、抽气管道以及各种真空阀门等；场发射扫描电镜等高端设备还配有离子泵以提高设备的真空度。真空系统的主要作用是保证设备工作处于真空状态。

2. 扫描电镜的工作原理

扫描电镜的工作原理可以概括为：利用聚焦非常细的高能电子束在试样上进行逐行扫描，在此过程中，电子束将与试样发生相互作用而激发出各种物理信息，通过对这些信息的接收、放大和显示成像，从而获得试样表面形

貌图像。

（1）如何获得细小的高能电子束。从灯丝发射出来的电子经过阳极加速后进入聚光镜，聚光镜都是电磁透镜，通过改变电子的运动轨迹达到汇聚的目的。详细的工作原理请参阅本节参考文献。高速运动的电子束在经过镜筒中三级聚光镜作用后，被汇聚成直径为纳米级别的束斑。

（2）电子束与试样的相互作用。高速运动的电子与试样发生相互作用，激发出各种物理信息。每一种物理信息的激发机制都不同，这一部分内容在材料科学测试方法相关书籍中都有详细介绍，这里不再赘述。对于扫描电镜而言，其中有三种信号尤为重要，即二次电子、背散射电子和特征 X 射线，电子强度信息被用作成像，射线信息被用作成分分析。

（3）扫描电子图像的衬度来源。表面形貌衬度是扫描电子显微镜最常遇到的衬度机制，它是利用对样品表面形貌变化敏感的二次电子信号或利用与试样平均原子序数成正比的背散射电子信号作为调制信号得到的相衬度。以二次电子为例，其产额与电子束的作用角度密切相关，可用下式表示：

$$\delta_{SE} \propto 1/\cos\theta \tag{4-15}$$

式中，δ_{SE}——二次电子产额；

θ——电子束与作用面法向之间的夹角。

（4）扫描电镜改变放大倍数的本质。扫描电镜的放大倍数 M，一般定义为像与物大小之比，即液晶显示器的显示区尺寸与在镜筒中电子束在试样上的来源示意图扫描宽度之比。例如，液晶显示器的显示区边长为 100mm，入射电子束在试样上扫描宽度为 10 μm，则放大倍数为：

$$M = \frac{100\text{mm}}{10\mu\text{m}} = 10000 \tag{4-16}$$

因为显示器尺寸一定，只要改变电子束在试样表面的扫描宽度（通过调节扫描线圈上的电流强度来改变），就可连续改变设备的放大倍数。

3. 扫描电镜的样品制备

扫描电镜只能分析固体样品（含粉体），为获得好的分析效果，对样品的尺寸 / 质量、导电性、稳定性等也有特定要求。

（1）对样品尺寸的要求。不同设备对样品的要求不同，其大小主要取决于样品台的尺寸。扫描电镜通常更适合观察尺寸较小的样品。在尺寸要求方面，特别要注意样品的高度问题。样品太高，容易碰撞安装在样品室中的探头，造成设备损毁。为了利于观察，样品上下表面应尽量做到平行或接近平行。另外，每台设备的样品台都有载重量限制，样品过重会影响样品台的工作状态，甚至损坏样品台。

（2）端口的保护方法。为了保持样品的新鲜程度和避免试样相互摩擦或碰撞，操作者应避免用手触摸或棉纱擦拭待分析的试样。此外，为了防止试样的受潮或污染，切下的试样应保存在干燥器中。对于需要长时间保存的试样，建议在试样表面贴上一层 AC 纸，这样能有效地保护样品免受环境中的污染。观察时再轻轻揭下 AC 纸或用丙酮进行溶解处理，以确保试样表面干净。对于经过低温处理的样品，操作者应该及时将其放入无水酒精中。过一段时间后，取出样品，并按常规方法进行保存。这个步骤有助于保护样品的完整性和避免由于低温处理带来的其他可能的污染。

（3）腐蚀端口的处理。在进行腐蚀端口的处理前，应先进行充分的分析，以确定腐蚀产物的性质和程度。对于轻度污染的样品，可以采用多次粘贴AC纸或使用超声波清洗的方法，以彻底清除污物。这些方法是相对温和的，可以保护端口的表面形态细节。如果端口受到严重的腐蚀，可能需要使用化学清洗剂进行处理。但在使用化学清洗剂时需要慎重考虑，因为它们可能会导致表面形态细节的损失。因此，应该选择适合样品材料的化学清洗剂，并在使用时遵循安全操作规程，以确保安全有效地处理腐蚀端口。

（4）样品的喷镀。扫描电镜观察样品时要求具备导电性。然而，对于那些导电性较差或者非导电性的样品，例如塑料、陶瓷、高分子复合材料等，存在放电现象，导致观察困难。为了解决这个问题，在观察非导电性样品之前必须进行导电材料的喷镀处理。喷镀是在真空镀膜机中进行的，其中金或铂等材料是常用的喷镀材料，因为，它们的效果最佳。但是，喷镀层过厚会掩盖细节，过薄则会导致覆盖不均匀，因此在喷镀过程中需要注意控制喷镀层的厚度。一般情况下，可以通过颜色的深浅来估判镀层的厚度，这是一种经验方法。为了确保得到均匀的覆盖层，喷镀时最好使用旋转台或以一定倾角对样品进行不同方向的喷镀处理。

（5）样品的稳定性。样品必须具备足够的稳定性，这包括两个方面的内容：一是要有足够高的熔点，由于高速电子轰击时，可导致样品局部高温，必须确保工作中样品不能融化；二是不能对电子束敏感，否则在分析时，可能因分解而放出气体，导致设备不能正常工作。

（二）能谱仪

1. 能谱仪的主要结构

X 射线能谱仪是一种用于分析样品微区成分的仪器，通过检测元素的特征 X 射线来实现。它通常作为电子显微镜的附件，被广泛应用于材料科学、地质学、生物学等领域。该仪器的结构主要包括四个部分：控制及指令系统、X 射线信号检测系统、信号转换和储存系统以及结果输出与显示系统。

第一，控制及指令系统，其设备配备有控制键盘和处理软件。这些工具允许用户向计算机发出指令，调用分析计算程序，并能回答计算机的问题。通过这种方式，操作人员可以精确控制仪器的工作和数据采集过程，确保准确的结果输出。

第二，X 射线信号检测系统，它包括一系列关键器件，如 Si(Li)固体探头、场效应晶体管、前置放大器和主放大器等。这些器件的作用是将接收到的 X 射线信号转换和放大，使其能够被后续的处理系统识别和分析。

第三，信号转换和储存系统，采用了多道脉冲高度分析器。该系统包括模拟 / 数字转换器和存储器等关键部件。它的功能是将主放大器输出的信号转换为高频时钟脉冲数，并按能量值将信号存储在相应通道中进行分类和计数。这样一来，仪器可以对样品中的不同元素进行定量分析，得出它们的相对含量。

第四，结果输出与显示系统，将分析得到的数据以数字或图像的形式呈现给用户。该系统通常包括打印机和视频显示器。通过打印机，用户可以获得成分分析结果的硬拷贝，方便进一步研究和记录。视频显示器则提供了实时的数据可视化，让用户更直观地了解样品的组成情况。

2. 能谱仪的工作原理

来自样品的 X 射线信号穿过薄窗（Be 窗或超薄窗）进入冷冻的锂漂移硅检测器，锂漂移硅检测器每吸收一个 X 射线光子就会激发若干个空穴 – 电子对，产生的空穴 – 电子对数目 N 与入射的 X 射线光子能量 E 成正比。在 100K 温度下，硅中产生一个空穴 – 电子对所需的平均能量为 3.8eV。若某元素的一个 X 射线光子能量为 E，则它所能产生的电子 – 空穴对数目

$N=E/3.8$。X 射线光子产生的空穴 – 电子对在外加偏压下移动而形成一个电荷脉冲，此脉冲与空穴 – 电子对数目成正比并经电荷灵敏的前置放大器转换成电压脉冲，再经主放大器进一步放大、整形，最后送入多道脉冲高度分析器（MCA）。可见，经过多重转换后，最终检测到的电压脉冲高低与 X 射线光子能量一一对应。也就是说，通过检测电压脉冲即可获得 X 射线光子能量，而每种元素发射的特征 X 射线光子能量是不变的。因此，通过检测电压脉冲即可检测元素的种类，这就是能谱仪定性分析的原理。至于定量分析，其原理相对复杂，涉及特征 X 射线的产额及试样对 X 射线的吸收等问题，但经过理论分析和校正，可以根据多道脉冲高度分析器按电压值分类存储的 X 射线光子数目获得元素的半定量或定量分析结果。

3. 能谱仪的工作方式

能谱仪主要有三种基本工作方式。①点分析：用于测定样品中某指定点（或第二相、夹杂物）的化学成分。②线分析：用于测定不同元素沿给定直线的分布情况。③面分析：用于测定不同元素在指定分析区域内的分布情况。

第二节　材料性能与表征技术

一、材料热性能

（一）同步热分析

各种材料在加热、保温和冷却过程中，都会发生物理和化学变化，同时产生一定的热效应，通过测量材料的热效应确定其组织转变的类型、转变温度和变化过程的分析检测技术，就是热分析技术。热分析作为一种表征化合物热性能的重要手段，被广泛应用于陶瓷、玻璃、金属 / 合金、矿物、催化剂、含能材料、塑胶高分子、涂料、医药、食品等材料分析或工业领域。

热分析法是根据材料在不同温度下发生的热量、质量、体积等物理参数变化与材料组织结构之间的关系，对材料进行分析研究的方法，主要包括以下方法。

1. 差热分析法（DTA）

差热分析法是指在程序控温下，测量试样与参比物之间的温度差，获得温度差与温度（或时间）之间的关系的一种技术。用数学式表达为：

$$\Delta T = T_s - T_t = f(T/t) \qquad (4\text{-}17)$$

式中：T_s、T_t——试样、参比物的温度；

T、t——程序温度、时间；

f——函数符号。

试样与参比物之间的温度差主要取决于试样的温度变化。若将热稳定性好的已知物质（即参比物）和试样一起放入一个加热系统中，并以程序控制对它们进行线性加热。

如试样不发生吸热或放热变化且与程序温度间不存在温度滞后时，则试样和参比物的温度都与线性程序温度一致，即：$\Delta T = T_s - T_t$ =0，二者的温度线重合，在 ΔT 曲线上表现为一条水平基线。

若试样发生放热变化，则由于热量不可能从试样瞬间导出，于是试样温度偏离线性升温线且向高温方向移动，而参比物的温度始终与程序温度保持一致，此时 $\Delta T = T_s - T_t > 0$，在 ÄT 曲线上表现为一个向上的放热峰。

反之，在试样发生吸热变化时，由于试样不可能瞬间从环境吸收足够的热量，从而使试样温度低于程序温度，则 $\Delta T = T_s - T_t < 0$，在 ΔT 曲线上显现为一个向下的吸热峰。

只有经历一个传热过程，试样才能恢复到与程序温度相同的温度。可见，一旦在某时刻 t 或某程控温度 T 时，试样发生了热效应，则此时试样的温度不再与程控温度或参比物温度一致。测量它们之间的温度差 ΔT，获得 ΔT 与 t 或 T 之间的关系曲线，即为 DTA 曲线，用来表示试样和参比物之间的温度差随时间或温度变化的关系。图 4-4 为典型的 DTA 曲线[①]。

① 段辉平．材料科学与工程实验教程［M］．北京：北京航空航天大学出版社，2019：50-66.

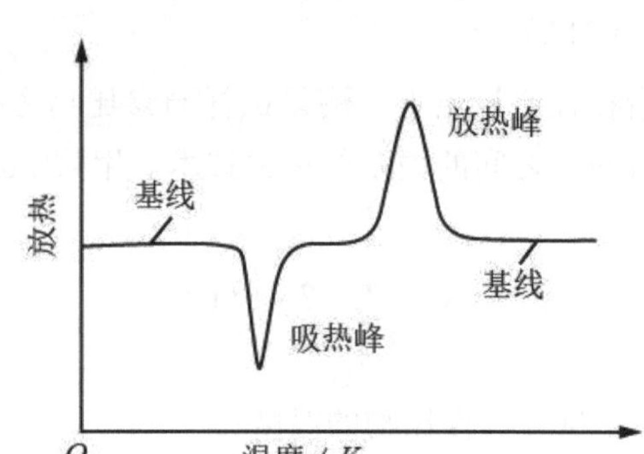

图 4-4 典型的 DTA 曲线

DTA 设备主要由五部分组成：①样品支持器；②程序控温炉；③记录器；④检测差热电偶产生的热电势的检测器和测量系统；⑤气氛控制系统。

2. 差示扫描量热法（DSC）

在差热分析过程中，当试样产生热效应时，试样的实际温度已不是程序控制温度，试样的吸热或者放热使温度升高或者降低，从而使试样热效应的定量测定出现困难。为获得较准确的热效应，需要采用差示扫描量热法来测定。根据测量方法的不同，可分为热流型差示扫描量热法和功率补偿型差示扫描量热法。

热流型 DSC 原理与 DTA 类似，基本过程是：将试样和参比样品以一定的速率加热或者冷却，记录试样和参比物之间的温差，换算成热量差 ΔQ，获得 ΔQ 对温度 T 或时间 t 的曲线。本实验着重介绍功率补偿型 DSC，功率补偿性 DSC 是在程序控温过程中，测量输入到试样和参比物的功率差与温度（或时间）之间关系的技术，用数学式表示为：

$$\mathrm{d}H / \mathrm{d}t = f(T / t) \tag{4-18}$$

式中，$\mathrm{d}H / \mathrm{d}t$ 为单位时间内试样的热焓变化，又称为热流率。试样在加热过程中发生的热量变化，由及时输入的电功进行补偿，所以只要记录电功率的大小，就可以知道吸收（或放出）了多少热量。

功率补偿输出试样与参比物的差示功率：

$$W = \mathrm{d}Q_s / \mathrm{d}t - \mathrm{d}Q_r / \mathrm{d}t = \mathrm{d}H / \mathrm{d}t = f(T / t) \quad (4\text{-}19)$$

式中，$\mathrm{d}Q_s / \mathrm{d}t$——单位时间内输送到试样的热量；

$\mathrm{d}Q_r / \mathrm{d}t$——单位时间内输送到参比物的热量；

$\mathrm{d}H / \mathrm{d}t$——单位时间内试样的热焓变化。

记录差是功率 W 随温度 T 或时间 t 的变化情况，得到 W–T 或 W–t 曲线即为 DSC 曲线，图 4-5 显示了典型 DSC 曲线的特征。

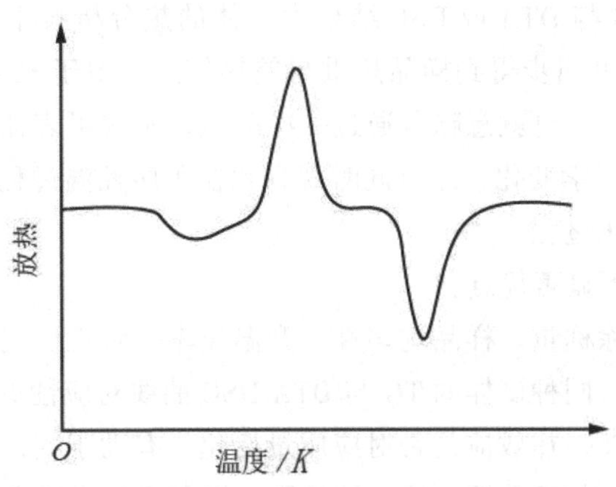

图 4-5　典型 DSC 曲线

在试样和参比物下方分别装有独立的加热元件和测温元件，并由两个系统进行监控。其中一个用于控制升温速率，另一个用于补偿试样和参比物之间的温差。无论试样是吸热还是放热，始终保持动态零位平衡状态，即 ΔT =0。由此可知，DSC 测定的是维持试样和参比物处于相同温度所需要能量差 W，这是 DSC 和 DTA 最本质的不同。DSC 是测量材料热稳定性的重要方法，广泛应用于测量材料的玻璃化转变温度、熔融、结晶温度与热焓、结晶度、比热、相转变、纯度等。

3. 热重分析法（TG）

热重分析法是在程序控制温度下测量材料的质量与温度关系的一种分析技术。把加热过程中试样的质量作为温度或时间的函数，测试得到的曲线称为热重曲线，该技术常用来研究材料的热稳定性。在实际的材料分析中，热重分析法经常与其他分析方法联用进行综合热分析，以便全面准确地分析材料的热性质。热重分析法可以研究物质状态的变化，如熔化、蒸发、升华和吸附等物理现象；也可以用来研究物质的热稳定性、分解过程、脱水、解离、氧化、还原、反应动力学等化学现象。

热重分析法的重要特点是定量性强，能准确地测量物质的质量变化及变化速率，可以说，只要物质受热时发生重量变化，就可以用热重分析法来研究其变化过程。热重分析法已广泛应用于塑料、橡胶、涂料、药品、催化剂、无机材料、金属材料和复合材料等各领域的研究开发、工艺优化与质量监控。

4. 同步热分析法（STA）

STA 是将 TG 与 DTA 或 DSC 结合为一体的热分析技术，在同一次测量中利用同一样品可同步得到样品热重与差热信息。由于 STA 同时具有 DSC/DTA 和 TG 的功能，也就意味着通过一次测试，不仅可表征试样与热效应有关的物理变化和化学变化，还可同时观察到在程序控温过程中样品的质量随温度或时间的变化过程。

STA 具有如下显著优点。

第一，可消除称重、样品均匀性、升温速率一致性、气氛压力与流量差异等因素的影响，同种试样的 TG 与 DTA/DSC 曲线对应性更佳。

第二，根据某一热效应是否对应质量变化，有助于判别该热效应所对应的物理化学过程（如区分熔融峰、结晶峰、相变峰与分解峰、氧化峰等）。

第三，实时跟踪样品质量随温度 / 时间的变化，可实时确定在反应温度点样品的实际质量，有利于反应热焓的准确计算。

（二）热膨胀分析

1. 热膨胀分析的相关测定

样品的体积或长度随温度升高而增大的现象称为热膨胀。温度升高 1℃而引起的样品的体积或长度的相对变化量叫作该物体的体膨胀系数或线膨胀系数。了解材料的热膨胀系数对材料的制备、加工及应用均具有重要意义，如复合材料基体与增强相、材料焊接接头以及陶瓷坯与釉料的热膨胀匹配问题等，都是在材料制备和使用过程中必须加以考虑的重要因素；另外，了解材料的热膨胀系数对材料研究也具有重要意义，如研究材料在加热或冷却过程中的相变问题，通过热膨胀曲线分析可以测定相变点温度和相变动力学曲线。

（1）相变点的测定。材料在加热或冷却过程中会发生膨胀或收缩。当没有发生相变时，由于材料的热膨胀系数随温度变化不显著，因此试样长度变化率 dL/L_0（dL 为试样长度的变化量，L_0 为试样初始长度）随温度的变化曲线（即热膨胀曲线）接近于一条直线；当发生相变时，材料的晶格常数发生显著变化，导致其长度变化量出现拐点（峰），也即拐点位置对应于材料的相变点。通过热膨胀曲线确定材料相变点的过程如图 4-6 所示。

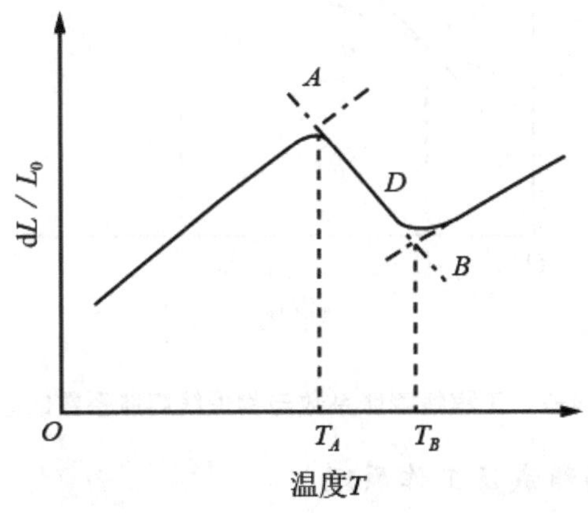

图 4-6　线性热膨胀曲线的相变温度

在膨胀量 - 温度曲线上，沿相变前（后）的曲线段各作一条延长线，分别与相变过程曲线斜率变化最大点 D 的切线相交于点 A 和 B，则点 A、B 分别对应于相变开始温度点 T_A、相变终止温度点 T_B。

（2）线膨胀系数的测定。金属在加热时体积（或长度）将增大，沿某一方向上的线长度变化量可用下式表示：

$$\Delta L = \alpha \cdot L_0 \cdot \Delta T \tag{4-20}$$

式中：ΔL ——试样长度变化量；

α ——线膨胀系数；

T——温度变化量；

L_0 ——试样的初始长度。

事实上，即使材料不发生相变，其线膨胀系数 α 也是随温度变化而改变的物理量，因此，存在工程线膨胀系数与物理线膨胀系数之分。工程线膨胀系数是指某一温度范围内的线膨胀系数的平均值，如图 4-7 所示的

$\alpha_{AB}=(L_A-L_B)/L_0(T_A-T_B)$（即 A、B 两点连线的斜率值）；物理线膨胀系数是指某一温度点的线膨胀系数，如图 4-7 所示的 α_A（即 A 点的斜率值）。

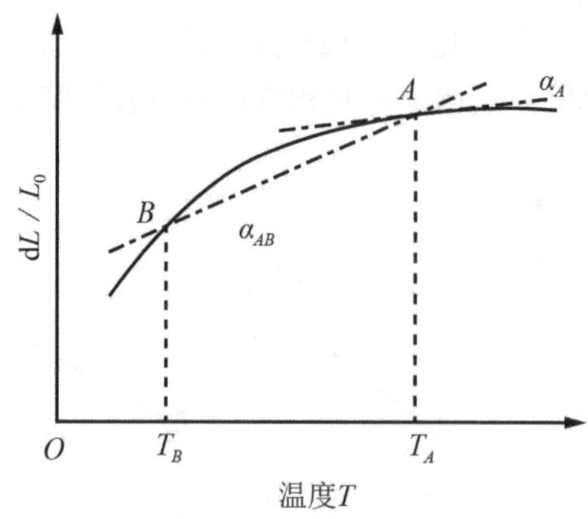

图 4-7　工程线膨胀系数与物理线膨胀系数的区别

2. 热膨胀仪的组成及工作原理

耐驰 DIL402C 热膨胀仪由高精度位移传感器、自控温电炉、小车、基座、电器控制箱五部分构成。此处采用具有类似结构的国产北京恒久 HYP-1 型热膨胀仪。

在测试过程中，试样管中的测试杆一端顶着试样，另一端连接位移传感器，而试样的另一端则顶在固定的试样管挡板上。电炉升温后，炉膛内的试样发生膨胀，样品一端固定，另一端因膨胀产生位移，从而将测试杆向外推动，顶在试样端部的刚性测试杆将该膨胀量传导至位移传感器测试端，数字位移传感器最终将其转换为数字信号发送至计算机自动记录。

为了消除系统热变形量对测试结果造成的影响，计算机分析软件增加了系统补偿值修正功能，该补偿值由标准样品文件经计算机自动计算标定，并保存于每次测试文件中。

采用硅钼棒作为发热元件，可以快速准确升温。试样装在试样管中固定不动，进出炉膛通过移动炉膛来实现，这样避免了移动样品造成的试样振动，提高实验精确度。电炉装在小车上，小车可以在基座导轨上平稳移动。电气部分采用带有多重保护装置的高性能配件，安全可靠。

二、电子信息材料电性能及表征技术

（一）介电性测试原理

材料的介电性能是指在电场作用下，材料表现出对静电能的储蓄和损耗的性质，通常用材料的介电常数、介电强度、介电损耗等来表征。

1. 介质损耗

在交变电场作用下，电解质内流过的电流与电解质两端的电压之间存在相位差，导致电解质会消耗一部分电能而发热，即存在无用功，也就是说，电解质存在介电损耗。设电流与电压的相位差为 φ（称为功率因数角），其余角为 δ（称为介损角），如图 4-8 所示。

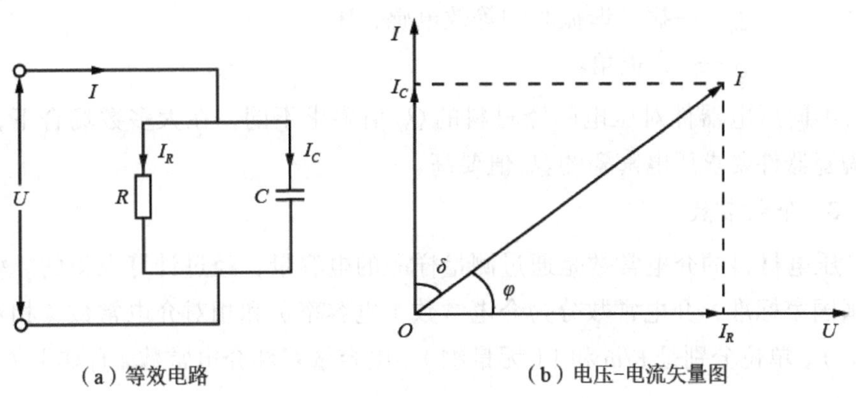

图 4-8　交流电路中电压 - 电流矢量图（有损耗时）

$\tan\delta$ 定义为电解质损耗因数，即：

$$\tan\delta=\frac{I_R}{I_C}=\frac{1}{\omega CR} \tag{4-21}$$

式中，ω——交变电场的角频率；

R——损耗电阻；

C——介质电容。

2. 机械品质因数

机械品质因数是描述压电陶瓷在机械振动时，材料内部能量消耗程度的一个参数，也是衡量压电陶瓷材料性能的一个重要参数。产生能量损耗的原因在于材料的内部摩擦，机械品质因数越大，能量的损耗越小。机械品质因数 Q_m 的定义为：

$$Q_m = \frac{\text{谐振时振子储存的机械能}}{\text{谐振时振子每周损失的机械能}} \times 2\pi \quad (4\text{-}22)$$

机械品质因数可根据等效电路计算而得，对于串联电容等效电路，有：

$$Q_m = \frac{1}{\omega_s R_1 C_1} = \frac{\omega_S L_1}{R_1} = \frac{1}{\tan\delta} \quad (4\text{-}23)$$

式中：Q_m——等效电阻，Ω；

ω_s——串联谐振角频率，H_z；

C_1——振子谐振时的等效电容，F；

L_1——振子谐振时的等效电感，H；

δ——介损角。

不同压电器件对压电陶瓷材料的 Q_m 值要求不同，在大多数场合下，压电陶瓷器件要求压电陶瓷的 Q_m 值要高。

3. 介电常数

压电材料的介电常数是通过测量样品的电容量，经过计算求得的。根据我国国家标准，介电常数分为介电常数（电容率）和相对介电常数（相对电容率），单位分别是 F/m 和 1（无量纲）。电容量 C 和介电常数 ε 有如下关系：

$$C=\varepsilon A/t \text{ 或 } \varepsilon=C_t/A \quad (4\text{-}24)$$

式中：C——被测样品在频率为 1kHz 时的电容量，F；

A——样品的有效面积，m^2；

T——样品厚度，m；

ε——样品介电常数，F/m。

介电材料的介电常数通常采用相对介电常数 ε_r 来表示，即：

$$\varepsilon_r = \frac{\varepsilon}{\varepsilon_0} \quad (4\text{-}25)$$

式中：ε——介电常数；

ε_0——真空介电常数，$\varepsilon_0=8.85\times10^{-12}$F/m。

故材料的相对介电常数计算公式如下：

$$\varepsilon_r = \frac{Ct}{\varepsilon_0 A} \tag{4-26}$$

可见，由于 t、A 由试样形状决定，ε_0 为常数，因此，对于形状确定的试样，只需测试出电容量 C 即可通过上式计算出电解质的相对介电常数 ε_r。

测量电容量的方法有很多，包括谐振法、差拍法、分压法、Q 表法、电桥法等。一般采用电桥法进行测量，电桥可分为串联电桥和并联电桥，分别适用于测量低损耗电容和高损耗电容。

4. 串联电容比较电桥

图 4-9 为串联电容比较电桥示意图。

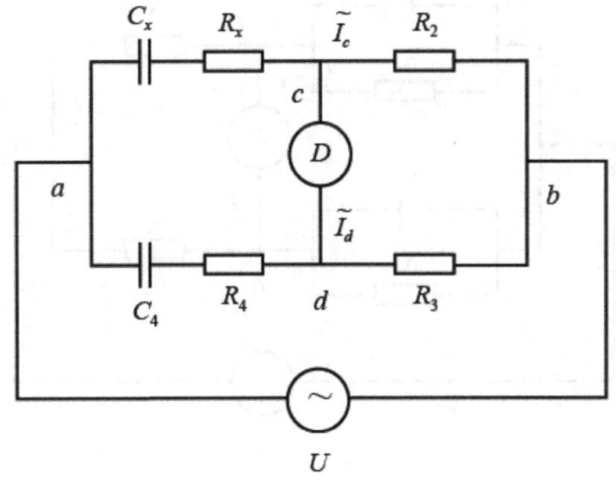

图 4-9　串联电容比较电桥

其中 C_4 为损耗可忽略的标准电容，R_2、R_3 和 R_4 为无感电阻，D 为毫伏表或示波器等交流平衡指示器，则此电桥的平衡条件为：

$$\left(R_x - \mathrm{j}\frac{1}{\omega C_x}\right)R_3 = \left(R_4 - \mathrm{j}\frac{1}{\omega C_4}\right)R_2 \tag{4-27}$$

令实部、虚部分别相等，可得：

$$C_x = \frac{R_3}{R_2}C_4, R_x = \frac{R_4}{R_3}R_2 \tag{4-28}$$

损耗因数为：

$$\tan\delta = \omega R_x C_x = \omega R_4 C_4 \quad (4\text{-}29)$$

测试中，C_4、R_4 为可调参数，R_2、R_3 为固定值。调节 C_4、R_4 使交流平衡指示器 D 的示数为零，即使电桥达到平衡，通过式（4-28）即可计算出被测对象的电容 C_x 和等效电阻 R_x，计算出电解质的损耗因数，从而计算出品质因数 Q_m。

5. 并联电容比较电桥

图 4-10 为并联电容比较电桥示意图，与串联电容比较电桥类似。

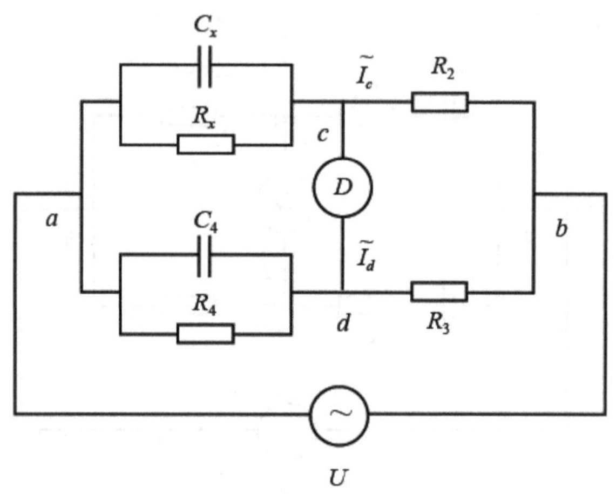

图 4-10 并联电容比较电桥

其中，C_4 为标准电容，R_2、R_3 和 R_4 为无感电阻，则此电桥的平衡条件为：

$$C_x = \frac{R_3}{R_2}C_4, R_x = \frac{R_4}{R_3}R_2 \quad (4\text{-}30)$$

损耗因数为：

$$\tan\delta = \frac{1}{\omega R_x C_x} = \frac{1}{\omega R_4 C_4} \quad (4\text{-}31)$$

同样道理，电桥达到平衡，通过式（4–30）即可计算出电解质的电容 C_x 和等效电阻 R_x，计算出电解质的损耗因数，从而计算出品质因数 Q_m。

（二）压电性测试原理

1. 压电效应

压电材料顾名思义，就是在受到压力作用下会在两端面间出现电压的晶体材料。把重物放在石英晶体上，晶体某些表面会产生电荷，电荷量与压力成比例，这一现象被称为压电效应。

当沿某些物质的特定方向施加压力或拉力发生形变时，其内部会产生极化现象，在其外表面产生极性相反的电荷；当外力拆掉后，又恢复到不带电的状态；当作用力方向反向时，电荷极性也相反；电荷量与外力大小成正比，这种现象叫正压电效应，如图 4–11 所示。反之，当对某些物质在极化方向上施加一定电场时，材料将产生机械形变，当外电场撤去时，形变也消失，这种现象叫逆压电效应，也叫电致伸缩。压电效应的可逆性如图 4–12 所示。利用这一特性可实现机 – 电能量的相互转换。

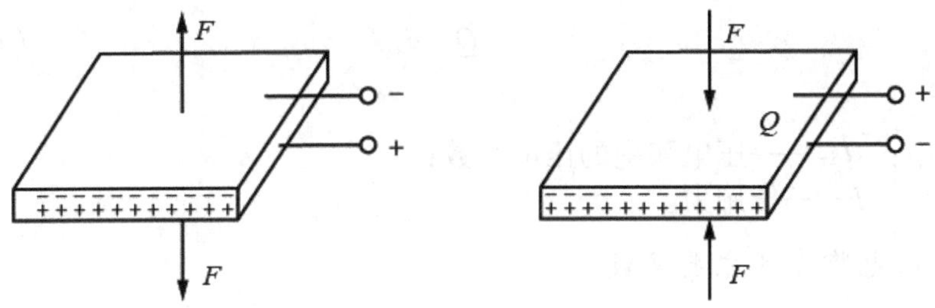

图 4–11　正压电效应

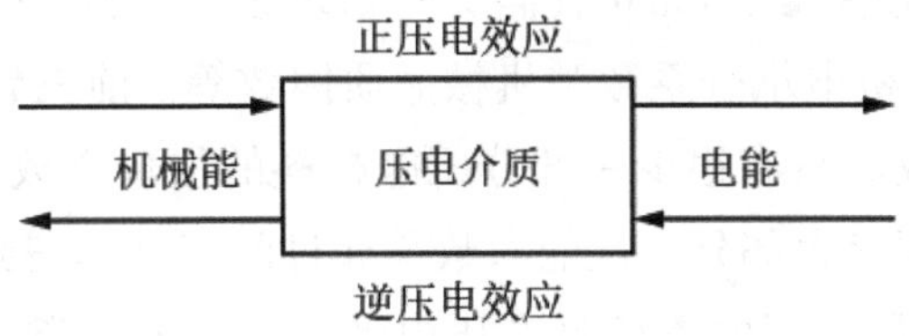

图 4–12　压电效应的可逆性

压电陶瓷是一种经过极化处理后的人工多晶铁电体，具有类似铁磁材料磁畴的电场结构，每个晶粒形成一个电场。这种自发极化的电畴在极化处理之前，单个晶粒内的电场按任意方向排列，自发极化的作用相互抵消，陶瓷的极化强度为零，因此，原始的压电陶瓷呈现各向同性而不具有压电性。为使其具有压电性，就必须在一定温度下做极化处理。

极化处理是指在一定温度下以强直流电场迫使电场自发极化方向旋转到与外加电场方向一致，此时压电陶瓷具有一定的极化强度，再使温度降低且撤去电场，此时电场方向基本保持不变，剩余很强的极化电场，从而使材料呈现压电性，即陶瓷片的两端出现束缚电荷，一端为正，另一端为负。由于束缚电荷的作用，在陶瓷片的极化两端很快吸附一层来自外界的自由电荷，这时束缚电荷与自由电荷数值相等，极性相反，故此陶瓷片对外不呈现极性。

如果在压电陶瓷片上加一个与极化方向平行的外力，陶瓷片产生压缩变形，片内的束缚电荷之间距离变小，电场发生偏转，极化强度变小，因此吸附在其表面的自由电荷，有一部分被释放而呈现放电现象。当撤去压力时，陶瓷片恢复原状，极化强度增大，因此又吸附一部分自由电荷而出现充电现象。这种因受力而产生的机械效应转变为电效应，将机械能转变为电能，就是压电陶瓷的正压电效应。放电电荷 Q 的多少与外力呈正比例关系，即：

$$Q = d_{33}F \tag{4-32}$$

式中：d_{33}——压电陶瓷的压电系数；
F——作用力。

2. 压电陶瓷的主要参数

“压电陶瓷是一类具有压电特性的电子陶瓷材料，其是能够将机械能和电能互相转换的信息功能陶瓷材料，是智能材料的一种。”[①] 压电陶瓷材料（也即铁电陶瓷，极化后属于 6mm 点群）的物理参数一般是指介电常数、弹性常数、压电常数、机电耦合系数和机械品质因数等。前三者是独立的物理量，后者是它们的函数。只有很少一部分压电材料的物理常数和电性能常数能被直接测量出来，而绝大部分的性能参数是通过间接计算得到的。

（1）压电常数。压电陶瓷具有压电性，即在其外部施加应力时能产生额外电荷，产生的电荷与施加的应力成比例，对于压力和张力来说，其符号

① 谢景洲，高宇甲，师营营，等．利用压电陶瓷材料的结构监测研究 [J]. 信息记录材料，2022，23（12）：86.

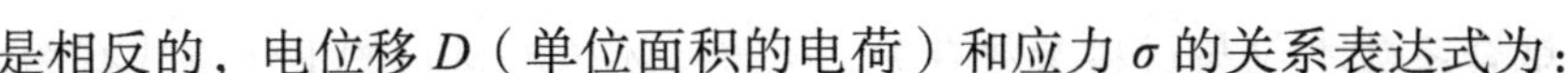

是相反的，电位移 D（单位面积的电荷）和应力 σ 的关系表达式为：

$$D=\frac{Q}{A}=d\sigma \tag{4-33}$$

式中：Q——产生的电荷，C；

A——电极的面积，m^2；

d——压电应变常数，C/N。

在逆压电效应中，施加电场 E 时将成比例地产生应变 S，所产生的应变 S 是膨胀还是收缩，取决于样品的极化方向，可表示为：

$$S=dE \tag{4-34}$$

式（4-33）和式（4-34）中的压电应变常数 d 在数值上是相同的，则有：

$$d=\frac{D}{\sigma}=\frac{S}{E} \tag{4-35}$$

另一个常用的压电常数是压电电压常数 g，它表示应力与所产生的电场的关系，或者应变与所引起的电位移的关系。常数 g 与 d 之间有如下关系：

$$g=\frac{d}{\varepsilon} \tag{4-36}$$

式中：ε 为介电系数。在声波测井仪器中，压电换能器希望具有较高的压电应变常数和压电电压常数，以便能发射较大能量的声波并且具有较高的接受灵敏度。

（2）机电耦合系数。当用机械加压或者充电的方法把能量施加到压电材料上时，由于压电效应和逆压电效应，机械能（或电能）中的一部分要转化成电能（或机械能），这种转化的强弱用机电耦合系数 k 来表示，它是一个无量纲的量，综合反映压电材料的性能，表示压电材料的机械能和电能的耦合效应。机电耦合系数的定义为：

$$k^2=\frac{\text{电能转化为机械能}}{\text{输入电能}}\text{或者}\ k^2=\frac{\text{机械能转化为电能}}{\text{输入机械能}} \tag{4-37}$$

机电耦合系数不仅与材料参数有关，还与具体压电材料的工作方式有关。对于压电陶瓷来说，它的大小还与极化程度相关。它只是反映机、电两类能量通过压电效应耦合的强弱，并不代表两类能量之间的转化效率。压电材料的耦合系数在不同的场合有不同的要求，当制作换能器时，希望机电耦合系数越大越好。

3. 准静态法测量压电系数 d_{33} 的基本原理

压电常数是压电陶瓷材料最重要的物理参数，它取决于不同的力学和电学边界约束条件。压电常数有四种不同的表达方式，其中使用最广泛的是压电常数 d_{ij}，其中第一个下角标 i 表示晶体的极化方向，即产生电荷的表面垂直于 X、Y、Z 轴时，分别记为 i=1、2、3；第二个下角标 j=1、2、3、4、5、6，分别表示沿 X、Y、Z 轴方向作用的正应力和垂直于 X、Y、Z 轴平面内作用的剪切力。可见，d_{ij} 共有 18 个分量。对于压电陶瓷，18 个压电常数分量中只有 5 个非零分量，而且只有 3 个分量是独立的，即 d_{31}($=d_{32}$)、d_{33} 和 d_{15}($=d_{24}$)。压电陶瓷的压电常数除与材料本身的性质有关外，通常还与压电陶瓷进行极化处理的条件有关。

设样品静态电容为 C，充有电荷 Q，电压为 U，可得：

$$d_{33}=Q/F=CU/F \tag{4-38}$$

d_{33} 的测量原理是将一个低频（几赫兹到几百赫兹）振动的压力，同时施加到待测压电样品和已知压电系数的标准样品上，将两个样品的压电电荷分别收集并作比较。经过电路处理，待测样品的 d_{33} 值可直接由数字管显示出来，同时显示出样品的极性。

标准的含义是指样品的形状和尺寸以及极化取向要尽量满足理论要求，然后在适当的断面上电极，以便通电进行激发。

三、材料的磁性能及表征技术

（一）测试原理

如果将一个开路磁体置于磁场中，则距此磁体一定距离的探测线圈感应到的磁通，可视作外磁化场及该磁体带来的扰动之和。多数情况下，测量者更关心的是这个扰动量。在磁测领域，区分这种扰动与环境磁场的方法有很多种。例如，使被测样品以一定方式振动，则探测线圈感应到的磁通信号将不断地快速交变，保持环境磁场等其他量不做任何变化，即可实现这一目的。因为在测试过程中，恒定的环境磁场可以直接扣除，所以有用信号可以通过控制线圈位置、振动频率、振幅等得以优化。

振动样品磁强计（VSM）正是基于上述理论而发展起来的高灵敏度的磁矩测量仪器，它采用电磁感应原理测量在一组探测线圈中心以固定频率和振幅作微振动的样品的磁矩。对于足够小的样品，它在探测线圈中振动所产生的感应电压与样品磁矩、振幅、振动频率成正比。在保证振幅、振动频率不变的基础上，用锁相放大器测量这一电压，即可计算出待测样品的磁矩。

振动样品磁强计是一种常用的磁性测量装置，利用它可以直接测量磁性材料的磁化强度随温度变化曲线、磁化曲线和磁滞回线，能给出如矫顽力 H_c、饱和磁化强度 M_s、剩磁 M_r 等相关磁性参数，还可以得到磁性多层膜有关层间耦合的信息。

图 4–13 是振动样品磁强计的结构示意图，它由直流线绕磁铁、振动系统和检测系统（感应线圈）组成。下面阐述其测量工作原理。

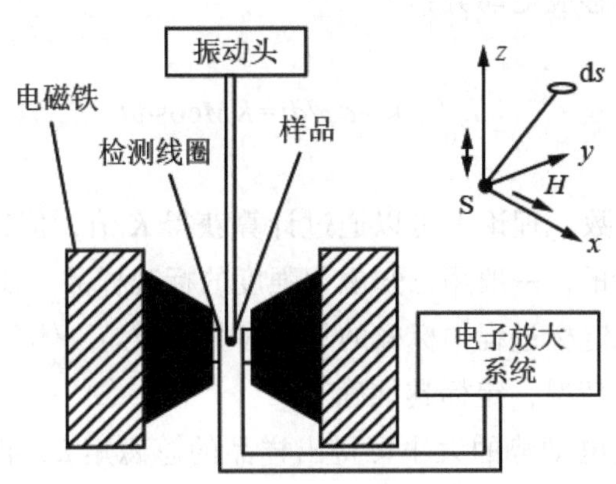

图 4–13　振动样品磁强计结构示意

装在振动杆上的样品位于磁极中央感应线圈中心连线处，位于外加均匀磁场中的小样品将被外磁场均匀磁化。小样品可等效为一个磁偶极子，其磁化方向平行于原磁场方向，同时在周围空间产生磁场。在驱动线圈的作用下，小样品围绕其平衡位置做频率为 ω 的简谐振动而形成一个振动偶极子。振动偶极子产生的交变磁场在探测线圈中产生交变磁通量，从而产生感生电动势

ε，其大小正比于样品的总磁矩 μ，即：

$$\varepsilon = k\mu \tag{4-39}$$

式中，k 为与线圈结构（匝数和面积）、振动频率、振幅和相对位置有关的比例系数。在感应线圈的范围内，小样品在垂直磁场方向做简谐振动。根据法拉第电磁感应定律，通过线圈的总磁通：

$$\varphi=AH+BM\sin\omega \tag{4-40}$$

式中：A 和 B——与感应线圈相关的几何因子；

H——电磁铁产生的直流磁场；

M——样品的磁化强度；

ω——振动频率；

t——时间。

线圈中产生的感应电动势：

$$E(t)=d\varphi/dt=KM\cos\omega t \tag{4-41}$$

式中，K 为常数。理论上可以通过计算获得 K 值，但这种计算很复杂，几乎是不可能进行的。一般用已知磁化强度的标准样品（如 Ni 球）来标定，该过程称为定标。定标过程中标样的具体参数（磁矩、体积、形状和位置等）越接近待测样品的情况，定标越准确。

可见，由感生电动势的大小可得出样品的总磁矩 μ，再除以样品的体积即可得到磁化强度 M。因此，记录下磁场和总磁矩的关系后，即可得到被测样品的磁化曲线和磁滞回线。图 4-14 为典型的磁滞回线。

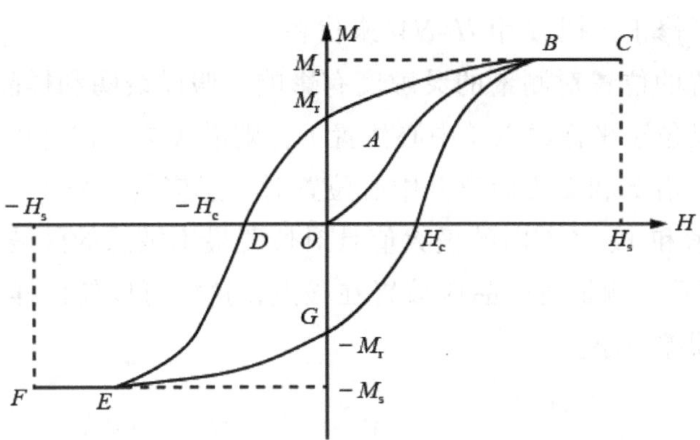

图 4-14　初始磁化曲线和磁滞回线

当铁磁材料从未磁化状态（H=0 且 M=0）开始磁化时，M 随 H 地增加而非线性增加。当 H 增大到一定值 H_m 后，M 增加十分缓慢或者不再增加，这时候磁化达到饱和状态，称为磁饱和，达到磁饱和的 H_s 和 M_s 分别称为饱和磁场强度和饱和磁化强度（对应图中 C 点）。M–H 曲线 $OABC$ 称为初始磁化曲线。当 H 从 C 点减小时，M 也随之减小，但不沿原曲线返回，而是沿另一条曲线 CBD 下降。当 H 逐步减小到 0 时，M 不为 0，而是 M_r，说明铁磁材料中仍然保留一定的磁性，这种现象称为磁滞效应，M_t 称为剩余磁化强度，简称剩磁。要消除剩磁，必须加一反向的磁场，直到反向磁场 H=–H_c，M 才恢复为 0，H_c 称为矫顽力。继续反向增加 H，曲线达到反向饱和点 F，对应饱和磁场强度为 $-H_s$，饱和磁化强度为 $-M_s$，再正向增大 H，曲线经过 G 点回到起点 C。

（二）VSM 测试方法

VSM 测量采用开路方法。磁化的样品表面存在磁荷，将产生与磁化场方向相反的磁场，减弱外加磁化场 H 的磁化作用，故称为退磁场。只有在样品“退磁场”可以忽略的情况下，利用 VSM 测得的回线，才能代表材料的真实特征，否则必须对磁场进行修正。可将退磁场 H_d 表示为 H_d=–NM，N 称为“退磁因子”，取决于样品的形状，一般来说非常复杂，甚至为张量形式。只有旋转椭球体，方能计算出三个方向的具体数值。磁性测量中，样品通常制成旋转椭球体的几种退化形，即圆球形、细线形、薄膜形，此时在特定方向的 N 是定值。

样品内总的磁场并不是磁体产生的磁场 H，而是 H–NM。测量的曲线要进行退磁因子修正，把 H 用 $H-NM$ 来代替。

样品放置的位置对测量的灵敏度有影响。假设线圈和样品按图 4-15 所示放置，样品位于坐标原点（中心位置），则沿 X 方向离开中心位置时，感应信号变大；沿 Y 和 Z 方向离开中心位置时，感应信号变小。中心位置是 X 方向的极小值和 Y、Z 方向的极大值且对位置最不敏感的区域，称为鞍点，如图 4-16 所示。测量时样品应放置在鞍点，这样可以使由样品具有的有限体积引起的误差最小。

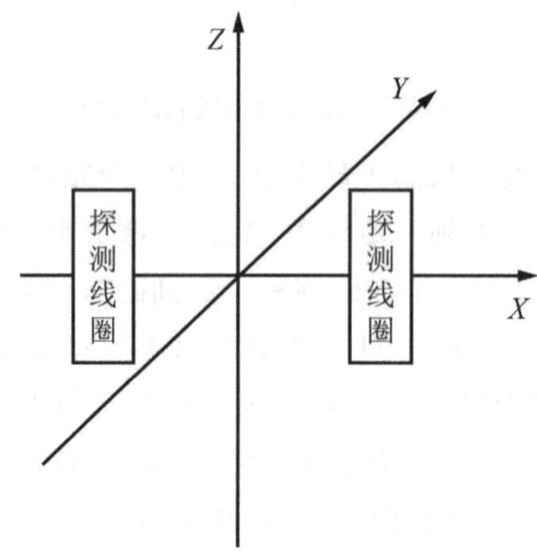

图 4-15 线圈放置位置

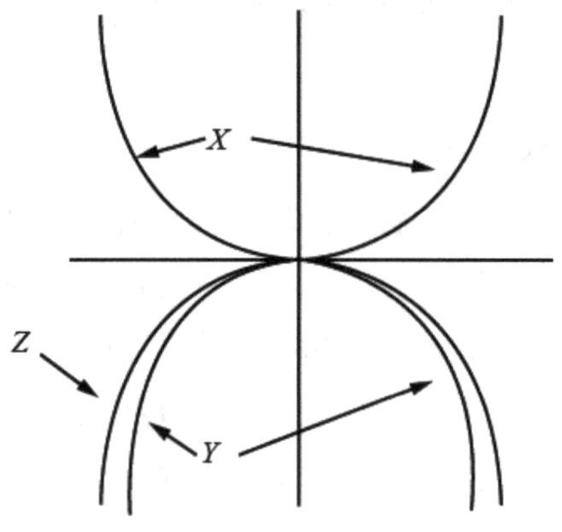

图 4-16 鞍区示意

（三）仪器结构

除上面提到的 VSM 系统所需要的电磁铁、振动系统、检测系统之外，实际的振动样品磁强计通常还包括锁相放大器、特斯拉计，分别用于小信号和磁场的检测，同时还包括计算机系统。

1. 电磁铁

电磁铁提供均匀磁场，并决定样品的磁化程度，即磁矩的大小。需要测量的也是样品在不同外加均匀磁场中的磁矩大小。

2. 振动系统

小样品置于样品杆上，在驱动源的作用下可以作 Z 方向（垂直方向）的固定频率的小幅度振动，以此在空间形成振动磁偶极子，产生的交变磁场在检测线圈中产生感生电动势。

3. 探测线圈

探测线圈实际上是一对完全相同、相对于小样品对称放置的线圈，且相互反串，这样可以避免由于外磁场的不稳定造成的对探测线圈输出的影响。而对于小样品磁偶极子磁场产生的感应电压，二者是相加的。振动样品磁强计检测线圈的设计很重要，应满足两线圈反串后，当样品振动时，感应信号具有最大的输出；当样品安放位置上下、左右、前后稍有变化时，样品在探测线圈内的感生电动势几乎不变，因为在测量时需更换样品，不能保证位置绝对不变。另外，线圈本身的抗干扰本领要强。当探测线圈轴线分别与 X、Y、Z 方向平行时，每种线圈只能探测 i、j、k 分量的磁通，并把这三种线圈分别称为 i 线圈、j 线圈、k 线圈。实验发现 k 线圈比较好，j 线圈灵敏度虽然低，但“鞍点”却较宽。

4. 特斯拉计

特斯拉计采用霍尔探头来测量磁场，如图 4-17 所示。

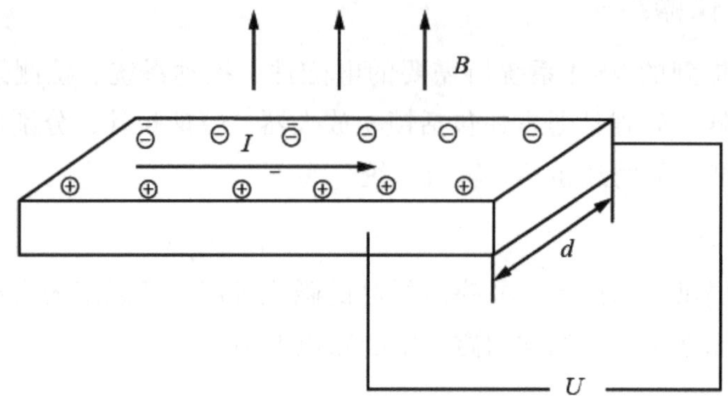

图 4-17　霍尔探头测量磁场的原理

霍尔片垂直磁场放置，其上流经电流 I，电子在磁场中受洛伦兹力作用发生偏转，结果如图 4-17 所示，在霍尔片平行电流方向的两端产生积累电荷。积累电荷产生的电场对电荷的作用力与洛伦兹力方向相反。当电场力与洛伦兹力达到平衡时，在霍尔片两端就能得到稳定的电压输出。通过测量霍尔片两端的电压就可以得到磁场值。

第三节　材料服役性能检测技术

一、环境腐蚀因素的电化学测定

（一）腐蚀的基本认知

无论是金属或非金属，各种材料在环境中（包括大气、海水、土壤、光照、温度和应力等因素）的作用下都可能发生变质、恶化或性能下降，甚至导致完全失效。这种由周围环境引起的物质变质或破坏现象被称为材料的腐蚀。腐蚀引起的材料或产品失效被称为腐蚀失效。例如，钢铁会生锈，铝锅可能出现穿孔，橡胶管也可能因老化而开裂，这些都是常见的腐蚀现象。

材料的腐蚀受到材料本身和周围介质性质的影响。腐蚀种类繁多，并有多种分类方法。根据腐蚀后的外观特征分类，腐蚀可分为：①如果腐蚀均匀地发生在整个材料表面，称为均匀腐蚀或全面腐蚀。②如果腐蚀集中在某些区域，则称为局部腐蚀；另一种分类方式是根据腐蚀介质的性质，如大气腐蚀、土壤腐蚀、海水腐蚀等；还可以按照腐蚀的作用机制将大多数材料腐蚀分为三大类型：化学腐蚀、电化学腐蚀和物理腐蚀。在这些类型中，电化学腐蚀是最普遍最重要的金属腐蚀形式。它是指材料与离子导电性介质发生电化学反应，产生电流的过程导致腐蚀。例如，在海水中金属船体的腐蚀以及输油管道在土壤中的腐蚀就属于电化学腐蚀的范畴。

对于金属而言，腐蚀是一种自然过程，会将金属从其原始状态转化为化合物状态，也就是金属被氧化的过程。化学腐蚀发生时，金属的氧化与其他物质的还原直接进行电子交换；而电化学腐蚀发生时，金属的氧化和介质中某物质的还原是在不同地点相对独立进行的两个过程，电子的交换则是通过间接途径进行的。绝大多数金属腐蚀属于电化学腐蚀。

（二）影响腐蚀的因素

材料腐蚀指的是材料在特定条件下受到氧化、溶解或破坏的过程。不同材料在不同环境中的腐蚀性可以有很大的差异，主要取决于材料自身的性质以及周围介质的性质。

材料的性质是影响腐蚀的重要因素之一。不同材料具有不同的化学成分和晶体结构，因此对不同的腐蚀介质会有不同的响应。一些金属材料可以高效地抵抗腐蚀，如不锈钢，这是因为它们形成了一层致密的氧化物膜来保护材料表面。其他材料如铁，在湿氧环境中容易发生锈蚀。

介质的影响也是决定腐蚀性的因素之一。介质可以包括气体、液体或固体。它们的化学成分、pH、温度、浓度等都会对材料的腐蚀性产生影响。比如，酸性介质通常会加速金属材料的腐蚀，而碱性介质则可能对某些金属起到保护作用。

氧化剂和溶解氧也会对腐蚀性产生影响。一些氧化剂如空气中的氧气或含氧化物的溶液，可以加速材料的腐蚀过程。溶解氧也可以在某些情况下加剧腐蚀问题，特别是对于某些金属来说。

介质的 pH 是腐蚀性的重要因素之一。酸性和碱性介质会对材料的腐蚀性产生不同的影响。酸性介质中，酸性物质会通过与材料发生化学反应来加速腐蚀。而碱性介质中，碱性物质可以形成一种保护性氧化膜，减缓腐蚀过程。

介质中的盐类及其浓度也对腐蚀性有一定影响。一些金属在含有盐类的介质中容易发生腐蚀。而且盐类的浓度越高，腐蚀也往往越严重。

介质温度会对腐蚀性产生影响。一般而言，较高的温度会加速腐蚀过程。高温下，材料的化学反应速率增加，从而导致更快的腐蚀。

介质的流动性质也会对腐蚀性有所影响。流动的介质会形成对材料的冲刷作用，加速腐蚀过程。此外，流动的介质还可能会带走一部分腐蚀产物，减缓腐蚀过程。

除了上述因素，还有一些其他因素也可能影响材料的腐蚀性，如电场、应力、辐射等。这些因素的具体作用机制可能与材料本身和介质的相互作用有关。

（三）腐蚀的评定方法

通常可以从以下方面来评定材料被腐蚀的程度或材料的耐蚀性。

1. 重量法

通过重量法可以准确测量金属的腐蚀速度，并评估腐蚀的严重程度。在这种方法中，首先需要准备腐蚀试片，并确保试片具有一定的初始质量。其次，将试片放置在腐蚀介质中，并在一定时间内进行腐蚀实验。

在腐蚀实验结束后，通过测量试片的质量变化来确定腐蚀速度。如果腐蚀产物容易去除，可以用单位时间内金属试片质量的减少来表示腐蚀速度。反之，如果产生的腐蚀产物牢固地附着在试片表面，可以用单位面积上金属腐蚀后的质量增加来表示腐蚀速度。这种重量法的优点是简单易行，且能够提供准确的腐蚀速度信息。通过不同试片的比较，还可以评估不同材料的耐腐蚀性能，为工程应用提供指导。

重量法也存在一些局限性。首先，它只能提供腐蚀速度和腐蚀程度的平均值，无法揭示腐蚀过程的具体细节。其次，对于腐蚀产物较为复杂或黏附性较高的情况，可能需要额外的处理步骤来准确测量金属试片的质量变化。此外，重量法只能评估静态腐蚀行为，对于动态条件下的腐蚀行为则不适用。

尽管重量法存在一些局限，但在腐蚀领域中仍然是一种重要且常用的实验方法。结合其他分析手段，如表面形貌观察、化学成分分析等，可以更全面地了解腐蚀过程，并为材料的优化和腐蚀控制提供科学依据。

2. 电化学方法

电化学方法具有快速、简便的特点，可以通过测量材料在腐蚀介质中的电化学参数来评定材料的腐蚀程度。例如，通过测量腐蚀电池的电流密度来

判断材料的腐蚀速度，通过测量电极电位来判断材料腐蚀的倾向等。

金属与电解质接触时，在金属与溶液交界处会产生一个电位差，被称为电极电位。该电极电位会随着时间不断变化，当腐蚀电池中的阴极和阳极反应达到动态平衡时，电极电位将趋于一个稳定值，通常被称为稳定电位或自腐蚀电位。一般来说，电极电位的变化常常可以反映金属表面状态的变化，例如表面膜的形成过程和稳定性，是否发生局部腐蚀等。如果电位随时间的变化趋于“正”，表明表面膜的保护性增强了；相反地，如果电极电位向“负”变化，则表明金属表面保护膜被破坏。在均匀腐蚀时，电极电位随时间的变化较为缓慢，如果发生局部腐蚀，电极电位通常会发生突变。

通过测定某材料在介质中自腐蚀电位随时间的变化曲线，可以判断该材料在介质中发生腐蚀的热力学趋势。将不同材料在同一介质中最终得到的自腐蚀电位，按由低到高的顺序排列，就可以得到各种金属在某种介质中的腐蚀电位序列。根据金属在腐蚀电位序列中的位置，可以判断两种金属在指定的电解液中相接触时，哪种金属可能会发生腐蚀。

3. 表面状态的观察

根据表面状态的变化来评价材料的腐蚀程度和腐蚀特征，以及对不同材料的耐蚀性作出相对比较，是一种常用的方法。这种方法可以通过多种手段进行评估，包括肉眼观察的宏观检验和使用各种表面分析仪器进行微观分析。

肉眼观察的宏观检验是一种快速初步评估腐蚀程度的方法。通过检查材料表面的颜色、光泽、质地等特征，可以判断腐蚀的程度和腐蚀特征。例如，材料表面出现锈蚀、斑点、凹凸等现象，表明材料发生了腐蚀。

而金相检验、断口分析以及各种表面分析仪器，则可以提供更加详细和准确的信息。金相检验通过对材料进行金相制样和显微镜观察，可以揭示材料的晶体结构、腐蚀产物的类型和分布等信息。断口分析则通过对断口形貌的观察和分析，可以了解到材料的断裂特征和腐蚀痕迹。

此外，现代的表面分析仪器如三维视频显微镜、扫描电镜等，具有高分辨率和高灵敏度，可以提供更为详细的表面形貌和构造信息。它们可以观察到细微的腐蚀痕迹、腐蚀产物层的特征，进而推导出腐蚀的机制和程度。

4. 体积的变化

通过体积的变化定性评定材料的腐蚀程度是一种常用的方法。当材料发生腐蚀时，会产生一系列化学反应，导致材料的体积发生变化。根据这一变化可以判断腐蚀的程度。

首先，需要选择一个合适的试样进行实验。这个试样应该是代表性的，并且具有与实际应用环境相似的特点。其次，将该试样置于模拟腐蚀环境中，进行一段时间的实验。

在腐蚀实验结束后，我们可以测量试样的体积变化。这可以通过比较腐蚀前后试样的体积来实现。如果试样的体积减小，说明材料被腐蚀掉了一部分，腐蚀程度较轻；如果试样的体积增大，说明试样表面可能出现了某种沉积物，腐蚀程度较重。

通过体积的变化定性评定材料的腐蚀程度只能给出大致的腐蚀程度，具体的评估还需结合其他分析手段进行。同时，实验过程中还需要控制好实验条件，以确保实验结果的准确性和可靠性。

二、材料环境失效行为的电化学阻抗谱分析

电化学阻抗谱法（EIS）属于暂态电化学技术，是用小幅度正弦波交流信号扰动电极，并观察体系在稳态时对扰动的响应情况，同时测量电极的交流阻抗。由于可以将电极过程用电阻（R）、电容（C）和电感（L）组成的电化学等效电路来表示，因此，电化学阻抗技术实质上是研究 RC 电路在交流电作用下的特点和应用。

一般情况下，电解池的阻抗包括两个电极的界面阻抗 C、Z_f 和溶液电阻 R_L，等效电路如图 4-18 所示。

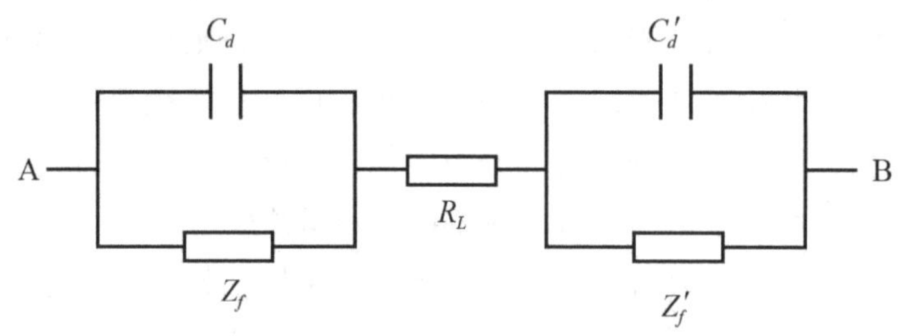

图 4-18　电解池交流阻抗等效电路

在实际测量中，可创造条件使辅助电极的界面阻抗忽略不计，通常方法是采用大面积铂电极作为辅助电极。由于辅助电极上不发生电化学反应，Z_f' 非常大；同时，由于辅助电极的面积远远大于研究电极的面积，C_d' 很大，

故其容抗比 Z_f' 及串联电路上的其他元件的阻抗小得多，如同短路一样。于是，等效电路被简化为如图 4-19 所示。

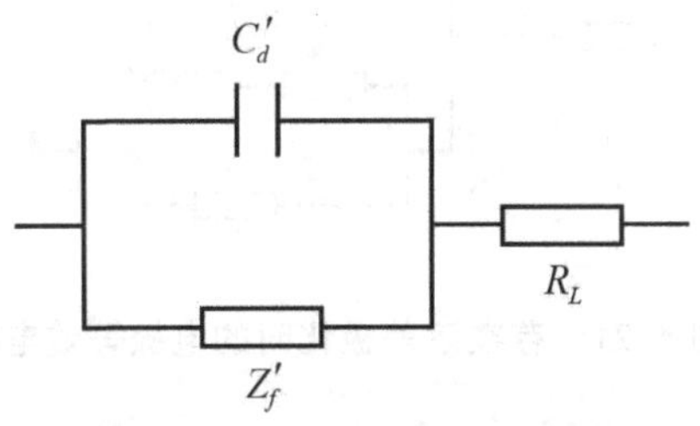

图 4-19　简化后的等效电路

应当指出的是，电极交流阻抗电路与由理想电阻、电容所组成的等效电路并不完全相同，因为双电层电容和法拉第阻抗都随电极电位的改变而变化，电极交流阻抗等效电路中各元件的数值是随电极电位的改变而变化的。

常用图 4-20 所示的复数平面图（也称为 Nyquist 图）来描述阻抗随频率的变化，横坐标 x 和纵坐标 y 分别代表阻抗的实部 A 和虚部 B。该图由一系列点组成，每个点都表示某个特定频率下阻抗的实部和虚部。

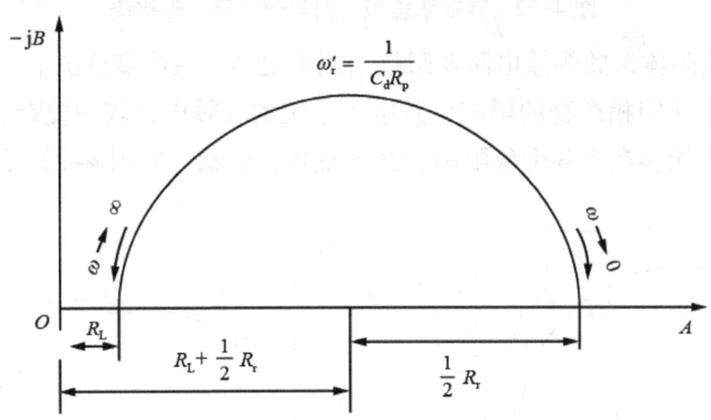

图 4-20　只有电化学电极极化时的电极阻抗复数平面图

图 4-20 所示的复数平面图也是电极为活化极化控制、浓差极化可忽略时的典型阻抗谱，其等效电路如图 4-19 所示。当存在浓差极化时，等效电路及阻抗谱分别如图 4-21 和图 4-22 所示。

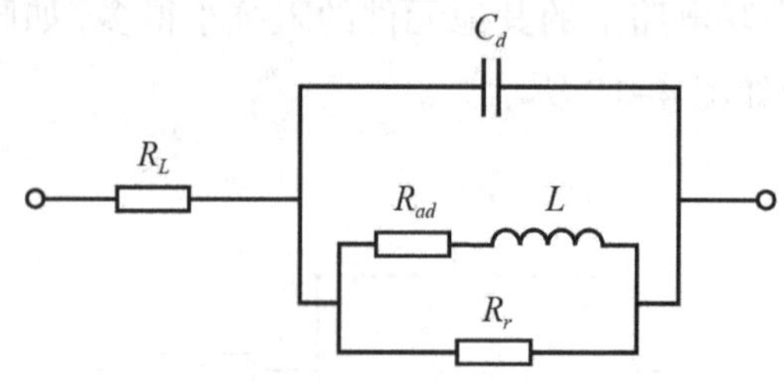

图 4-21　存在浓差极化时的电极等效电路

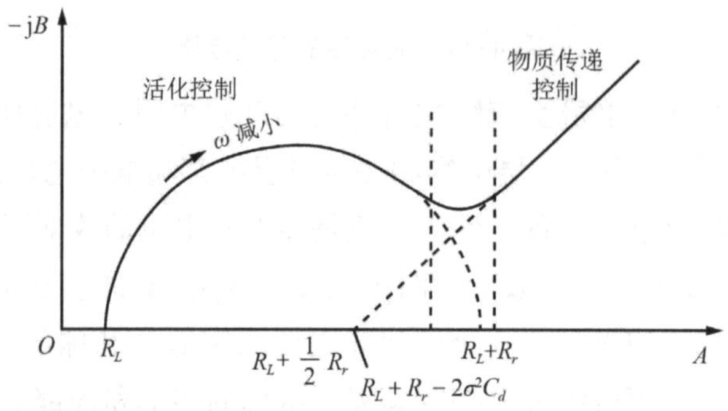

图 4-22　存在浓差极化时等效电路的阻抗谱

含有吸附体系的等效电路及阻抗谱则更复杂。在许多情况下，受吸脱附、钝化以及生成固相产物的影响，其电极系统的等效电路较为复杂，复数阻抗平面轨迹可能存在于各个象限中，并呈现各种形状，如图 4-23 所示。

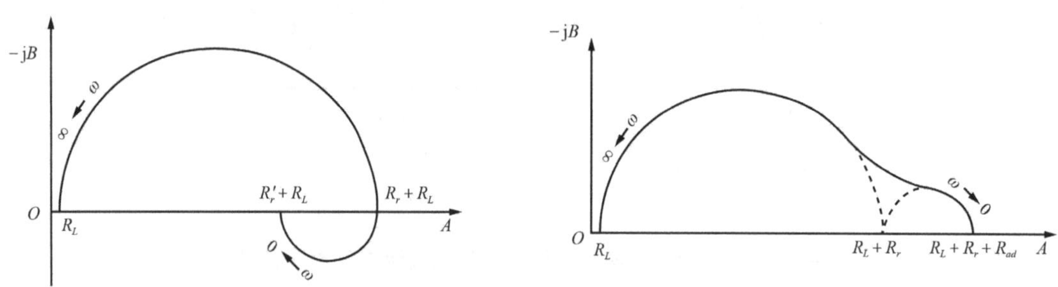

图 4-23　吸附体系的电化学阻抗谱

通过实验数据处理电化学阻抗技术可同时得到 R_L、R_r 和 C_d 三个电化学参数。最常用的阻抗谱解析是先测得 Nyquist 图或 Bode 图。Bode 图以频率对数为 x 轴，以阻抗的绝对值和相角为 y 轴。可由图上特征点对应的数值计

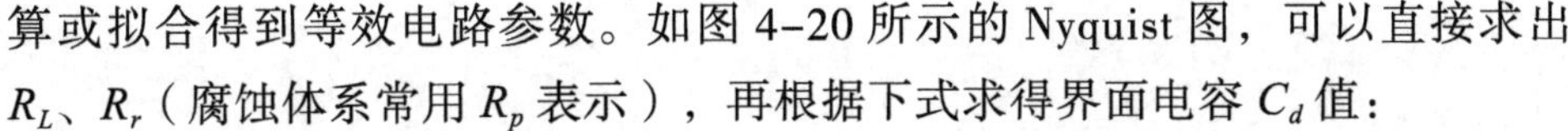

算或拟合得到等效电路参数。如图 4-20 所示的 Nyquist 图，可以直接求出 R_L、R_r（腐蚀体系常用 R_p 表示），再根据下式求得界面电容 C_d 值：

$$\omega_r' = \frac{1}{C_d R_p} \tag{4-42}$$

式中，ω_r' 为半圆顶点处对应的角频率值。

第五章　材料科学的多领域交叉应用

第一节　材料科学与现代数学方法

数学作为一门重要的基础性学科，在科学技术领域扮演着重要的角色。经过长期的发展，数学不仅构建了自身完善且严谨的理论体系，还成为其他科学技术研究的必备工具。随着科学技术的快速发展，数学的地位也发生了巨大的变化；更加抽象、综合和精细，应用范围也更加广泛。

数学与材料科学的交叉融合产生了许多新的发展点。数学为材料科学中非线性现象的定性和定量分析提供了精确的语言，有利于从理论的高度研究材料的内在规律。

一、有限元分析在材料研究中的应用

自 20 世纪 50 年代以来，有限元法逐步发展为一种数值方法。随着近年来计算机技术的飞速进步，有限元法的应用范围和水平得到了显著拓展和提高，已成为许多领域中科学研究和工程分析的重要方法和手段。有限元法的核心思想是将结构物视为由有限数量的划分单元组成的整体，通过解算单元节点的位移或节点力作为基本未知量来获得结果。根据不同的问题类型，有限元法可分为位移法、力法和混合法。位移法选取节点位移作为基本未知量，力法则选取节点力，混合法则同时选取部分节点位移和节点力。在具体的研究中，根据对象的特点和要求，采用的方法各有不同。在材料研究中，主要采用位移法。

有限元法是一种非常有效的分析材料力学特性的方法，尤其适用于研究内应力、热应力和残余应力等。在探究二相粒子复合陶瓷中的内应力时，采用这种方法可以取得良好的效果。近年来，随着航空航天工业的不断发展，

为了适应超高温环境中的工程应用，产生了梯度功能材料（FGM）。典型的金属－陶瓷梯度功能材料的设计理念是：材料的一端是耐高温、耐热、耐冲刷、耐腐蚀的陶瓷材料，而另一端则是导热性好、强度高、有韧性的金属材料。材料的组成在从陶瓷向金属方向上实现连续过渡，从而使材料内部的热应力能够得到缓解、减小甚至消除。因此，准确了解热应力的大小和分布对于 FGM 的制作和成分设计至关重要。

采用有限元法研究 FGM 中的热应力时，首先建立 FGM 的成分分布函数，其次建立有限元模型，利用混合律等法则确定材料的物性参数（如导热系数 K，热膨胀系数 a、弹性模量 E、泊松比 v 等），再采用计算机程序计算。采用这种方法研究 Ti-Ni 梯度功能材料的组成分布与热应力最大值之间的关系，得出结论：当成分分布指数 P=1.3 时，FGM 板内最大拉应力最低，考虑到金属的抗拉应力能力远远高于陶瓷，综合考虑，P=1.0 为成分分布指数的最佳值。采用这种方法研究 Al_2O_1—T_1 系 FGM 的组成分布与应力关系，得出结论：P=0.75 时为最佳成分分布指数，最佳梯度中间层数 n=8。当成分梯度指数 P=0.75 时，残余热应力分量降至最低点。成分曲线由上凸（$P<1$）转变为下凸（$P>1$）过程中，纯 Al_2O_3 层中的径向应力由压应力转变为拉应力，径向边界处的轴向应力也由压应力转变为拉应力。因此，采用有限元分析方法，可以优化设计梯度中间层的厚度、层数及最佳成分分布情况。

此外，对于实际的非均匀介质，要得到热应力分布的解析几乎是不可能的，特别是对于三维的问题以及非线性情况，有限元法是解决问题最有效的方法。利用有限元方法计算 ZrO_2 陶瓷和 T_1—6Al—4V 金属组成的梯度功能材料在受电板上下表面处加热、冷却时的瞬态温度场分布情况，计算结果与采用摄动法计算结果是一致的，而且计算方法比摄动法简便。

二、拓扑学在材料结构表征中的应用

拓扑学是研究图形在拓扑变换下不变性质的科学，包括点集拓扑学、代数拓扑学等分支。拓扑学研究几何图形的性质，在晶体结构描述上有重要的应用前景。18 世纪，欧拉就对多面体的面数 t、棱数 e 和顶点数 v 之间提出了欧拉关系：$t-e+v=2$。利用欧拉定律，可以对 Archimedean 半规则多面体情况进行讨论，这是组合拓扑学在晶体科学上应用的一个范例。20 世纪 70 年代至 80 年代，分子拓扑学的出现为研究晶体结构提供了更为有力的工具。

通过以每个顶点代表分子中的一个原子，每条边代表原子之间形成的化学键，可以将分子结构抽象为一个图 $G(V, E)$，其中 $V=\{V, \cdots, Vn\}$ 为顶点集，$E=\{e_1, \cdots, e_m\}$ 为边集，其中 $e=[V_I, V_j]$ 是两个顶点 V_I 和 V_j 之间的连线，这样构成的图称为分子图。分子图的各种拓扑不变量称为分子拓扑指数，目前有拓扑指数、分子连通指数和分子信息拓扑指数等。

近年来，人工晶体的研究一直是材料研究的热点之一，而研制人工晶体离不开分子动力学，分子动力学中一个重要概念是势能面，而近年的研究表明，势能面是一种多维空间的超曲面，具有拓扑特性，从而代数拓扑学中的基本群的理论，微分拓扑学中关于临界点的理论，都成为研究人工晶体势能面的有力工具。

随着现代数学方法的不断发展，其科学、严谨的特点将为材料优化设计、热应力计算、断裂分析、数值模拟以及结构表征、缺陷分析等方面提供强有力的研究工具，也为材料科学目前遇到的大量无规律、非线性的复杂问题提供解决办法的新思路，今后将会得到更为广泛的应用。

第二节　机器学习在材料科学中的应用

材料是现代社会发展的三大支柱之一，在推动科学发展和社会进步方面扮演着至关重要的角色。高性能材料的研发与应用成为材料研究领域的重要议题。目前，材料研究方法主要可分为实验法和计算法。然而，实验研究方法受制于制备成本高、研发周期长、效率低下等问题，常常依赖研究者的经验和直觉。

在第四次工业革命时代，以人工智能、大数据等技术为主导，其中机器学习作为人工智能的新分支已广泛应用于机器人技术、计算机视觉、数据挖掘、生物医学等多个领域。在材料科学研究领域，机器学习因其高效的计算和预测能力正逐渐得到应用。通过结合充分的实验研究和理论计算，人们可以利用机器学习方法，快速进行数据挖掘并学习有用信息，从中揭示隐藏的信息和规律，准确预测材料性能并筛选出目标材料。通过机器学习方法，研究者可以在更小范围内进行理论计算和实验验证，从而缩短材料研发周期。

机器学习的核心原则是让机器学习模型通过不断地积累以往的经验或数

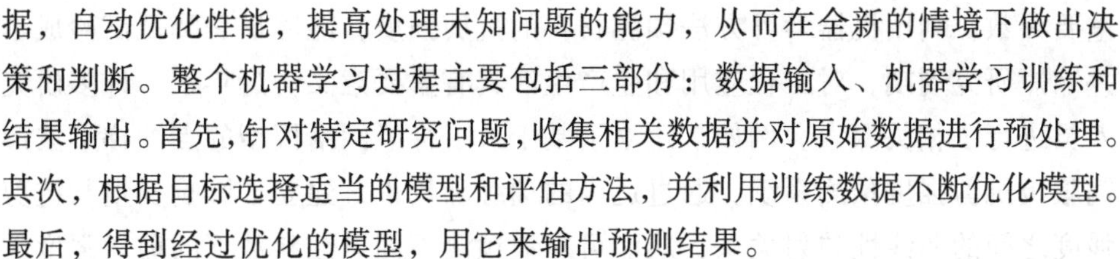

据，自动优化性能，提高处理未知问题的能力，从而在全新的情境下做出决策和判断。整个机器学习过程主要包括三部分：数据输入、机器学习训练和结果输出。首先，针对特定研究问题，收集相关数据并对原始数据进行预处理。其次，根据目标选择适当的模型和评估方法，并利用训练数据不断优化模型。最后，得到经过优化的模型，用它来输出预测结果。

一、机器学习与材料性质预测

近年来，机器学习方法在预测材料性质方面展现出显著优势，例如强大的泛化能力和高效的计算速度。这些方法已成功应用于预测各种材料性质，包括但不限于发射 / 激发波长、玻璃形成能力、抗剪强度、发光热猝灭温度以及功函数等。

（一）机器学习与荧光粉发射

荧光粉材料因其在固态照明和显示方面的广泛应用，引起了材料科学家的研究兴趣。特别是 Eu^{2+} 掺杂荧光粉具有发射光谱窄、稳定性高以及量子产率高等特点。荧光粉的发射波长决定着显示器件颜色的品质。机器学习方法是一种研究 Eu^{2+} 掺杂荧光粉发射波长的全新手段，有助于新型荧光粉的优化和设计。例如，从文献中收集 288 个 Eu^{2+} 掺杂荧光粉（包括卤化物、氧化物以及氮化物等）的发射波长。根据荧光粉基质的化学计量信息，开发基于机器学习方法的发射峰值波长预测模型，该模型的预测误差在 139meV 之内。基于此，结合当前发射光谱调谐机制，对该模型进行理论验证。

不同于依靠经验直觉、爱迪生式的传统实验方法，利用数据驱动预测发射波长的机器学习具有快速、准确等特点。又如，根据已报道的 $ABSi_2O_7$: Eu^{2+} 系列荧光粉的实验发射波长，利用回归模型成功预测 $R_{1-x}K_XLSO$: $0.01Eu^{2+}$（$0 \leqslant x \leqslant 1$）系列荧光粉的发射波长，并建立起荧光粉晶体结构与发光性质之间的联系。与此同时，机器学习方法也可预测无机荧光粉的激发波长。例如，利用原子性质相关的特征描述符表征激发波长，建立激发波长与特征描述符之间的映射关系，通过套索回归以及人工神经网络等机器学习方法预测激发波长，并与实验数据进行比较。

（二）机器学习与抗剪强度

抗剪强度是材料在剪断时达到的最大强度，是描述材料抵抗剪切滑动的重要参数。利用机器学习方法预测材料的抗剪强度，能够显著降低试验成本并缩短研究周期，对工程应用和生产生活具有重要意义。近年来，许多研究人员进行了相关探索。例如，建立了基于人工神经网络模型的点蚀梯形波形钢腹板抗剪强度预测系统。通过适当的训练和校正，建立了影响变量与抗剪强度之间的非线性映射关系，从而可靠地预测不同点蚀参数下的剪切强度。这些预测主要针对钢筋混凝土材料。例如，基于文献报道的梁的几何和混凝土性能参数的实验数据，采用支持向量机算法预测了钢筋混凝土梁的抗剪强度。在实际生产和使用中，材料的抗剪强度可能与使用时间相关。因此，采用梯度提升回归树模型预测了锈蚀钢筋混凝土在不同使用时间下的抗剪强度，该模型的平均决定系数大于 0.9，表现出良好的预测能力。

二、机器学习与新材料发现

“新材料被视为新技术革命的基础和先导，新材料的发展及趋势将深刻影响时代的变化、人类生活和社会发展。”[①] 机器学习不仅在材料性质预测上应用广泛，在新材料合成设计方面也同样发挥着重要作用，影响并推动着材料科学的发展。以下阐述机器学习方法在稀土荧光材料、钙钛矿材料以及催化材料等领域的应用情况。

（一）机器学习与稀土荧光材料

在激光、照明、显示、辐射探测等多个领域，稀土荧光材料因其高品质的色彩、强大的光吸收能力、高转换效率以及稳定的物理化学性质等优势，得到广泛应用。数据驱动的机器学习方法在研究稀土发光新材料方面取得了许多重要成果。举例来说，通过利用支持向量回归方法，可以预测荧光粉基质材料的德拜温度，以寻找更高效的荧光粉基质材料。

同时，利用高通量密度泛函理论计算方法获得带隙。基于预测的带隙和德拜温度，自动识别出带隙最大、德拜温度最高的荧光粉基质材料是 $NaBa-B_9O_{15}$。通过合成制备与表征分析，发现晶体结构刚性大小取决于 $[B_3O_7]5$—阴离子骨架。向其中掺入 Eu^{2+} 离子，获得 416nm 的蓝紫光窄带发射（半峰宽为 34.5nm），量子产率高达 95%。基于材料化学组分、电子结构以及光

① 林伟坚，张博文，汪卫华．从全球气候变化、制造业产业升级、国家安全及材料基因工程维度探讨材料科学发展趋势［J］．中国科学院院刊，2022，37（3）：336.

谱信息，机器学习还可以预测材料的热稳定性、量子效率以及发射带宽等性质。例如，比较 9 种常见 Eu^{2+} 掺杂窄带红光氮化物荧光粉的电子结构发现，Eu^{2+} 离子两个最高 4f 能级之间分裂较大。利用该特征描述符对 2259 种氮化物筛选，成功识别出 5 种基质。向其中掺入 Eu^{2+} 离子之后，荧光粉具有化学性质稳定、热稳定性良好、量子效率高、发射带宽窄等特点。

总之，采用机器学习或者其他人工智能方法首先识别出高性能稀土发光材料，其次结合第一性原理模拟计算方法进行验证，最后通过实验制备合成，这一套研究方法有望用于高性能稀土发光材料的合成设计。

（二）机器学习与钙钛矿材料

高性能钙钛矿的开发和应用一直都是材料科学领域的研究热点之一。与传统实验手段和第一性原理计算方法相比，基于充分的实验和理论研究，机器学习在寻找高性能钙钛矿材料方面发挥着重要作用。例如，基于实验数据，选用容忍因子、八面体因子、电负性等 9 个主要特征描述符作为机器学习输入变量，利用机器学习分类方法对每条输入数据建模训练，分类准确度达到 94.6%，接着采用梯度提升决策树算法从 891 条数据中筛选 331 种钙钛矿，根据可成形性概率和凸包能筛选出较为稳定的钙钛矿材料。又如，搭建两个独立机器学习模型，分别用于筛选钙钛矿和其中具有新型立方结构的钙钛矿。利用两个分层的机器学习模型成功筛选出 20 个具有新型立方结构的钙钛矿。

值得注意的是，近年来，有机－无机杂化钙钛矿（HOIPs）引起了材料科学工作者的广泛关注。结合机器学习和高通量计算方法能够预测出 HOIPs。根据皮尔逊关系图中 14 个最佳材料特征，快速筛选出 3 个（$C_2H_5OInBr_3$、$C_2H_5OSnBr_3$ 以及 $C_2H_6NSnBr_3$）带隙合适、室温热稳定性良好的无铅 HOIPs，解决 HOIPs 的毒性和环境稳定性差等问题。另外，筛选出 686 个带隙合适的 HOIPs，同时结合密度泛函理论计算，验证 132 个稳定无毒的斜菱形 HOIPs，为后续实验合成提供了有益信息。

（三）机器学习与催化材料

催化材料在工业生产中占据重要地位。传统实验研究手段不仅效率较低，而且设备复杂，成本代价高，很难满足不断发展的工业需求。然而，利用机器学习方法，可以快速挖掘催化材料的结构与活性之间的关系，发现新型催化材料。例如，利用人工神经网络方法模拟催化剂组分和催化性能之间的关系，用一种混合遗传算法进行全局优化，获得最优的多组分催化剂。这种设计方法已经应用于甲烷氧化偶联反应，实现最高产率。因此，相比于烦琐耗时的实验和量子化学计算方法，机器学习方法在发现高性能多相催化材料方面展示出极大优势，提高了产率。另外，机器学习方法不仅适用于多相催化材料，在均相催化剂方面也具有重要作用。

第三节 电子理论与材料科学的交叉应用

一、电子理论的认知

电子理论最早的诞生时间普遍认为是在1905年，距今已有100多年，其理论基础具有多样性的特征。电子理论认为，正离子会形成均匀电场，其中自由电子的运动规律与经典力学气体分子运动规律一致，且自由电子与正离子间可能产生类似机械运动的碰撞作用。

电子理论本身涵盖多个方面的内容。其中，能带理论以电子能带为基础，用于分析金属自身的性质，并对半导体材料进行优化。价键理论则用于研究原子间单电子自旋方向与原电子轨道重叠的共价键和金属键等。此外，价键理论也在研究分子结构和纯金属晶体方面发挥着积极的作用。

目前，电子理论已经形成了多种派系，其中对科学技术影响最大的有密度泛函理论、余氏理论和程氏理论三种。我国在这些主要理论的应用方面取得了显著成果，有效地促进了科学技术的进步。

二、余氏理论与材料科学

（一）余氏理论

余氏理论是指1978年由我国吉林大学余瑞璜教授在DFT的基础上所建立的“固体与分子经验电子理论”（EET），它构建了固体与分子中原子状态的描述方法，给出了固体与分子中原子状态的表征方法，建立了多粒子体系的原子间相互作用方程与求解方法。EET的基本思想来源于量子力学、能带理论、电子浓度理论及价键理论，其显著特征是可以有效地分析电子结构中的键差，可信度很高。作为目前唯一由我国学者建立的比较完善的电子理论，广泛应用于材料科学领域，其快速发展对提升我国材料科学的水平具有重要意义。

在后续的演化过程中，我国学者基于合金奥氏体、合金马氏体等，针对EET提出了点阵参数不确定的电子结构计算模型，在原有基础上改进了理论体系，解决了原理论无法有效计算点阵参数晶体结构的难题。并且，应用EET计算了各电子结构，在此基础上深入探讨了合金的固溶强化、时效析出等行为，得出重要结论，并通过实验对结论进行了验证。

（二）余氏理论在材料科学中的应用

余氏理论在材料科学领域有着广泛的应用。

第一，在钢铁材料的研究和图形设计方面。钢铁是工业中最重要的材料之一，它的性能取决于其中马氏体和渗碳体的物质结构。通过应用余氏理论，研究人员可以对钢铁材料中马氏体和渗碳体的电子结构进行计算和分析，从而深入了解这些结构的性质和行为。这为钢铁材料的优化和改进提供了重要的依据。借助余氏理论，工程师们可以更加精确地设计新型的钢铁材料，使其在不同的工业应用中表现出更好的性能和可靠性。

第二，在Ti-Al合金的研发中。Ti-Al合金是一种新型的金属材料，具有出色的耐高温性能和低密度优势。因此，在航空航天和军事领域有着广阔的应用前景。然而，要实现这些应用，必须深入了解Ti-Al合金的电子结构和平面缺陷等特性。余氏理论为研究人员提供了一种强大的工具，可以对Ti-Al合金中的电子结构进行计算和分析。这样的计算分析能够揭示合金内部制造机制，帮助科学家和工程师更好地优化合金的组成和结构，使其性能达到最佳状态。

第三，在Al-X合金的研究中。Al-X合金是一类包含铝和其他元素的新型金属合金，广泛应用于航空、汽车制造等领域。通过余氏理论的应用，研究人员可以深入分析Al-X合金的内部结构，了解其中的相互作用和特性。这样的分析有助于构建相关的合金模型，并为实验提供有价值的参考依据。通过理论与实验的结合，科学家和工程师可以开发出更加优秀的Al-X合金，满足不同领域对材料性能的要求。

三、电子理论与材料科学的交叉应用的展望

（一）利用 TFDC 解决相关难题

在现代科学和技术领域，原子位错是晶体结构中常见的缺陷，它们可以影响材料的性能和力学行为。位错的性质与其尺寸之间存在着复杂的关系，这使得对位错进行准确鉴定和理解变得非常关键。正是在这个背景下，TFDC 成为一种可靠的计算方法，这种方法能够揭示位错尺寸的潜在上限。

TFDC 的基本原理是基于原子位错的密度和晶体结构之间的相互作用。它通过对位错周围原子的排列进行计算，评估位错的最大密度因子，并据此推导出位错可能的最大尺寸。这种计算方法能够有效地预测位错的范围，帮助我们了解材料的局限性和稳定性。

例如，Ni 原子位错的极限尺寸比 Cu 大。在应用 TFDC 的帮助下，可以得知对于镍材料，其原子位错的极限尺寸要比铜更大。这样的信息对于材料工程师和科学家来说非常有价值，因为它们可以根据材料的位错特性做出合理的选择，以满足特定应用的需求。

仅仅依靠实验验证是不够的，因为位错尺寸往往难以直接观察。因此，需要结合 TFDC 的计算结果来进行综合鉴定。通过比较实验数据和 TFDC 计算得出的预测结果，我们可以更加准确地确定位错尺寸和类型。这种结合分析的方法为材料研究提供了一种全面且可靠的手段，从而在解决相关难题方面迈出了重要的一步。

（二）建立纳米材料变形理论模型

纳米材料是一类尺寸在纳米尺度范围内的材料，其特殊的微观结构赋予其许多独特的力学性能和应用潜力。然而，目前我国在纳米材料变形理论模型方面尚存在一些不足，特别是在纳米晶体整体变形过程的研究方面，缺乏全新的理论引导。

当前主流的纳米材料变形理论模型大多适用于普通多晶体材料，这限制了对纳米晶体整体变形过程的深入理解。因此，急需在纳米材料领域建立一套全新的理论模型，以更好地揭示其微观结构特征和力学性能。

在此背景下，电子理论在纳米材料变形理论模型方面显现出极大的应用价值。电子理论是通过量子力学的基本原理来研究材料的电子结构和性质的一种方法。在纳米材料中，电子的行为对其力学性能有着重要的影响，因此，

电子理论的应用可以帮助专业人员深入了解纳米材料的微观结构特征和力学性能。

在建立纳米材料变形理论模型的过程中，首先，需要通过实验和计算手段，获取纳米材料的晶格结构和晶界信息。通过电子显微镜等高分辨率技术，可以对纳米晶体的晶格结构进行表征，获取晶界的位置和形态信息。然后，利用电子理论对纳米材料的电子结构进行计算，包括电子能带结构、电荷密度分布等，这些计算结果将有助于理解纳米材料的力学性能。

其次，需要考虑纳米材料的尺寸效应和界面效应。由于纳米材料的尺寸在纳米尺度范围内，其表面积相对较大，因此，尺寸效应和界面效应在纳米材料的力学性能中起着重要的作用。通过电子理论的模拟计算，可以定量地研究尺寸效应和界面效应对纳米材料力学性能的影响。

最后，纳米材料的力学性能也与晶界的运动和位错的行为密切相关。晶界是纳米晶体中晶粒的分界面，位错是晶体中的一种缺陷，它们在纳米材料的变形过程中起着重要的强化或削弱效应。通过电子理论的方法，可以对晶界运动和位错行为进行模拟和分析，进而揭示纳米材料整体变形的机制。

（三）TFDC 与 EET 有效统一

在研究电子结构模型的过程中，TFDC 与 EET 可以共同构建出合金电子结构的整体计算方法，从而对于原子状态的整体理解达到全面统一。这方面 EET 在核心设计已迈出了关键一步，为防止其后续理论出现停滞不前，TFDC 可以在核心计算方面加大研究力度，在合金设计方面进行全面优化，二者结合，可以更有效地准确地完成核心设计。

应用电子理论于材料科学领域，推动了我国材料科学的全面发展。目前，为完成大量计算和相关模拟，需要依赖计算机的高处理性能。然而，从现有的发展水平来看，电子理论的应用仍有很大的提升空间，急需深入了解其内在规律。在未来对三大理论的应用中，可以考虑通过提升计算机容量和速度来进一步完善电子理论。同时，电子理论在陶瓷材料、光学材料、化学材料和纳米材料的发展中扮演着重要的角色。经过不断的完善，电子理论将持续为新型材料技术的突破提供核心驱动力，并促进材料科学领域的全面发展。

第六章　计算机技术在材料科学中的交叉应用

第一节　X 射线衍射的应用

一、X 射线衍射分析技术及其特点

X 射线多晶体衍射（XRD），也称为 X 射线粉末衍射（XRD），是由德国科学家在 1916 年提出的。美国科学家在 1917 年又独立提出了这一方法。所谓多晶体衍射或粉末衍射是相对于单晶体衍射来命名的，在单晶体衍射中，被分析试样是一粒单晶体，而在多晶体衍射中被分析试样是一堆细小的单晶体（粉末）。由于当时 X 射线衍射的应用主要是了解晶体结构，因此，初期发展得并不快。

在 20 世纪 30 年代中期，有科学家提出了一种利用多晶体衍射来鉴定混合物中化合物的方法。随后，他们还构建了一个包含 1000 种化合物参考谱的数据库，使得 X 射线多晶体衍射成为研究多晶聚集体结构的重要手段，从而开创了 X 射线多晶体衍射应用的新领域。这项技术引起了广泛关注，并得到了迅速发展。

20 世纪 40 年代后期，随着基于光子计数器的衍射仪的进一步发展，衍射谱的质量显著提高，包括衍射峰位置、强度和线形的测量准确性。这使得该技术的应用范围得到了扩展。通过对衍射峰强度的精确测量，物相分析从定性发展到了定量；通过分析衍射峰的峰形（也称为衍射线的线形），可以测定多晶聚集体的一些性质，如晶粒尺寸、形状和尺寸分布等。在此基础上，更深入地研究晶体的真实结构，包括探索晶粒内存在的微应变、缺陷和堆垛

层错等。这些进展使X射线多晶体衍射技术成为最重要的材料表征技术之一。

在20世纪70年代，借助同步辐射强光源和计算机技术的应用，X射线多晶体衍射技术得到了迅猛的发展。通过数字衍射谱的采集和Rietveld全谱拟合技术的运用，数据分析方法取得了新的突破，极大地提升了结果的准确性。这些数据如今成为改进材料所需的重要信息，并且使得利用X射线多晶体衍射来解析晶体结构成为可能。

X射线多晶体衍射作为一门不断发展的科学，具有广阔的前景，许多研究机构和工厂实验室都已经将多晶X射线衍射仪列为必备装备。其原理是：当单色X射线束照射到晶体上时，晶体由原子有规律地排列成晶胞，而这些原子之间的距离与X射线的波长具有相同数量级。因此，不同原子衍射的X射线相互干涉叠加，从而在特定方向上产生强烈的X射线衍射。衍射方向与晶胞的形状和大小密切相关。

衍射强度则与原子在晶胞中的排列方式有关。粉末法X射线衍射定性相分析具有以下特点。

第一，分析方法不仅限于单一元素的检测，而且能够确定组元所处的化学状态，包括成分分析和物相分析。

第二，可区别化合物的同质异构状态。

第三，当试样由多成分构成时，能区别是以混合物状态还是以固溶体形式存在。

第四，只用少量试样就可以进行分析，而且分析并不破坏（消耗）试样。

第五，试样可以是粉末状、块状、板状、线状。

当然X射线相分析也存在着一些局限性，主要为：试样必须是结晶的；微量混合物难以检出（检出极限依物质而异，一般为0.1%～10%）；当衍射的X射线强度很弱时难以作相分析。

二、X射线衍射分析技术的应用

X射线衍射分析除物相分析、晶格参数的测定等应用以外，还有其他众多的应用，已渗透到物理、化学、地质矿产、生命科学材料以及各种工程技术领域，成为一种重要的实验手段和分析方法。如将与之密切相关的散射、干涉及吸收边精细结构分析等包括在内，则其主要应用可归纳如下。

（一）利用布拉格衍射的峰位及强度分析

利用布拉格衍射的峰位及强度分析在晶体科学领域有广泛的应用。这一分析方法涵盖多个方面，包括晶体结构分析、晶体取向分析、点阵参数的测定和衍射线型分析等。

第一，晶体结构分析。晶体结构分析是通过布拉格衍射的峰位和强度，对晶体的内部结构进行探究的方法。

晶体结构测定是指确定晶体中原子的排列方式和相对位置。通过 X 射线衍射仪等设备，可以测定晶体中原子的间距和晶胞的尺寸，从而推导出晶体的结构。同时，布拉格衍射还能用于物相的定性和定量分析，帮助鉴别晶体中不同的组分，并计算各组分的含量。

另外，利用布拉格衍射的峰位和强度，还能研究晶体相变的过程。相变是晶体在特定条件下由一种结构转变为另一种结构的现象，通过衍射实验，可以探寻晶体相变的机制和特性。此外，对薄膜结构进行衍射分析，也可以得到薄膜的晶体结构信息，这对于材料表面科学和纳米技术有着重要意义。

第二，晶体取向分析。晶体取向分析包括晶体取向、解理面和惯析面等的测定。晶体取向是指晶体中某个方向的排列规律，解理面是晶体中原子排列的平面，惯析面是在晶体生长过程中优先生长的面。这些信息对于材料加工、研究晶体形变和生长过程等都具有重要的价值。另外，多晶材料织构的测定和分析也可以通过布拉格衍射的峰位和强度进行，帮助理解多晶材料的晶体取向分布情况。

第三，点阵参数的测定。点阵参数的测定包括固溶体组分的测定，即通过衍射实验来确定固溶体中不同组分的含量；固溶体类型的测定，用于鉴别固溶体的结构类型；固溶度的测定，即通过衍射峰的强度来估算相图中相区边界。此外，布拉格衍射还可用于宏观弹性应力和弹性系数的测定，以及热膨胀系数的测定，这些参数对材料的性能和应用具有重要影响。

第四，衍射线型分析。衍射线型分析包括测定晶粒度和嵌镶块尺度，用于了解晶体的尺寸分布情况；冷加工形变研究和微观应力的测定，用于分析材料的变形行为和应力状态；层错的测定，用于检测晶体中的位错和缺陷；有序度的测定，用于研究材料的有序结构特性；点缺陷的统计分布和畸变场的测定，帮助理解晶体中的缺陷行为和畸变现象。

（二）利用衍射成像技术及X射线干涉仪

使用衍射成像技术和X射线干涉仪，可以对近完整和完整晶体进行观察、分析和研究。

第一，动力学衍射理论研究。动力学衍射理论是研究晶体内部结构和缺陷的一种重要手段。通过对衍射图案的解释，可以了解晶体中原子的排列和周期性，从而推导出晶格参数和晶体结构。衍射理论还可以帮助我们了解晶体中微观缺陷对衍射图案的影响，从而揭示晶体内部缺陷的性质和分布。

第二，宏观晶体缺陷观察与分析。利用衍射成像技术，可以观察到晶体表面和内部的宏观缺陷，如晶体的晶面缺陷、晶体的晶界和晶体内部的孪晶等。通过对这些缺陷的分析，可以了解晶体生长和加工过程中的缺陷形成机制，并为改进晶体生长技术提供参考。

第三，单个微观晶体缺陷观察与分析，测定Burgers矢量。在高分辨率的衍射成像下，能够观察到单个微观晶体中的缺陷，如位错和点缺陷。通过分析这些微观缺陷，可以测定位错的类型和密度，并计算出位错的Burgers矢量，从而了解晶体中的应力状态和变形机制。

第四，晶体生长机制研究。通过对晶体生长过程中的衍射图像进行观察和分析，可以揭示晶体生长的机制。晶体生长过程中的缺陷和晶格畸变会影响衍射图案的形成，通过对衍射图案的研究，可以了解晶体生长过程中的动态变化，为优化晶体生长条件提供指导。

第五，晶片弯曲度及弯曲方向测定。利用X射线干涉仪，可以测定晶片的弯曲度和弯曲方向。晶片的弯曲度对晶体器件的性能和稳定性有重要影响，因此，准确测定晶片的弯曲度对于晶体器件的制备和应用至关重要。

第六，点阵参数高精度测定。衍射成像和X射线干涉仪可以用来测定晶体的点阵参数，如晶格常数和晶格畸变。通过高精度测定点阵参数，可以评估晶体的质量和完整性，同时也为其他实验提供准确的晶体参数参考。

第七，折射率测定。晶体的折射率是晶体光学性质的重要参数，对于光学器件的设计和应用具有重要意义。

第八，晶体结构因数测定。晶体结构因数是描述晶体中原子排列的重要参数。通过X射线干涉仪等实验手段，可以测定晶体结构因数，从而了解晶体内部原子的位置和排列方式，为深入理解晶体的物理性质提供依据。

（三）利用大角度相干热散射强度分布分析

第一，固溶体中原子类聚及短程序的测定。固溶体中原子类聚及短程序的测定是指研究在固溶体中，原子是如何排列的。通过大角度相干热散射强度分布分析，可以探测原子的类聚现象，即原子是否倾向于聚集成群。同时，短程序的测定也是这一领域的重要内容，它关注的是原子的局部有序区域。通过对这些短程序的研究，可以更深入地了解固溶体的结构和性质。

第二，时效过程的预沉淀现象研究。时效过程的预沉淀现象研究是指在固溶体经历时效过程时，预先形成的沉淀相对其他沉淀相的研究。利用大角度相干热散射强度分布分析，可以追踪沉淀相的形成和演变，从而探究时效过程中的复杂相变行为。

第三，热漫散射的研究。热漫散射的研究关注的是在高温条件下的物质热散行为。通过大角度相干热散射强度分布分析，可以获得物质在高温下的结构信息，包括原子的排列方式、类聚现象等，这对于理解高温下材料的性能与行为具有重要意义。

第四，非晶态物质结构及结构弛豫的测定。非晶态物质结构及结构弛豫的测定涉及非晶态材料的研究。非晶态材料的结构相对于晶态材料来说更为复杂，其特点是没有长程有序结构，而是存在一定程度的无规则排列。通过大角度相干热散射强度分布分析，可以揭示非晶态材料的结构特征，并研究其结构弛豫行为，即在外界条件变化下，材料结构的变化过程。

第五，弹性系数及弹性振动谱研究。弹性系数及弹性振动谱研究涉及材料的力学性质。通过大角度相干热散射强度分布分析，可以获得材料的弹性系数信息，了解材料对外力的响应能力。同时，弹性振动谱的研究也是该领域的重点内容，它关注的是材料的振动频率与振动模式，这对于材料的声学性能和稳定性评估具有重要意义。

（四）利用小角度散射强度分布分析

第一，回转半径的测定。小角度散射强度分布技术在测定微细粉末或微小散射区的形状、尺度及分布状态方面发挥着关键作用。通过测量散射光的强度随散射角的变化，可以获得样品中微粒的大小、形状等信息，从而揭示材料的微观结构特征。这项技术在材料科学、纳米技术等领域的研究中具有广泛应用。

第二，大分子分子量的测定。对于大分子化合物，如蛋白质、聚合物等，

其分子量的测定是十分重要的。小角度散射强度分布分析可通过测定散射光的强度与散射角的关系获得大分子的结构参数，进而反推其分子量。这种方法在生物化学、药物研发等领域有着广泛的应用，对于理解大分子的功能和性质至关重要。

第三，生物组织结构的测定。小角度散射强度分布技术在生物学研究中也发挥着重要作用。生物组织的结构对其功能和性质有着决定性影响。通过对生物组织样本进行小角度散射实验，可以揭示组织中的超分子结构、细胞排列方式等重要信息，对于研究生物体的形态学和生理学特性具有重要价值。

第四，固体内部及表面缺陷的研究。在材料科学和工程领域，对于固体内部及表面缺陷的研究是非常重要的。小角度散射强度分布分析可用于探测材料中的微观缺陷，如孔隙、裂纹等。通过分析散射数据，可以了解缺陷的尺寸、形状、分布等特征，进而评估材料的质量和性能。

第五，纤维的研究。纤维材料在纺织工业、复合材料等领域得到广泛应用。小角度散射强度分布分析可用于研究纤维的结构与排列方式。通过测量纤维样本的散射强度分布，可以获得纤维的直径、长度分布等信息，有助于了解纤维的力学性能和加工特性。

（五）利用非相干散射强度分布研究

第一，研究原子中电子的动量分布。X 射线衍射技术在研究原子中电子的动量分布方面具有突出的优势。通过分析 X 射线的散射强度分布，科学家能够得出原子结构的信息，从而推断出原子中电子的运动状态。这种技术非常重要，因为了解原子中电子的动量分布有助于理解材料的电子结构和性质，为新型材料的设计和开发提供了基础。

第二，直接测定金属的布里渊区中费米面形状。费米面是描述金属中电子能级的重要概念，它直接影响着金属的电子传导性质和磁性行为。通过 X 射线衍射技术，可以获取布里渊区的信息，从而确定费米面的形状和大小。这对于研究金属的导电性、热导性以及其他电子传输相关的性质至关重要。

第三，进行化学键的研究。化学键是构成分子和化合物的基本力之一，直接影响物质的化学性质和稳定性。利用非相干散射强度分布进行化学键的研究，有助于深入了解分子间键合的特性和本质。

通过研究化学键的分布和强度，可以解析分子的几何结构和立体构型，进而预测分子的反应性质和化学反应途径。这对于新药物研发、环境污染治理和新材料合成等方面具有重要意义。同时，化学键的研究也为催化剂设计和反应过程优化提供了理论指导，有助于提高化学合成的效率和选择性。

（六）利用吸收限精细结构分析

第一，测定晶态及非晶态物质的局域短程结构。通过射线的衍射效应，可以了解材料内部的晶体结构、原子排列方式以及晶格常数等信息，从而揭示材料的微观性质。此外，对于非晶态物质，X 射线衍射技术也能够提供区域结构信息，帮助科学家深入探究非晶态材料的结构特征和性质。

第二，测定生物大分子中金属配位体的距离。生物大分子中常常与金属离子形成配位结构，这对于生物体的功能和稳定性至关重要。借助 X 射线衍射技术，科研人员可以确定金属配位体之间的距离和角度，从而深入了解生物大分子的空间构型，为揭示生物体内部复杂的生化过程提供有力支持。

第三，表面吸附分子状态的研究。许多材料的性能取决于其表面吸附分子的状态和排列方式。利用 X 射线衍射技术，科学家可以分析表面吸附分子的结构和相互作用，进而优化材料表面性质，拓展材料在催化、传感等领域的应用。

第四，测定催化剂中金属原子的价态及配位环境。催化剂在化学反应中起着至关重要的作用，而催化剂的活性和稳定性很大程度上取决于金属原子的价态和配位环境。通过 X 射线衍射技术，科学家能够获得催化剂中金属原子的电子结构信息，从而揭示催化反应的机制，有助于设计高效的催化剂。

三、计算机技术在 X 射线衍射技术中的应用

（一）数据采集和处理

X 射线衍射实验是一种常用的方法，用于研究材料的晶体结构和晶体的性质。在这个实验过程中，会产生大量的原始数据，包括衍射图样和散射强度数据等。为了提高实验效率和数据处理的准确性，计算机技术被广泛应用于自动化数据采集和处理的过程中。

计算机技术可以用于自动化数据采集。传统上，研究人员需要手动记录衍射图样和散射强度数据，这不仅费时费力，还容易出现人为错误。而借助计算机技术，可以通过自动化的方式对实验仪器进行控制和数据采集。例如，可以使用机械臂或自动化平台来控制样品的位置和角度，通过 X 射线探测器

自动记录衍射数据。这种自动化的数据采集过程，不仅提高了实验的效率，还减少了人为误差。

计算机技术可以用于快速提取和存储衍射数据。在实验中，X 射线衍射图样和散射强度数据是非常重要的信息。计算机可以通过图像处理和信号处理的技术，快速提取衍射图样中的结构信息，并计算出相应的晶体学参数。同时，计算机还可以对散射强度数据进行处理和分析，得到更详细的材料性质信息。提取和存储衍射数据的过程可以使用数据库或文件系统进行管理，以便后续的数据处理和分析。

计算机技术的应用还可以减少人工操作，提高数据处理的效率。在实验过程中，数据处理通常需要进行复杂的计算和分析。传统的手动处理方法需要耗费大量的时间和精力，而计算机可以通过算法和程序进行自动化处理。例如，可以使用特定的软件或编程语言来编写数据处理的程序，实现自动化的数据分析和结果计算。这样不仅减少了人工操作的烦琐性，还提高了数据处理的准确性和效率。

（二）晶体结构解析

晶体结构解析是一项重要的科学研究领域，它的目标是确定材料中的原子或分子的排列方式。通过了解晶体的结构，科学家们能够深入了解材料的性质和行为，从而为材料的设计和应用提供关键信息。在过去的几十年里，计算机技术的发展使得晶体结构解析取得显著进展。

计算机技术在晶体结构解析中发挥了关键作用。通过模拟和优化算法，计算机可以对晶体结构进行建模和分析。这种方法基于已知的晶体结构信息和实验数据，利用数值方法和算法来搜索可能的晶体结构模型，并评估它们与实验结果的一致性。计算机可以高效地执行这些计算，大大加快了结构解析的过程。

在晶体结构解析中，计算机采用的方法包括晶体学、分子动力学模拟、密度泛函理论等。晶体学方法主要基于晶体的 X 射线衍射数据，通过计算得到电子密度分布，进而确定原子的位置和结合方式。分子动力学模拟方法则通过模拟原子和分子之间的相互作用，推断出最稳定的结构。而密度泛函理论则利用量子力学的原理，从基本原理出发，预测材料的电子结构和晶体结构。

计算机辅助的晶体结构解析在材料科学和固体物理领域有着广泛的应

用。它可以帮助科学家揭示材料的晶体结构、晶格畸变、界面和缺陷等信息，以及它们与材料性质之间的关系。这对于设计新材料、改进材料性能以及理解材料行为具有重要意义。此外，计算机技术还可以协助实验数据的分析和解释。科学家们可以将实验数据与计算机模拟结果进行比较，验证模型的准确性，并进一步优化模型。通过不断迭代实验和计算，科学家们可以逐渐提高对材料结构和性质之间关系的认识。

（三）相位问题解决

相位问题是 X 射线衍射技术中的一个重要挑战，它指的是无法直接从衍射图样中确定原子的相位信息。在 X 射线衍射实验中，可以通过测量衍射图样的强度分布来获取关于晶体结构的信息，但是相位信息却是难以直接观察和测量的。为了解决这一问题，计算机技术在相位恢复算法中得到了广泛应用。相位恢复算法通过对衍射数据进行处理，利用数学模型和计算方法来推断原子的相位信息，从而提供更准确的结构信息。

在相位恢复算法中，常用的方法之一是相位重构算法。该算法基于衍射图样的强度分布，利用数学变换和优化算法来推断相位信息。一种常用的相位重构算法是相位解析法，它通过分析衍射图样中的相位差异，将相位信息恢复到原子的位置上。另一种常见的相位恢复算法是全息成像法。全息成像利用波的干涉原理，通过在样品和参考波之间形成干涉图样，从中提取相位信息。计算机技术可以用于处理和分析这些干涉图样，从而获得原子的相位信息。

除了相位重构和全息成像，还有其他一些计算机技术可以应用于相位恢复算法。例如，相位重建算法可以使用迭代算法来逐步优化相位信息，从而提高恢复的准确性。此外，机器学习和人工智能技术也可以在相位恢复中发挥作用，通过学习和模式识别来推断相位信息。

（四）数据分析和可视化

在现代科学研究中，经常需要处理大量的衍射数据，并从中提取有用的信息。为了更好地理解和解释这些实验结果，计算机技术在数据分析和可视化方面起着至关重要的作用。通过数据挖掘和统计分析，能够从复杂的衍射数据中揭示隐藏的模式和趋势，并通过可视化手段将结果呈现出来。

数据挖掘是一种通过自动化方法探索大规模数据集的过程。对于衍射数

据而言，数据挖掘可以帮助发现其中的关联关系、异常值、重要特征等。例如，通过使用机器学习算法，可以训练模型来预测衍射数据中的某些参数，或者分类不同的衍射模式。这种数据挖掘的方法可以帮助科学家更好地理解衍射过程，并为后续实验设计提供指导。

统计分析是一种通过数学和概率理论来解释和推断数据的方法。对于衍射数据的统计分析，可以计算数据的均值、方差、相关性等统计指标，以及进行假设检验和置信区间估计等。通过这些统计分析，可以确定衍射数据中的显著差异，评估实验结果的可靠性，并进行科学推断。

数据可视化是将数据以图形或图表等形式展示出来的过程。通过数据可视化，科学家们可以直观地观察衍射数据中的模式和趋势，并进行比较和分析。常见的数据可视化方法包括折线图、散点图、柱状图等。此外，还可以利用高级的可视化技术，如热力图、雷达图、三维图形等，来展示更复杂的衍射数据。这样科学家们可以更容易地理解实验结果，并从中发现新的见解。

第二节　计算机模拟技术的应用

一、计算机模拟技术在材料科学中的作用分析

（一）推动形成先进材料研究方法

“在当今的科学研究中，计算已和实验、理论并列为三大科学方法。随着计算技术的迅猛发展、科学理论模型日渐成熟，高性能计算在科学、工程和社会等领域都有了广泛应用，用它来模拟或代替实验已成为可能。”[①] 现代试验科学根据经验和实践，通过 DOE（全因子设计、田口设计、混料设计及响应曲面设计等）设计进行试验，并充分考虑因子之间的相互作用，最终获得试验范围内的最佳工艺组合。以上是目前材料研究中最常用的方法，其试验量仍非常大，且多数情况下由于配方或制备方法不合适，很难制备符合预想的组织结构，即预想的组织结构与实际制备的组织结构相差甚远，会导

① 胡双林．高性能计算在材料科学中的应用［J］．科学，2011，63（4）：19．

致材质设计周期更长。

对计算机模拟而言，从某种意义上说，不存在试验量大小的问题，基本可以随心所欲地进行配方设计计算，不受试验条件和人为的影响。只要在模拟计算过程中不违反一些基本的原理（如材料动力学和热力学、材料物理和化学及材料力学等），计算结果完全可以指导预想组织结构设计。许多新型超硬材料最初都是先通过理论计算获得可能的结构，再由材料研究者合成获得。例如，许多理论材料学家通过计算机模拟计算用 C 原子替换 Si_3N_4 中的 Si 原子，获得理论晶体结构分别为立方和正交晶系的 SiC_2N_4 和 Si_2CN_4，硬度分别达到 63GPa 和 48GPa。而实验科学家在超高温超高压下成功合成获得了 SiC_2N_4 和 Si_2CN_4，晶体结构和性能与模拟计算结果一致。材料研究者对 SiC 增韧 ZrO_2 和 Si_3N_4 陶瓷基复合材料各种组分含量进行计算机模拟研究，输出了材料烧结收缩率、密度及强度性能等大量的数据，与试验值相比误差仅为 5%，准确率达 93%。若将这些基础数据应用于其他相似材料的研究，可以减少大量的试验。

基于以上两点，可以将试验范围控制在非常小的误差之内，模拟计算也可以帮助排除预想可以达到而实际达不到的多余设计，只需通过较少的 DOE 进行评估即可，最终形成材料数据库—新材料理论设计—计算机模拟—试验合成—补充材料数据库的无限循环的先进材料研究方法。

（二）实现材料制备参数的精确控制

在工业计算机时代，材料制备过程中的各参数（如温度、压力、气氛和时间等）的波动范围较大，导致不同炉次、不同批次，甚至同一炉次中不同位置的产品性能出现显著波动。为确保产品在实际工程应用中的可靠性，通常需要设置较大的安全系数。然而，随着智能计算机时代的高速发展，各种试验设备和测试仪器逐渐实现智能化、绿色化、精密化、信息化、可视化、多媒体化以及网络化的发展。这使得过程数据能够自动记录，并能够快速进行分析和反馈。

通过程序控制的自动补偿，大大节省了人力和物力，同时显著提高了产品质量的一致性和稳定性。现代各种仪器设备的控制误差已经达到千分之一、万分之一，甚至有些精密仪器的控制误差达到百万分之一。例如，现代高超音速飞行器的外形空气动力学和热力学设计，可以通过计算机模拟，准确获取飞行器在超高速极端条件下的应力场和热力场变化，从而在科学上精确设

计飞行器的外形，大幅减少飞行器实体制造和风洞试验的需求，这在飞行器研发中起到了非常重要的作用。

工业计算机时代的到来，为材料制备过程带来了革命性的改变。传统制备过程中，各参数的波动使得产品的性能存在很大的不确定性，这限制了产品在工程上的应用。为了应对这些波动，人们往往不得不设定较大的安全系数，以确保产品的安全可靠。然而，智能计算机时代的发展，彻底改变了这种局面。现代试验设备和测试仪器的智能化水平不断提高，使得各种参数的控制更加精准，误差大大减少。过程数据可以自动记录，并通过计算机程序进行实时分析和反馈，及时对制备过程进行补偿，从而显著提高了产品制备的稳定性和一致性。这种精密的控制和自动化过程大大节省了人力和物力，同时也为产品的工程应用带来了更大的信心。

现代仪器设备的高精度控制也在其他领域发挥着重要作用。以高超音速飞行器为例，它们必须在极端条件下飞行，因此，对外形空气动力学和热力学设计的精确性要求极高。通过计算机模拟，工程师们可以获得飞行器在超高速飞行时的应力场和热力场分布，从而精确地优化飞行器的外形设计。相比之前依靠试验和经验进行设计，这种计算机模拟方法更加高效和准确，极大地推动了高超音速飞行器技术的发展。

二、计算机模拟技术在材料科学中的应用完善

（一）建立接近实际材料组织结构的物理模型

从空间尺度而言，目前对材料显微组织结构的模拟几乎已包含所有范围，从微纳米级尺度，如微纳米、原子及电子等；到微米级的介观尺度；再到毫米级以上的宏观尺度。可模拟的显微结构包括电子云、原子排布、空位、位错、层错、亚晶界、晶粒、晶界、相界、织构、成分偏析、固溶原子的分布、第二相含量和分布、杂质及气孔等；而且材料组织结构模拟也由二维向三维空间发展。虽然目前材料研究模拟的范围已非常广泛，然而模拟建立的物理模型与实际情况在许多方面还相差较远。例如：无限固溶体结构中的原子排布分为绝对有序、短程有序和长程有序，而实际情况要比以上分类复杂得多；相界面原子结构状态分为共格结构、半共格结构及非共格结构，而实际情况往往是以上结构的组合，难点在于如何根据两相的基本物理化学性质模拟出实际材料中的结合状态，从而获得界面强度；晶粒的空间形貌，第二相的空

间形貌和内部组织结构都会对材料的宏观性能产生较大的影响。

因此，模拟过程本身是计算机运算能力问题，随着计算机硬件的发展，对于材料科学模拟计算而言，已不是问题。更重要的是模拟前物理模型的建立，如果物理模型建立得不合适，计算程序编得再好，模拟结果也会偏差得非常大。若在研究制备 / 加工过程模拟和工程应用模拟时，采用更小单元的分子力学 / 介观，甚至进行量子力学模拟，则更能体现出微观层面的微小变化对宏观变化的影响。当然这将增加千百万倍的计算量，因此，进一步提高计算机的运算能力依然是非常重要的。

越接近理论结果的方法，越需要极其复杂和庞大的计算量，在未来 30 ~ 50 年，原子数目较多的大体系和大尺度的材料计算和模拟将是趋势。尤其是基于云计算和量子计算等先进计算技术的快速发展，计算机模拟将在模拟精度、速度、空间、时间四个方面全方位突破，达到数量级上的新高度。再结合第一性原理方法的不断完善，以及交换关联泛函等新的电子结构计算方法的不断出现与发展，则能实现材料的计算机模拟结果与实际材料性能的完全匹配，实现从电子—原子—分子—晶胞—单晶—晶粒—多晶体—大尺度材料性能的无缝关联，真正做到从超微观到宏观材料的设计梦想。

（二）完善基础材料物理化学力学性能数据库

除建立合适的物理模型外，要使模拟结果更接近实际情况，则基础材料的物理化学力学性能必须要准确，特别是极端条件（如超高温、超高压、超高速及失重状态）下的性能数据。目前世界各国都认识到了这方面的不足，开始实施材料基因工程计划，并把该计划放到国家战略高度。

目前模拟研究中所使用的基础材料性能数据大多数来自文献报道，这会带来两个主要问题：一方面，文献报道的基础材料性能数据的测试条件通常与实际测试条件不同，因此可能会导致系统误差；另一方面，文献报道的基础材料的精确成分和组织结构可能与实际情况略有差异。许多材料性能的差异正是由于这些微小差别所引起。实际上，在大多数情况下，这些数据很难满足模拟所需的准确性，因此我们只能应用模拟的规律，而难以直接应用模拟的绝对数据。举例来说，计算机模拟单晶材料的弹性模量往往是实际单晶材料的 10 倍以上，这是因为实际材料中不可避免地存在缺陷或微量杂质原子。然而，随着材料制备科学的进步，我们已经能够制备接近理论上无缺陷的单晶材料，其性能确实可以达到理论模拟所示的性能水平。最典型的例子是目前最常用的芯片材料——单晶硅，它已经可以制备几纳米级的理论无缺陷材料。

当前我国开始将基础材料基因工程计划提到国家战略高度，政府组织高校、研究所、企业强强联合，不但可以达到产学研的无缝衔接，也可以提高实验到产业化的转化率，改善原来实验室研究数据偏少、覆盖面窄、在产业化转化时无用的尴尬局面，也能真正形成不断丰富基础材料数据库的良好发展局面，从而为后续材料科学发展提供强大的数据支持。此外，网络平台技术特别是云服务的发展将为材料数据共享提供方便，但需要解决不同材料数据库的有效关联问题，以及建立健全网络平台安全、使用、运营、监管等法律法规等问题。

未来，随着基础材料数据库功能的不断发展，在数据库中不但可能直接获得材料的原始数据，还可以利用数据库软件直接对数据进行组合和分析，直接以图像、列表、曲线等直观的方式呈现在研究者面前，大大节约了研究者的时间成本，实现数据库从数字到功能应用的转变。

在材料制备和工程应用中，环境对材料的组织结构和性能有显著影响，这涉及多个学科领域。因此，在计算机模拟中需要采用多种有效组合的方法。例如，模拟界面结合强度时，需结合微纳米尺度的界面原子排布和介观尺度的模拟。而在模拟高温受力状态下的材料变化时，需要综合考虑材料动力学、热力学、材料力学等知识。单独模拟某一种状态不能完全反映材料的真实情况。

现代材料科学离不开计算机模拟科学，有学者将其视为继理论科学和实验科学之后，人类认识与征服自然的第三种科学方法。但目前计算机模拟结果与实际应用结果之间存在较大差距，因此在物理建模、基础材料性能数据库以及多学科组合模拟方面仍需进行大量工作。

第三节 化学结构的可视化

随着计算机图形学技术的发展，分子图形学已经成为一门重要的新兴学科。分子图形学采用计算机图形技术处理分子结构的显示和操作，可以直观、形象地表示分子结构，这为科研工作者的研究工作提供了很大的方便，也对深入认识化合物的结构和化学反应的本质带来了可能，对复杂的生物大分子更是如此。尤其近年来分子建模技术得到广泛的发展和应用，更推动了分子图形学的发展，一些公司着重开发了功能强、速度快、价格低、图形质量高且具有友好用户界面的分子图形软件。分子图形学已经成为有机化学、物理化学、生物化学和医药化学等基础研究及技术开发的常用工具。

一、计算机技术与化学结构表示

现在化学物质已经超过 1 亿种，高分子学科使得化学物质进一步丰富，科学和有效的化学结构表示是化学家面临的重要问题。因此，化学结构表示要具体说明组成分子的原子数目、原子种类、各原子间的相对位置和连接性，这些化学结构信息可以使用图形方式表示，也可以使用结构代码的命名法表示。

分子的二维平面结构、三维空间结构和分子表面结构等表示方法都属于化学结构的可视化表示方法。常用的化学结构表示方法有命名法、线型编码法、二维结构、三维结构、表面结构等。

化学结构的表示应该是准确、简洁和单义的，并且可以方便地进行计算机的存储、检索和显示，但化合物有很多同分异构体，使用分子式无法准确地表示其结构。

为了适应计算机检索的要求，有关科学工作者正在大力研究和设计化学结构信息的表示方法。IUPAC 法是无机和有机化合物常用的命名法，它给化合物定义唯一的名称，但其表达冗长、复杂且难以记忆。化合物结构线性代码是采用线性顺序数字、字母的字符串表示化学物结构，制定了许多线型编码方法，如 WLN 法、SLN 法、ROSDAL 法、SMILES 法等。SMILES 是一种应用广泛的相当重要的表示法，它可以将复杂的有机结构以字符串方式表示，已经广泛应用于化学结构数据库搜索中，许多著名的化学结构数据库都可使用 SMILES 字符串进行检索。

虽然线型编码可用于化学数据库的输入、存储和检索，但线性结构代码缺少直观性，需要专门学习其编码规则；许多用户进行化学结构检索时，更愿意使用二维化学结构的输入方式，使用二维图形表示化学结构是化学家最常用的方式之一，这些结构图形形象地代表了分子模型，使得分子表示更直观，在二维结构图形中，原子以元素符号表示，化学键以线条表示，然而二

维化学结构只能简单地表示分子中化学键的拓扑结构；三维化学结构的表示需要分子中原子在三维空间的位置信息，它可以形象、逼真地表示分子的真正结构，如果在分子的表面增加了更复杂的分子性质信息（如静电势等），则化学结构可以使用分子三维表面结构图形表示。

二、二维化学结构的表示

分子结构的绘制，是化学研究的重要工具。现今化学结构图不仅可以在纸张上绘制，也可以使用计算机软件绘制。采用计算机绘制结构图形，需要先对化学结构图形进行转换，建立与分子结构对应的计算机内部表达方式，分子中不同的原子和成键类型可以使用不同形式的矩阵表示：连接矩阵、距离矩阵、关联矩阵、成键矩阵、键 - 电子矩阵。典型二维结构式的图形方式：以节点代表原子，以边代表化学键。绘制二维化学结构的软件有 ISISDraw、ChemWindows、Chemoffice、ChemSketch 等。

三、三维化学结构的表示

二维化学结构描述了分子中原子的连接，三维化学结构则是描述分子中原子在三维空间的排列位置。在计算分子性质、分子可视化和定量构效研究等方面，三维化学结构表示更加重要，不同几何构型的三维分子结构对深入的化学研究可能产生很大的影响。基本的分子三维表示法有坐标表和距离矩阵，分子的原子空间排列可使用直角坐标和内坐标（Z- 矩阵）来描述。

三维化学结构的文件中存储了分子中各原子的坐标、成键连接表等信息。三维化学结构文件的格式很多，MOL 是一种典型的化学 MIME 文件格式，最先是由 MDL 公司定义使用，现已成为化学绘图软件和网络化学分子结构出版的标准文件格式，支持 MOL 文件格式的化学软件很多。MOL 文件记录了分子结构的原子坐标、成键原子连接和其他结构化学信息，它以 ASCII 文本格式保存。三维化学结构能真实、有效地表示分子空间结构，具有多种显示模式，具体如下。

第一，线状表示法（Line）。用定长的直线表示化学键，直线的交点为原子，是三维分子结构显示最简单的一种。不过这种显示方法类似于二维化学结构的空间连接关系，只突出了分子的骨架，缺少立体感。

第二，棒状表示法（Stick）。由线状表示方法演化而来，化学键用较粗的圆棒表示，原子用棒与棒的交接处表示，已经具有一定的空间立体感。

第三，球棒表示法（Ball-and-Stick）。圆球表示原子，圆棒表示化学键，同元素的原子以不同颜色区分，圆球大小可按原子半径的比例显示，是最常用的分子结构表示方法之一。

第四，电子云空间填充表示法（SpaceFill）。又称为 CPK 表示法，首次由 Corey，Pauling 和 Koltun 使用，使用原子范德华半径的圆球来表示原子，它可体现分子中原子的拥挤程度和分子体积，更接近分子的实际形状，更容易理解分子的空间结构。

三维化学结构绘制的软件有 Chem3D（Chemoffice）、Hyper Chem、DS-Viewer Pro、Al—chemy 2000 等。ACD/3D Viewer、RasMol、Chime 等具有显示三维功能。在这些软件中，DSViewerPro 的显示功能最佳，Chem3D 的综合功能最全面，HyperChem 的建模和计算功能最强，Chime 是由 MDL 公司开发的功能强大的优秀浏览器插件，能直接在 Web 页面上模拟三维分子模型结构，显示分子表面图形、分子性质图形（如静电势等）和分子轨道图等。

参考文献

[1] 陈雷雷，邓子旋，李勉，等 . 新型 MAX 相的相图热力学研究 [J]. 无机材料学报，2020，35（1）：35–40.

[2]BO SUNDMAN，MATTHIAS STRATMANN，张利军，等 . 计算热力学及其在材料科学中的应用 [J]. 中国材料进展，2015（1）：15–29.

[3]HANS JUERGEN SEIFERT. 相图热力学在能源材料中的应用 [J]. 中国材料进展，2015，34（4）：289–296.

[4] 蔡茜茜，雷知迪，丁珏，等 . 金属有机化学气相沉积薄膜制备中传热传质的数值模拟 [J]. 上海大学学报（自然科学版），2015（6）：732–741.

[5] 陈才锜 . 晶体结构 [J]. 化学教学，2001（2）：27–28.

[6] 陈峰，柯开展，周敏，等 . 基于同步热分析法的镍铁渣粉水泥固化土水化产物研究 [J]. 福建建材，2022（8）：1–3+7.

[7] 陈文革，魏劲松，谷臣清 . 计算机在材料科学中的应用 [J]. 材料导报，2000，14（2）：20–21.

[8] 陈新 . 新能源材料科学基础课程教学探讨 [J]. 大学教育，2022（3）：95–97.

[9] 陈正楠 . 金属材料热处理工艺与技术现状分析 [J]. 冶金与材料，2023，43（1）：101.

[10] 代卫丽，刘彦峰，宋月红，等 . 应用型本科院校《材料科学基础》课程思政融入浅析 [J]. 广州化工，2022，50（19）：248–250.

[11] 狄晨莹，左然，苏文佳 . 磁场在晶体生长中的应用 [J]. 材料导报，2014，28（13）：72–77.

[12] 董跃华，李雯 . 计算机在相图热力学计算中的应用 [J]. 江西理工大学学报，2007，28（3）：18–20.

[13] 杜春雷 . 压电陶瓷材料研究现状及其应用 [J]. 江西建材，2020（5）：4+6.

[14] 段辉平 . 材料科学与工程实验教程 [M]. 北京：北京航空航天大学出版社，2019.

[15] 符春林，潘复生，蔡苇，等 . 金属有机化学气相沉积制备铁电薄膜材料研究进展 [J]. 真空，2008，45（6）：4.

[16] 付海，李航，尹晓刚，等 . 碳纳米管 / 导电高分子功能复合材料的合成与应用 [J]. 功能材料，2019，50（8）：8076.

[17] 高英俊，刘慧，钟夏平 . 计算机模拟技术在材料科学中的应用 [J]. 广西大学学报（自然科学版），2001，26（4）：291–294.

[18] 何方，李瑞霞，吴大诚 . 高分子 Langmuir–Blodgett 膜的研究进展 [J]. 高分子通报，2009（9）：1–9.

[19] 胡双林 . 高性能计算在材料科学中的应用 [J]. 科学，2011，63（4）：19–22，F0004.

[20] 蒋宛莉，张熙惟 . 炼丹术和气相晶体生长 [J]. 人工晶体学报，2006，35（4）：902–906.

[21] 李克训，马江将，张捷，等 . 碳纳米管接枝共聚物合成及结构研究 [J]. 应用化工，2019，48（S1）：60–62.

[22] 李沁璘 . 人工神经网络综述 [J]. 科学与信息化，2021（7）：181–182.

[23] 李一，李金普，贾成厂，等 . 金属有机化学气相沉积 W 薄膜 [J]. 粉末冶金技术，2011，29（5）：334–338.

[24] 林丽君 . 同步热分析法在鉴定及评价珍珠粉中的应用 [J]. 广州化工，2020，48（6）：101–103.

[25] 林伟坚，张博文，汪卫华 . 从全球气候变化、制造业产业升级、国家安全及材料基因工程维度探讨材料科学发展趋势 [J]. 中国科学院院刊，2022，37（3）：336–342.

[26] 刘楠，刘振明，龚鑫瑞，等 . 压电驱动器陶瓷材料温度特性研究及模型修正 [J]. 西北工业大学学报，2019，37（5）：1011–1017.

[27] 刘欣，石碧，陆忠兵 . 分子模拟软件 CERIUS2 及其在材料科学中的应用 [J]. 高分子材料科学与工程，2002，18（4）：16–20.

[28] 刘元兴 . 晶体结构研究：经验基础与理论表征 [J]. 自然辩证法研究，

2022，38（12）：85–90.

[29] 卢百平，钟仁显 . 分子动力学在材料科学中的应用 [J]. 铸造技术，2007，28（1）：146–148.

[30] 米晓希，汤爱涛，朱雨晨，等 . 机器学习技术在材料科学领域中的应用进展 [J]. 材料导报，2021，35（15）：15115–15124.

[31] 屈朝霞，张汉谦 . 材料科学中的分形理论应用进展 [J]. 宇航材料工艺，1999，29（5）：5–9.

[32] 宋佳星，方向，郭涛，等 . 同步热分析法研究超级铝热剂 Al/MnO_2 的热安定性 [J]. 材料科学与工艺，2019，27（2）：64–69.

[33] 王丹钰，王安玖，王五松，等 . 高温压电陶瓷材料的研究进展及应用 [J]. 陶瓷学报，2021，42（3）：376–388.

[34] 王继扬 . 晶体生长的缺陷机制 [J]. 物理，2001，30（6）：332–339.

[35] 王松，谢明，张吉明，等 . 放电等离子烧结技术进展 [J]. 贵金属，2012，33（3）：73.

[36] 王宇，李炯，张硕，等 .X 射线吸收精细结构在材料科学中的应用 [J]. 中国材料进展，2017，36（3）：188–194.

[37] 吴征帅，余胜，廖运文，等 . 多杂环改性碳纳米管的合成及对水中铅离子的吸附 [J]. 西华师范大学学报（自然科学版），2019，40（3）：245–250.

[38] 席艳君，高亚辉，李向南 . 现代材料科学进展研究 [M]. 杨凌：西北农林科技大学出版社，2019.

[39] 肖舒宁 . 信息化教学在材料科学中的应用 [J]. 科学与信息化，2022（5）：151–153.